普通高等教育"十三五"规划教材

材料化学和无机非金属材料实验教程

主 编　蒋鸿辉

副主编　邓义群　杨辉　吴珊

北　京

冶金工业出版社

2018

内 容 提 要

全书共分为 6 章，第 1 章与第 2 章是针对无机非金属材料工程专业与材料化学专业的部分专业课程开设的课程内实验；第 3 章与第 4 章则是针对这两个专业的学生进行的专题实验；第 5 章与第 6 章则是对学生展开的基本技能实验。本书系统的介绍了材料的基本性质及其典型性能的测量原理和实验方法。

本书可作为高等院校无机非金属材料及材料化学专业的学生及教师开展专业实践教学用书，也可供相关工程技术人员和科研人员参考。

图书在版编目（CIP）数据

材料化学和无机非金属材料实验教程/蒋鸿辉主编. —北京：冶金工业出版社，2018.5
普通高等教育"十三五"规划教材
ISBN 978-7-5024-7784-4

Ⅰ.①材… Ⅱ.①蒋… Ⅲ.①无机非金属材料—实验—高等学校—教材 Ⅳ.①TB321-33

中国版本图书馆 CIP 数据核字（2018）第 095145 号

出 版 人　谭学余
地　　址　北京市东城区嵩祝院北巷 39 号　邮编　100009　电话　(010)64027926
网　　址　www.cnmip.com.cn　电子信箱　yjcbs@cnmip.com.cn
责任编辑　杨盈园　美术编辑　彭子赫　版式设计　禹　蕊
责任校对　王永欣　责任印制　李玉山
ISBN 978-7-5024-7784-4
冶金工业出版社出版发行；各地新华书店经销；三河市双峰印刷装订有限公司印刷
2018 年 5 月第 1 版，2018 年 5 月第 1 次印刷
787mm×1092mm　1/16；14 印张；335 千字；213 页
35.00 元
冶金工业出版社　投稿电话　(010)64027932　投稿信箱　tougao@cnmip.com.cn
冶金工业出版社营销中心　电话　(010)64044283　传真　(010)64027893
冶金书店　地址　北京市东四西大街 46 号(100010)　电话　(010)65289081(兼传真)
冶金工业出版社天猫旗舰店　yjgycbs.tmall.com
（本书如有印装质量问题，本社营销中心负责退换）

前　言

　　非金属材料主要包括无机非金属材料与有机非金属材料。非金属材料实验教学是为了让学生进一步巩固和运用所学的材料科学与工程方面的基本理论，掌握材料制备与材料性能测试的基本知识和基本技能，培养和提高学生的实践动手能力和创新能力，提高学生的综合素质，为正确设计材料、生产材料和合理应用材料打下良好基础。

　　本书是将多门课程，如材料科学基础、材料工程基础、材料物理化学、无机材料化学分析、高分子化学、高分子物理等所涉及的实验进行综合，设置为一门独立课，从而研究材料的组成、结构与性能之间的相互关系，是面向无机非金属材料工程专业以及材料化学专业的必修实验课教学。

　　全书共分为6章，第1章与第2章是针对无机非金属材料工程专业与材料化学专业的部分专业课程开设的课程内实验；第3章与第4章则是针对这两个专业的学生进行的专题实验；第5章与第6章则是对学生展开的基本技能实验。本书系统的介绍了材料的基本性质及其典型性能的测量原理和实验方法。

　　由于编者水平所限，书中不当之处，恳请读者批评指正，以便进一步修订和完善。

编　者

2017 年 12 月

前　言

目　　录

无机非金属材料工程专业课程内实验

1.1 粉体表面工程及改性

实验一 破碎实验

一、实验目的

（1）了解颚式破碎机的结构，性能和工作原理。

（2）了解辊式破碎机的结构，性能和工作原理。

（3）掌握矿物材料破碎过程和设备的实际破碎比和破碎级数。

二、实验原理

（一）颚式破碎机的结构

颚式破碎机由动颚、定颚、连杆、推力板、偏心轴和悬挂轴构成，其中，动颚悬挂在偏心轴上，通过连杆和推力板带动定颚做往复运动。

（二）颚式破碎机的工作原理

颚式破碎机有两块颚板：定颚和动颚。定颚固定在机架的前壁上，动颚则悬挂在轴上可作左右摆动。当偏心轮转动时，带动连杆做往复运动，从而使两块推力板亦随之作往复运动，通过推力板的作用，推动悬挂轴上的动颚作左右往复摆动。当动颚摆向定颚时，落在颚腔的物料主要受到颚板的挤压作用而粉碎。当动颚摆离定颚时，已被粉碎的物料在重力的作用下经下料口落下。

（三）辊式破碎机的结构、性能和工作原理

辊式破碎机由两辊子互相平行水平安装在机架上，前辊和后辊作相向旋转。物料加入到喂料箱内，落在转辊上，在辊子的表面摩擦力作用下，被扯进转辊之间受到辊子的挤压而粉碎。粉碎后的物料被转辊推出，向下卸落。因此，辊式破碎机是连续操作的，且有强制性卸料的作用，粉碎粘湿的物料也不致堵塞。

（四）破碎比

若原始物料粒度为 D，经过某台粉碎机械粉碎后的粒度为 d，则比值 $i=D/d$，被称为粉碎比。对破碎而言，称为破碎比。近来有把粉碎比与产量的乘积称作质量系数，把它作为对破碎机技术评价和对比的指标之一。

由于破碎机的破碎比较小，如果要求达到的破碎比超过范围，就得把两台或更多台破碎机串联使用。这种串联几台破碎机进行破碎作业叫做多级破碎，破碎机串联的台数叫做破碎级数，这时原始物料的粒度与最后破碎产品的粒度之比叫做总破碎比。在多级破碎时，各级破碎比 i_1，i_2，i_3，$\cdots$，i_n 与总破碎比 i 有如下关系：$i = i_1 \times i_2 \times i_3 \times \cdots \times i_n$。

三、实验仪器

颚式破碎机，辊式破碎机，钢尺，标准筛，岩石。

四、实验步骤

（1）取一定数量的矿石，用钢尺测量其尺寸，求出所取岩石的平均尺寸。

（2）开启颚式破碎机，将岩石加入颚式破碎机两颚板之间，经过颚式破碎机进行破碎。

（3）利用钢尺测量破碎后岩石的平均尺寸，并计算颚式破碎机的平均破碎比 i_1。

（4）将经过颚式破碎机破碎后的岩石经过辊式破碎机，进行进一步破碎。

（5）利用标准筛对辊式破碎机破碎后的粉料进行分级，求出所得粉体的平均尺寸，计算辊式破碎机的破碎比 i_2。

（6）计算整个串联破碎过程的总的破碎比。

五、数据处理与分析

最初的矿石因为比较大，可用三轴径的几何平均值来表示。用 a，b，c 分别表示岩石的长，宽，高，取岩石的平均直径为

$$R = (a + b + c)/3$$

经过颚式破碎机后为 a'，b'，c'，$R' = (a' + b' + c')/3$，于是 $i_1 = R/R'$。

经过辊式破碎机后，所得到的粉体颗粒比较细，用三轴径表示比较困难，此时可利用筛析法确定所得粉体的平均粒径。通过 d_1 筛的颗粒重 m_1g，d_2 筛的为 m_2g，依次 d_n 筛的颗粒为 m_ng，则平均粒径

$$d = (d_1 m_1 + d_2 m_2 + \cdots + d_n m_n)/(m_1 + m_2 + \cdots + m_n)$$

则辊式破碎机的破碎比 $i_2 = R'/d$

总的破碎比 $i = i_1 \times i_2$

六、注意事项

（1）严格遵守实验设备的操作规程。

（2）辊式破碎机不易快速加料，快速加料会导致两辊卡死，在使用时应特别注意。

（3）在实验过程中所使用的设备均为高速运转设备，应注意安全。

七、思考题

（1）粉体的当量直径表示方法有哪些，各有何实际意义？

（2）颚式破碎机的种类有哪些，实验室所使用的颚式破碎机属于哪一种？其优缺点各是什么？

（3）颚式破碎机的最佳转速应如何确定？

实验二 粉体粒度分布的测定

一、实验目的

（1）了解筛析法测粉体粒度分布的原理和方法。
（2）根据筛分析数据绘制粒度累积分布曲线和频率分布曲线。

二、实验原理

（一）基本原理

筛析法是用一定大小筛孔的筛子将被测试样分成两部分：留在筛面上粒径较粗的不通过量（筛余量）和通过筛孔粒径较细的通过量（筛过量）。实际操作时，根据被测试样的粒径大小及分布范围，选用 5~6 个不同大小筛孔的筛子叠放在一起。筛孔较大的放在上面，筛孔较小的放在下面。最上层筛子的顶部有盖，以防止筛分过程中试样的飞扬和损失，最下层筛子的底部有一容器，用于收集最后通过的细粉。被测试样由最上面的一个筛子加入，依次通过各个筛子后即可按粒径大小被分成若干个部分。按操作方法经规定的筛分时间后，小心地取下各个筛子，仔细地称重并记录下各个筛子上的筛余量（未通过的物料量），即可求得被测试样以重量计的颗粒粒径分布（频率分布和累积分布）。筛析法主要用于粒径较大的颗粒的测量。一般适用约 20~100mm 的粒度分布测量。

筛析法有干法与湿法两种。测定粒度分布时，一般用干法筛分；湿法可避免很细的颗粒附着在筛孔上面堵塞筛孔。若试样含水较多，特别是颗粒较细的物料，若允许与水混合，颗粒凝聚性较强时最好使用湿法。此外，湿法不受物料温度和大气湿度的影响，还可以改善操作条件，精度比干法筛分高。所以湿法与干法均被列为国家标准方法，用于测定水泥及生料的细度等。

筛析法除了常用的手筛分、机械筛分、湿法筛分外，还用空气喷射筛分、声筛法、淘筛法和自组筛等，其筛析结果往往采用频率分布和累积分布来表示颗粒的粒度分布。频率分布表示各个粒径相对应的颗粒百分含量（微分型）；累积分布表示小于（或大于）某粒径的颗粒占全部颗粒的百分含量与该粒径的关系（积分型）。用表格或图形来直观表示颗粒粒径的频率分布和累积分布。

筛析法使用的设备简单，操作方便，但筛分结果受颗粒形状的影响较大，粒度分布的粒级较粗，测试下限超过 38 时，筛分时间长也容易堵塞。

（二）标准筛系列

每一个国家都有自己的标准筛系列，它由一组不同规格的筛子所组成。系列标准中，除筛子直径（有 400mm，300mm，200mm，150mm，75mm 等多种，以 200mm 使用最多）及深度（有 60mm，45mm 及 25mm，以 45mm 最普遍）外，最主要的是筛孔尺寸。筛孔大小有不同的表示方法。例如，在编织筛的方形孔情况下，美国 Tyler（泰勒）系列中以目（mesh）来表示筛孔的大小。目是每英寸（1in = 25.4mm）长度内筛网编织丝的根数，也就是每英寸长度上的筛孔数。筛孔的目数越大，筛孔越细，反之亦然。200 目的 Tyler 筛，每英寸共有 200 根编织丝，丝的直径为 0.053mm（53），因此筛孔的尺寸（孔宽）为 0.075mm（以 200 目的筛子为例）：

$$200 \times (0.053 + 0.075) = 25.6 \quad (\text{mm})$$

美国 Tyler 标准系列筛以 200 目为基准，其他筛子的筛孔尺寸以等比系数增减。

ISO（国际标准化组织）编织筛系列与美国 Tyler 系列基本相同，但不是采用目，而是直接标出筛子的筛孔尺寸，且以等比系数递增或递减其他各个筛子的筛孔宽度。为此，ISO 标准系列中的筛子数比 Tyler 系列的要少，相邻两筛孔的筛孔尺寸间隔也较大。ISO 系列中，最细的筛孔尺寸为 45μm，而 Tyler 系列为 38μm。英国、德国、法国、日本、苏联等也都有自己的标准系列筛号，其中法国 AFNOR 标准系列的筛孔尺寸采用了等比系数。

三、实验仪器

标准筛，振筛机，托盘天平，搪瓷盘，无机粉体。

四、实验步骤

（1）将选好的一套筛子，依筛孔尺寸大小从上到下套在一起，底盘放在最下部，试样放在顶部的最大孔径的筛子，然后装上盖子。

（2）将整套试验筛牢固地装在振筛机上，借助振筛机的振动，把粉末筛分成不同的筛分粒级。

（3）筛分过程可以进行到筛分终点，也可以进行到供需双方商定的时间。对于一般粉末，筛分时间规定为 15min。难筛的粉末，筛分时间可适当延长些。

筛分进行到每分钟通过最大组分筛面上的筛分量小于样品量的 0.1% 时，取为筛分终点。

（4）筛分后，称量每个筛面和底盘上的粉末量，称量精确到 0.1g。

每个筛面上的粉末量按如下方法收集：

从一套筛子上取出一个筛子，把它里面的粉末倾斜到一边，倒在光滑的纸（如描图纸）上，再把附在筛网和筛框底部的粉末，用软毛刷扫到相邻的下一个筛子中，然后把筛子反扣在光滑纸上，轻轻地敲打筛框，清出筛子中所有的粉末。

（5）每次筛分测定的所有筛子和底盘上的粉末量总和应不小于试样的 98%，否则须重新测定。

（6）当筛子用过数次后，发现筛孔堵塞严重时，应及时用超声波清洗。一般情况下，筛子用过 10 次后，就应该进行清洗。

五、数据处理与分析

（一）数据记录

筛分结果可按下表的形式记录：

筛分结果

试样名称		试样质量/g	
测试日期		筛分时间/min	
标　准　筛			
筛上物质量/g			

续表

分级质量百分率/%			
筛上累积百分率/%			
筛下累积百分率/%			
筛　目		筛孔尺寸/mm	
共　计			

（二）数据处理

根据实验结果记录，在坐标纸上绘制筛上累积分布曲线 R，筛下累积分布曲线 D，频率分布曲线。

（三）结果分析

一个筛子的各个筛孔可以看作是一系列的量轨（衡量物料运行轨道），当颗粒处于筛孔上，有的颗粒可以通过而有的通不过。颗粒位于一筛孔处的概率由下列因素决定：粉末颗粒大小分布、筛面上颗粒的数量、颗粒的物理性质（如表面积）、摇动筛子的方法、筛子表面的几何形状（如开口面积/总面积）等。当颗粒位于筛孔上是否能通过则决定于颗粒的尺寸和颗粒在筛面上的角度。

六、注意事项

筛分所测得的颗粒大小分布还决定于下列因素：筛分的持续时间、筛孔的偏差、筛子的磨损、观察和实验误差、取样误差、不同筛子和不同操作的影响等。

七、思考题

（1）影响筛析法的因素有哪些？
（2）由粒度分布曲线如何判断试样的分布情况？
（3）由粒度分布曲线确定试样的平均径（中位径及最大几率径）是多少？

实验三　粉体综合性能测定

一、实验目的

（1）掌握粉体松装密度，振实密度的测量方法。
（2）掌握粉体安息角和崩溃角的测量方法。
（3）了解粉体分散度的测量方法。

二、实验原理

（1）振实密度：振实密度是指粉体装填在特定容器后，对容器进行振动，从而破坏粉体中的空隙，使粉体处于紧密填充状态后的密度。通过测量振实密度可以知道粉体的流动性和空隙率等数据。

（2）松装密度：松装密度是指粉体在特定容器中处于自然充满状态后的密度。该指标对存储容器和包装袋的设计很重要。

（3）休止角：粉体堆积层的自由表面在静平衡状态下，与水平面形成的最大角度叫做休止角。它是通过特定方式使粉体自然下落到特定平台上形成的。休止角对粉体的流动性影响最大，休止角越小，粉体的流动性越好。休止角也称安息角、自然坡度角等。

（4）崩溃角：给测量休止角的堆积粉体以一定的冲击，使其表面崩溃后圆锥体的底角称为崩溃角。

（5）分散度：粉体在空气中分散的难易程度称为分散度。测量方法是将 10g 试样从一定高度落下后，测量接料盘外试样占试样总量的百分数。分散度与试样的分散性、漂浮性和飞溅性有关。如果分散度超过 50%，说明该样品具有很强的飞溅倾向。

三、实验仪器

粉体综合性能测定仪，无机粉体，天平。

四、实验步骤

（一）安息角、崩塌角、差角的测定

（1）放置安息角器具：将减振器放到仪器中央的定位孔中，再放上接料盘和安息角试样台。

（2）加料：关上仪器前门，准备好试样，将定时器调到 3min 左右，开振动筛盖，打开仪器的电源开关和振动筛开关，用小勺在加料口徐徐加料，物料通过筛网、出料口洒落到试样台上，形成锥体。

（3）安息角的测定：当试样落满试样台上并呈对称的圆锥体后，停止加料，关闭振动筛电源，将测角器置于试样托盘左侧并靠近料堆，与圆锥形料堆的斜面平齐，测定安息角。测量安息角时应从三个不同位置测定安息角，然后取平均值，该平均值为这个样品的安息角（θ_r）。

（4）崩塌角的测定：测完安息角后，用两手指轻轻提起试样台中轴上的崩塌角振子，高度为距离顶部大约 10mm 左右，然后张开手指使振子自由落下，使试样台上的堆积试样受到振动，圆锥体的边缘崩塌落下。如此振动三次，然后再用测角器测定三个不同位置的安息角，其平均值即为崩塌角（θ_f）。

（5）差角的测定：差角为安息角与崩塌角之差。

$$\theta_d(差角) = \theta_r(安息角) - \theta_f(崩塌角)$$

（二）松装密度、振实密度的测定及压缩率的计算

（1）松装密度 ρ_a 的测定：

1）将透明套筒与密度容器连接好。

2）将减振器、接料盘、松装密度垫环、密度容器、出料口漏斗安装好（如果粉体的流动性不好，可以不安装出料口漏斗）。打开振动筛开关，在振动筛上加料，使样品通过筛网、出料口使粉体撒落到密度容器中，当充满密度容器后停止加料。

3）当粉体充满密度容器后即可停止加料，关闭振动筛，取出密度容器，用刮板将多余的料刮出，并用毛刷将外面的粉扫除干净，用天平称量容器与粉体的总质量。

4）连续试验 3 次。设 3 次的平均总质量为 G，密度容器的重量为 G_1（该重量应事先

称量好），用下式计算松装密度 ρ_a ：

$$\rho_a = (G - G_1)/100$$

（2）压缩率 C_p 的计算

$$C_p = (\rho_p - \rho_a)/\rho_p \times 100\%$$

压缩率反映粉体的流动特性。压缩率越大，粉体的流动性就越差。

1）将振实密度用升降顶棒和密度容器组件安装好，打开振动筛开关，在振动筛上加料，使样品通过筛网、出料口、透明套筒充满密度容器，如果试样过筛困难，可用料铲直接装入。

2）当试样高度达到透明套筒中央时即可停止加料，关闭振动筛，将定时器调整到6min 位置，打开振动电机开关，连续振动，待振动自动停止后再重新启动振动电机，在振动过程中观察透明套筒中的粉体表面，如果粉体表面还在下降，就要继续振动下去，直到粉体表面不再下降后停止振动，取出透明套筒，用刮刀刮平，并用毛刷将容器外面的粉轻轻扫除干净，用天平称量容器与粉体的总质量。

3）对于同一个样品，每次的振动时间或振动次数要相同。即记录好第一次测试时的振动时间或振动次数，以后测试时就不必观察粉体表面的下降情况了。

4）连续测试三次。设 3 次的平均总质量为 G ，密度容器的质量为 G_1 （该重量事先称量好），用下式计算振实密度 ρ_p ：

$$\rho_p = (G - G_1)/100$$

（3）均齐度的测定与计算。

用粒度测定仪测出 D_{60} 和 D_{10} ，用下式计算均齐度：

$$均齐度 = D_{60}/D_{10}$$

（4）分散度 D_s 的测定。

1）将分散度卸料控制器拉到右端并卡住，关闭料斗。

2）用天平称取试样 10g ，通过漏斗把试样均匀加到仪器顶部的分散度入料料斗中。

3）将接小料盘（ ϕ 100mm ）置于分散度测定筒正下方的分散度测定室内的定位圈中，关上抽屉。然后瞬间开启卸料阀，使试样通过分散度筒自由落下。

4）这样试验两次，取出接料盘，称量残留于接料盘的粉末，取其平均值，再用下式求分散度 D_s ：

$$D_s(分散度) = (10 - m)/10 \quad \%$$

式中， m 为落在接料盘中粉体的质量。

（5）平板角 θ_s 的测定。

1）将升降台上放好托盘，平板伸入托盘中，将待测样品徐徐散落在托盘中，直到埋没平板为止。加料时也可以先将样品加到 1mm 的筛子上，然后将样品筛到试样盘中。

2）加完料以后，轻轻扭动升降台旋钮使升降台的高度缓缓降低，平板与试样盘完全分离，这时用测角器测定三处留在平板上粉体所形成的角度，取平均值 θ_{s1} 。

3）用锤下落一次，冲击平板，再用测角器测定三处留在平板上粉体所形成的角度，取平均值 θ_{s2} 。

$$\theta_s(平板角) = (\theta_{s1} + \theta_{s2})/2$$

五、数据处理与分析

将测定数据分别记入下列表中，并计算测定结果。

粉料的安息角、崩塌角和差角记录与计算表

数据 项目	第一次测	第二次测	第三次测	平均值	指数值
安息角/(°)					
崩塌角/(°)					
差角/(°)					

粉料的松装密度和振实密度即压缩率记录与计算表

项目 数值		松装密度 ρ_a	振实密度 ρ_p
空杯质量/g			
空杯容积/cm³		100	
杯加粉末重量/g	第一次称量		
	第二次称量		
	平均值		
粉末质量/g			
密度/g·cm⁻³		$\rho_a =$	$\rho_p =$
压缩率 $C_p = (\rho_p - \rho_a)/\rho_p \times 100\%$			
压缩率指数值			

黏附度及均齐度记录与计算表

均齐度 $= D_{60}/D_{10}$	第一次测	第二次测	第三次测	平均值
均齐度指数值				

平板角记录与计算表

数值 项目	平板角/(°)			
	第一次测	第二次测	第三次测	平均值
重锤滑落前 θ_{s1}				
重锤滑落后 θ_{s2}				
平板角 $\theta_s = (\theta_{s1} + \theta_{s2})/2$				
平板角指数值				

分散度记录与计算表

粉末质量/g	10
表面皿质量/g	
（表面皿+粉末）质量/g	
分散度＝(10-表面皿上粉末质量)/10　%	
分散度指数	

六、注意事项

不同数据的测量仪器所需的配件和装配不一样，因此在实验过程中，应正确使用各配件。避免因装配造成的实验误差。

七、思考题

（1）影响休止角的因素有哪些，如何减小休止角，有何意义？
（2）测量内（壁）摩擦角的最基本的方法是什么？

1.2　材料科学基础

实验一　熔融淬冷法制备玻璃

一、实验目的

（1）按照确定的原料配方和所用的化学成分进行配合料的计算。
（2）了解玻璃熔制温度和温度制度对材料性能的影响。
（3）掌握实验室常用高温仪器、设备的使用方法。
（4）通过实验学会分析材料的熔制缺陷，制定合理的烧成制度。

二、实验原理

玻璃是由熔融物冷却硬化而得到的非晶态固体，其内能和构形熵高于相应的晶体，结构为短程有序、长程无序。由熔融状态转变为固态的温度称为玻璃转变温度 T_g。玻璃具有四个通性：各向同性、介稳性、固态和熔融态间转变的渐变性和可逆性、性质随成分变化的连续性和渐变性。玻璃按组成可分为元素玻璃（如硫玻璃和硒玻璃）、氧化物玻璃（如硅酸盐玻璃、硼酸盐玻璃、磷酸盐玻璃）和非氧化物玻璃（如卤化物玻璃和硫族化合物玻璃）。

玻璃是在熔体急速冷却时形成的。具有相应的热力学和动力学条件。热力学上，同组成晶体和玻璃态内能差别越小，越容易生成玻璃。动力学上，生成玻璃的关键在于熔体在凝固点附近具有较大的黏度。由于急速冷却时，黏度迅速增大，内部质点来不及进行规则排列从而形成玻璃。

本实验采用熔融淬冷法制备玻璃。先由所给组分计算、称取、混合得到混合料。由配合料熔制成玻璃液、淬冷得到玻璃可以分为以下几个阶段：

（1）硅酸盐形成。在此阶段中粉末混合料在高温下进行固相反应，并逸出大量气体，最后变成各种硅酸盐和未起反应的石英颗粒所组成的烧结物。此阶段随成分的不同约在 800～900℃ 结束。

（2）玻璃液的形成。此阶段包括烧结物的熔融和石英颗粒的溶解，变成了含有大量气泡、条纹、成分不均匀的玻璃液。这一阶段约在 1200℃ 结束。

（3）玻璃液的澄清。此阶段温度较高，目的是使玻璃液在较小的黏度下释放出可见气泡，并建立起炉气、气泡中气体、玻璃液中溶解气体平衡。

（4）玻璃液的均化。通过扩散消除玻璃中的条纹，消除可见气泡。

（5）淬冷。将玻璃液淬火，得到固态玻璃。

三、实验仪器

（1）坩埚的选择和使用：实验室常用的坩埚有耐火黏土、莫来石、刚玉、熔石英、白金等坩埚。当配合料为酸性时，一般选用石英坩埚；碱性时用氧化铝坩埚。为避免杂质引入可选用白金坩埚。坩埚的选择还应考虑熔制的温度制度。

（2）熔制设备：马弗炉、温度控制器。

（3）其他设备：天平、石棉手套、研钵、坩埚钳等。

四、实验步骤

（一）料方的计算与配方

（1）根据设计成分和给定的原料成分进行料方计算。

（2）按料方计算结果称取原料，使小料均匀分布于配合料中。

（3）将称好的原料放入混合均匀。

（4）查资料了解所设计成分玻璃的熔制曲线。

本实验给定配方：

玻璃配制配方表

成分	SiO_2	Al_2O_3	CaO	MgO	Na_2O	K_2O
质量分数/%	72.5	2.0	8.0	2.5	14.0	1.0

（二）玻璃熔制

（1）将混合均匀的原料装入坩埚中，置于马弗炉中加热熔融，根据熔制曲线确定升温曲线，在设定温度下保温一段时间，使玻璃液得到澄清、均化。

（2）淬火，将澄清、均化好的玻璃液迅速倒入预先预热的模具中淬火，得到块状玻璃。

（3）为了得到机械加工性能良好的块状玻璃，可将制备好的块状玻璃在低于退火温度以下的某一温度进行退火处理，退火温度的确定参照该玻璃的熔制曲线。

五、数据处理与分析

（1）玻璃料方的计算。

（2）画出熔制曲线，加以简单的说明。

（3）详细记录观察到的现象，并做解释。

（4）分析得到的玻璃试样质量。

六、思考题

（1）简述熔融急冷法制备玻璃的基本过程。

（2）分析实验中影响获得均匀、透明、强度高的块状玻璃的因素。

实验二　磁控溅射法制膜

一、实验目的

（1）掌握磁控溅射法制膜的基本原理。

（2）了解多功能磁控溅射镀膜仪的操作过程及使用范围。

二、实验原理

（一）溅射

溅射是入射粒子和靶的碰撞过程。入射粒子在靶中经历复杂的散射过程，和靶原子碰撞，把部分动量传给靶原子，此靶原子又和其他靶原子碰撞，形成级联过程。在这种级联过程中某些表面附近的靶原子获得向外运动的足够动量，离开靶被溅射出来。

溅射的特点是：（1）溅射粒子（主要是原子，还有少量离子等）的平均能量达几个电子伏，比蒸发粒子的平均动能（kT）高得多（3000K 蒸发时平均动能仅 0.26eV），溅射粒子的角分布与入射离子的方向有关。（2）入射离子能量增大（在几千电子伏范围内），溅射率（溅射出来的粒子数与入射离子数之比）增大。入射离子能量再增大，溅射率达到极值；能量增大到几万电子伏，离子注入效应增强，溅射率下降。（3）入射离子质量增大，溅射率增大。（4）入射离子方向与靶面法线方向的夹角增大，溅射率增大（倾斜入射比垂直入射时溅射率大）。（5）单晶靶由于焦距碰撞（级联过程中传递的动量愈来愈接近原子列方向），在密排方向上发生优先溅射。（6）不同靶材的溅射率很不相同。

（二）磁控溅射

通常的溅射方法，溅射效率不高。为了提高溅射效率，首先需要增加气体的离化效率。为了说明这一点，先讨论一下溅射过程。

当经过加速的入射离子轰击靶材（阴极）表面时，会引起电子发射，在阴极表面产生的这些电子，开始向阳极加速后进入负辉光区，并与中性的气体原子碰撞，产生自持的辉光放电所需的离子。这些所谓初始电子（primary electrons）的平均自由程随电子能量的增大而增大，但随气压的增大而减小。在低气压下，离子是在远离阴极的地方产生，从而它们的热壁损失较大，同时，有很多初始电子可以以较大的能量碰撞阳极，所引起的损失又不能被碰撞引起的次级发射电子抵消，这时离化效率很低，以至于不能达到自持的辉光放电所需的离子。通过增大加速电压的方法也同时增加了电子的平均自由程，从而也不能有效地增加离化效率。虽然增加气压可以提高离化率，但在较高的气压下，溅射出的粒子与气体的碰撞的机会也增大，实际的溅射率也很难有大的提高。

如果加上一平行于阴极表面的磁场，就可以将初始电子的运动限制在邻近阴极的区域，从而增加气体原子的离化效率。常用磁控溅射仪主要使用圆筒结构和平面结构。这两种结构中，磁场方向都基本平行于阴极表面，并将电子运动有效地限制在阴极附近。磁控溅射的制备条件通常是，加速电压为 $300\sim800V$，磁场约 $50\sim300G$，气压为 $1\sim10mTorr$，电流密度为 $4\sim60mA/cm^2$，功率密度为 $1\sim40W/cm^2$，对于不同的材料最大沉积速率范围为 $100\sim1000nm/min$。同溅射一样，磁控溅射也分为直流（DC）磁控溅射和射频（RF）磁控溅射。射频磁控溅射中，射频电源的频率通常在 $30\sim50MHz$。射频磁控溅射相对于直流磁控溅射的主要优点是，它不要求作为电极的靶材是导电的。因此，理论上利用射频磁控溅射可以溅射沉积任何材料。由于磁性材料对磁场的屏蔽作用，溅射沉积时它们会减弱或改变靶表面的磁场分布，影响溅射效率。因此，磁性材料的靶材需要特别加工成薄片，尽量减少对磁场的影响。

（三）直流磁控溅射的工作原理

磁控靶工作原理可简述为：自由电子在阴极靶材表面正交电磁场的作用下，电子获得约 400eV 以上的能量并做曲线运动，运动过程中与工作气体原子（Ar，O_2，N_2，CH_4 等）相互碰撞形成正离子，正离子与处在负电位的阴极靶材相互作用溅射出靶材的中性粒子，这些中性粒子沉积于基片（阳极）表面形成薄膜。在正电荷的粒子与靶材相互作用的过程中，不但能溅射出中性粒子，同时还溅射出靶材正电荷离子及二次电子及软 X 射线等。由于靶材处于负电位，所以正离子不会远离靶材，但二次电子再次与工作气体相互作用，电离工作气体。直至正负电荷达到平衡状态，形成等离子体，即所谓的辉光放电。

三、实验仪器

JCP-200B 多功能磁控溅射镀膜机、铜靶（$\phi50\times4$）、氩气、载玻片。

四、实验步骤

（一）准备

（1）用超声波发生器清洗基片，清洗过程中加入洗液，清洗干净后在氮气保护下干燥。干燥后，将基片倾斜 45°角观察，若不出现干涉彩虹，则说明基片已清洗干净。

（2）将样品放入样品室内。

（二）镀膜

（1）装好靶材，关好靶盖，（箭头方向为开）盖好真空室，并关好真空放气阀门，检查并打开循环水。

（2）连接好 220V 电源，打开空气开关（如报警，则表示循环水未开）。

（3）按"总电源"钮，先开"机械泵"，再开"前级阀"，开始抽低真空。

（4）待低真空显示到 9.8×10^0 时，按分子泵"工作"钮，速度钮打到"高速"位，再把分子泵挡板打开（箭头方向为开）；待显示转速 400 以上时，稳定 $2\sim3min$，按"开电离"钮，打开电离硅显示高真空；待高真空显示到 5.0×10^{-3} 时，关掉"开电离"，将"工作"调到"低速"，把分子泵挡板关掉。

（5）先打开流量控制"电源"按钮和"阀控"按钮，将"设定"顺时针拧到最大，开始抽导气管内的空气，待显示到 00.00 时，表明已抽完。然后把"设定"逆时针转到最小。

（6）打开"温控"，设定温度，待温度达到想要设定的值后，关闭"温控"。打开"旋转"。

（7）打开气体到 0.1MPa，将"设定"慢慢拧大，使"最低真空"保持在（3.0~3.5）$\times 10^{-1}$。

（8）打开"电源"，把"电流"拧到最小。起辉 20s 以后，打开靶盖。观察镀膜的效果，慢慢拧动"电流"调节钮（顺时针），使电压显示在 -300V（DC）左右。打开"旋转"。

（9）关靶盖，旋转。关稳流源电源，将"设定"逆时针拧到最小，然后关闭流量电源和气体阀门，关闭气体。关分子泵"工作"钮，待转速显示为零时，关"前级阀""机械泵""总电源"。

（10）待温度达到室温时，放气，取样。

五、思考题

（1）磁控溅射镀膜仪有哪些类型。

（2）磁控溅射镀膜的适用范围。

实验三 陶瓷致密度的测定

一、实验目的

（1）了解烧结的概念、烧结过程与机理以及影响烧结的因素。

（2）掌握一种陶瓷致密度的测试方法。

二、实验原理

粉末材料经过机械压制、手工成型，在受热过程中坯体产生物理、化学反应，同时排出水分和气体，坯体的体积不断缩小，这种现象被称为烧结。在烧结过程中，坯体的体积不断缩小，气孔率开始不断下降，坯体的密度和机械强度逐渐上升。

陶瓷的性能主要由其微观结构决定。均匀的微观结构是保证陶瓷具有优良的可靠的性能的重要因素，也是压电陶瓷材料制备过程中需要解决的基本问题。如果陶瓷晶粒出现异常长大，就会造成晶界处结合变得疏松，另外还会出现一些不均匀的杂相颗粒，而气孔和杂质相的增多会导致陶瓷性能，尤其是高温性能大幅度降低。因此，陶瓷的致密度是判断陶瓷性能可靠程度的首要判断依据。而陶瓷粉体的制备方法及掺杂对陶瓷的晶粒发育大小、均匀程度，及气孔率等有很大影响。因此，本实验采用将粉体试样在不同的成型压力下成型，并在不同温度下进行焙烧，然后测试陶瓷片的体积收缩及致密度等数据，从而判断陶瓷的烧结质量。

密度测试根据 GB 2413—1981《压电陶瓷材料体积密度的测量方法》，利用阿基米德原理（排水法）来测定陶瓷样品的体积密度，其计算公式如下：

$$\rho = \frac{m_0}{V_0} = \frac{m_0}{m_2 - m_1} \rho_{\mathrm{H}} \tag{1}$$

式中，m_0、V_0分别为干燥样品在空气中的质量和体积；m_1、m_2分别为样品充分吸水后在水中和空气中的质量；ρ_H为蒸馏水的密度。

相对密度计算公式为：

$$D = \rho / \rho_0 \tag{2}$$

式中，D与ρ_0分别代表材料的相对密度和理论密度。

三、实验仪器

（1）箱式高温电阻炉，硅钼棒发热体，1400℃，双铂热电偶测温。

（2）成型压机。

（3）天平及测体积密度仪器一套。

（4）研钵，分筛等。

四、实验步骤

（1）将粉体用研钵研磨过筛后，加入质量浓度为5%的PVA黏结剂8%进行造粒，研磨均匀，并过30目筛子。

（2）将造粒好的粉体，放入模具中，在成型压力机上压片成型，成型压力为20t和25t。

每组压制6片，要记录好每片的直径并编号。

（3）将编号后的坯体第一组放入高温箱式电炉中烧结，升温程序如下：

$$20℃ \xrightarrow{40min} 100℃ \xrightarrow{60min} 100℃ \xrightarrow{350min} 800℃ \xrightarrow{30min} 800℃ \xrightarrow{150min} 1150℃ \xrightarrow{120min} 1150℃$$

——自然降温

第二组按照以下程序烧结：

$$20℃ \xrightarrow{40min} 100℃ \xrightarrow{60min} 100℃ \xrightarrow{350min} 800℃ \xrightarrow{30min} 800℃ \xrightarrow{150min} 1250℃ \xrightarrow{120min} 1250℃$$

——自然降温

注：1. 要严格按照实验要求的升温程序，在最高温度保温后，不要打开高温箱式电炉的炉门，要其缓慢降温，100℃以下方可取出瓷片。

2. 主要高温箱式电炉的使用要求，任何人要严格按照实验操作规程使用，一经发现有违反操作规程的行为将严肃处理。

（4）测量烧结后的每片陶瓷片的直径，计算收缩率。

（5）用自制的密度测试装置测试相关数据，并计算出样品的致密度。

五、数据处理与分析

陶瓷致密度测定数据记录表

参数　　实验号	m_0	m_1	m_2	D	L	L_0	$\Delta L / L_0$
1							
2							
3							

注：1. 上述数据为某组数据，仅做参考。

2. PZT52/48的理论密度为8.006g/cm³，PSTT50/50的理论密度为6.638g/cm³。

六、思考题

（1）影响烧结的因素有哪些？
（2）成型压力对致密度有什么影响？
（3）烧结温度对致密度有什么影响？

实验四 固相反应

一、实验目的

（1）掌握 TG 法的原理，熟悉采用 TG 法研究固相反应的方法。
（2）通过 Na_2CO_3-SiO_2 系统的反应验证固相反应的动力学规律——杨德方程。
（3）通过作图计算出反应的速度常数和反应的表观活化能。

二、实验原理

固体材料在高温下加热时，因其中的某些组分分解逸出或固体与周围介质中的某些物质作用使固体物系的重量发生变化，如盐类的分解、含水矿物的脱水、有机质的燃烧等会使物系重量减轻，高温氧化、反应烧结等则会使物系重量增加。热重分析法（thermo-gravimetry，简称 TG 法）及微商热重法（derivative thermogravimetry，简称 DTG 法）就是在程序控制温度下测量物质的重量（质量）与温度关系的一种分析技术。所得到的曲线称为 TG 曲线（即热重曲线），TG 曲线以质量为纵坐标，以温度或时间为横坐标。微商热重法所记录的是 TG 曲线对温度或时间的一阶导数，所得的曲线称为 DTG 曲线。现在的热重分析仪常与微分装置联用，可同时得到 TG-DTG 曲线。通过测量物系质量随温度或时间的变化来揭示或间接揭示固体物系反应的机理和/或反应动力学规律。

固体物质中的质点，在高于绝对零度的温度下总是在其平衡位置附近作谐振动。温度升高时，振幅增大。当温度足够高时，晶格中的质点就会脱离晶格平衡位置，与周围其他质点产生换位作用，在单元系统中表现为烧结，在二元或多元系统则可能有新的化合物出现。这种没有液相或气相参与，由固体物质之间直接作用所发生的反应称为纯固相反应。实际生产过程中所发生的固相反应，往往有液相和/或气相参与，这就是所谓的广义固相反应，即由固体反应物出发，在高温下经过一系列物理化学变化而生成固体产物的过程。

固相反应属于非均相反应，描述其动力学规律的方程通常采用转化率 G（已反应的反应物量与反应物原始重量的比值）与反应时间 t 之间的积分或微分关系来表示。

测量固相反应速率，可以通过 TG 法（适应于反应中有重量变化的系统）、量气法（适应于有气体产物逸出的系统）等方法来实现。本实验通过失重法来考察 Na_2CO_3-SiO_2 系统的固相反应，并对其动力学规律进行验证。

Na_2CO_3-SiO_2 系统固相反应按下式进行：

$$Na_2CO_3 + SiO_2 \longrightarrow Na_2SiO_3 + CO_2 \uparrow$$

恒温下通过测量不同时间 t 时失去的 CO_2 的重量，可计算出 Na_2CO_3 的反应量，进而计算出其对应的转化率 G，来验证杨德方程：

$$[1 - (1 - G)^{1/3}]^2 = K_j t$$

的正确性。式中，$K_j = A\exp(-Q/RT)$ 为杨德方程的速度常数，Q 为反应的表观活化能。改变反应温度，则可通过杨德方程计算出不同温度下的 K_j 和 Q。

三、实验仪器和试剂

分析纯无水 Na_2CO_3，分析纯 SiO_2，陶瓷研钵，60 目分筛，陶瓷坩埚，坩埚钳，1300℃高温马弗炉。

四、实验步骤

（1）将待用的坩埚清洗干净后烘干，称重。

（2）将 Na_2CO_3（化学纯）和 SiO_2（含量99.9%）按摩尔比 $Na_2CO_3 : SiO_2 = 1 : 1$ 配料，总重量为50g，分别在陶瓷研钵中研细，混合均匀，过80目筛。

（3）将约5g样品每份分装在8个已知重量的坩埚中，称取坩埚加样品的质量。

（4）将8个装有样品的坩埚放入炉内，升温至650℃（分三个组，分别在650℃，700℃，750℃下进行固相反应）。

（5）以后每隔10min取出样品，记录时间和重量，记录8次数据。

（6）实验完毕，取出坩埚，将实验工作台物品复原。

五、数据处理与分析

以下表方式记录实验数据，做 $[1-(1-G)^{1/3}]^2$-t 图，通过直线斜率求出反应的速度常数 K_j。通过 K_j 求出反应的表观活化能 Q。

数据记录表

反应时间 t/min	空坩埚重量 W_1/g	反应前坩埚与样品重量 W_2/g	反应后坩埚与样品重量 W_3/g	CO_2累计失重量 W_4/g	Na_2CO_3转化率 G/%	$[1-(1-G)^{1/3}]^2$	K_j

六、思考题

（1）温度对固相反应速率有何影响，其他影响因素有哪些？

（2）本实验中失重规律怎样，请给予解释。

（3）影响本实验准确性的因素有哪些？

实验五　典型无机化合物晶体结构

一、实验目的

（1）通过模型观察掌握等径球体最紧密堆积原理，并进一步了解各种参数。

（2）通过观察模型，要求熟练掌握典型无机化合物晶体结构。

二、实验原理

等径球体的最紧密堆积原理：

理想情况下，离子可以看作不能相互挤入的"刚性球体"，晶体结构可以看作球体的相互堆积。晶体中离子相互结合要遵循能量最小的原则。从球体堆积角度来看，球体的堆积密度愈大，系统内能愈小，这就是最紧密堆积原理。

在无其他因素（价键的方向性能）的影响下，晶体中质点的排列服从最紧密堆积原理。

（1）等径球体最紧密堆积有两种方式：

1）立方最紧密堆积：ABC、ABC、…可从其中取出立方面心晶胞。

2）六方最紧密堆积：AB、AB、…可从其中取出六方晶胞。

（2）等径球体密堆积有两种空隙：

1）四面体空隙：由四个球围成，球体中心联线为四面体（四面体空隙有两种观察方法）。

2）八面体空隙：由六个球围成，球体中心联线为八面体（八面体空隙有两种观察方法）。

（3）基本数据：

1个球周围有12个球。

1个球周围有8个四面体空隙。

1个球周围有6个八面体空隙。

球数：四面体空隙：八面体空隙＝1：2：1。

三、实验步骤

观察分析典型无机化合物晶体结构：

（1）NaCl 型结构：

1）Cl^- 作立方面心最紧密堆积；

2）Na^+ 填全部八面体空隙；

3）$[NaCl_6]$ 八面体共棱连接；

4）晶胞中分子数 $Z=4$；

5）$CN^+=6$；$CN^-=6$；

6）Pauling 静电价规则：$1=1/6×6=1$，故符合 Pauling 规则。

（2）$\alpha\text{-}Al_2O_3$（刚玉）型结构：

1）O^{2-} 作六方最紧密堆积；

2）Al^{3+} 填充于 2/3 的八面体空隙；

3）三方晶系分子数 $Z=2$；

4）$[AlO_6]$ 多面体共面连接；

5）$CN^+=6$；$CN^-=3$；

6）Pauling 静电价规则：$|2|=3×4/6=2$，故符合 Pauling 规则。

（3）CsCl 型结构：

1）Cl^- 作堆积；

2）Cs^+ 填空隙；

3）多面体连接方式是   ；

4）晶胞中分子数 Z=   ；

5）CN^+=   ；CN^-=   ；

6）用 Pauling 静电价规则检验：   。

（4）闪锌矿（立方 ZnS）型结构：

1）S^{2-} 作堆积；

2）Zn^{2+} 填空隙；

3）多面体连接方式是   ；

4）晶胞中分子数 Z=   ；

5）CN^+=   ；CN^-=   ；

6）用 Pauling 静电价规则检验：   。

（5）纤锌矿（六方 ZnS）型结构：

1）S^{2-} 作堆积；

2）Zn^{2+} 填空隙；

3）[ZnS_4] 连接方式是   ；

4）六方柱晶胞中分子数 Z=   ；

5）CN^+=   ；CN^-=   ；

6）用 Pauling 静电价规则检验：   。

（6）萤石（CaF_2）型结构：

1）F^- 作堆积，或 Ca^{2+} 作堆积；

2）Ca^{2+} 填空隙，或 F^- 填空隙；

3）[CaF_8] 连接方式是   ；[FCa_4] 连接方式是   ；

4）立方晶系分子数 Z=   ；

5）CN^+=   ；CN^-=   ；

6）用 Pauling 静电价规则   。

（7）金红石型结构（TiO_2）：

1）O 作稍有变形的堆积；

2）Ti^{4+} 填空隙；

3）四方晶系分子数 Z=   ；

4）Ti^{4+} 位于四方原始格子的结点位置，作简单格子排列，中心的 Ti^{4+} 属于另一套格子；

5）CN^+=   ；CN^-=   ；

6）用 Pauling 静电价规则。

（8）碘化镉（CdI_2）型结构：

1）I^- 作堆积；

2）Cd^{2+} 填空隙；

3）[CdI_6] 连接方式是   ；

4）三方晶系，六方柱晶胞分子数 Z=   ；

5）CN$^+$ = ；CN$^-$ = ；

6）用 Pauling 静电价规则检验： 。

（9）钙钛矿（BaTiO$_3$）型结构：

BaTiO$_3$在高温时为立方晶系。此时 BaTiO$_3$结构可以看成由 O^{2-}和半径较大的 Ba^{2+}共同组成堆积。其中，Ba^{2+}占有位置，O^{2-}则占有位置。Ti^{4+}填充于空隙之中。

Ti^{4+}的配位数为_____，Ba^{2+}的配位数为_____。O^{2-}的配位数为_____，其中由_____个 Ba^{2+}和_____个 Ti^{4+}进行配位。

BaTiO$_3$结构在高温时属于立方晶系，在降温时，通过某个特定温度后将产生结构的畸变，使立方晶格的对称性下降。如果在一个轴向发生畸变（C 轴略伸长或缩短），就由立方晶系变为四方晶系；如果在两个轴向发生畸变，就变为正交晶系；若不在轴向而是在体对角线［111］方向发生畸变，就成为三方晶系菱面体格子。这三种畸变，在不同组成的钙钛矿结构中都可能存在。

四、思考题

（1）从密堆积模型中找出"八面体空隙"和"四面体空隙"的分布规律，并说明球：四面体空隙：八面体空隙＝1：2：1。

（2）画出 ZnS（立方）、TiO$_2$晶胞中所有八面体空隙和四面体空隙的位置。

（3）为什么钙钛矿结构的 BaTiO$_3$具有铁电性而 CaTiO$_3$没有铁电性？

1.3 材料工程基础

实验一 高温测温环的变形实验

一、实验目的

陶瓷材料在生产过程中需要精准有效地测量窑炉温度，然而，大多数测量手段和工具在时间和空间上均受到限制。例如：热电偶并不能测量产品本身的温度，而是产品烧制时的环境温度。热电偶记录在顶端获得的温度，只是空间和时间的一点，一个热电偶无法决定加热过程；一只热电偶无法提供窑炉在不同方位加热是否均匀的信息，它只能测辐射热，而不涉及来自窑炉的传导热。因此，工业上常采用测温环（锥）实时监测窑炉内的烧成制度，从而达到对烧成过程的精确控制。使用测温环测量窑炉温度的优点在于：

（1）测温环使用机动灵活，可简易方便测定炉内三维空间温度分布的任何角落。测温环安放位置最好贴近产品实际受热状态，精确测定烧制品实际受热情况。

（2）测温环一致性良好，可以保证产品烧成制度的良好重现性，从而提高成品的合格率。

（3）测温环可以减少甚至不再需要通过对烧成品的几何形状，密度和多孔性测量或破坏性试验。从而减少生产过程中的质量控制成本。

（4）测温环陶瓷测温环为可靠的高精度产品，具有公认的精确性和可靠性，精确的温差达 1.5~3℃。

本实验的目的在于，采用测温环测定窑炉内各部位的温度分布情况，分析不同保温时间下窑炉内温度的变化情况。

二、实验原理

陶瓷测温环的工作原理是根据其在工作温度范围内的线性收缩，从而给出测温环和烧成品的实际累计热量，对照换算表得出测试温度，烧制结束后，将测温环取走并做记号。

三、实验仪器

陶瓷测温环、马弗炉、游标卡尺等。

四、实验步骤

（1）测量测温环的尺寸，设置窑炉温度，在炉膛的不同位置放置测温环，窑炉冷却以后，测量各测温环的经过高温以后的尺寸，计算线性收缩，绘制同一温度下，不同窑炉位置的线性收缩变化曲线。

（2）测量测温环的尺寸，在窑炉的同一位置放置测温环，设置不同窑炉温度，窑炉冷却后，测量各测温环的经过高温以后的尺寸，计算线性收缩，绘制不同温度下，同一窑炉位置的线性收缩变化曲线。

五、数据处理

根据实验结果，计算实验数据，绘制不同曲线。

实验二　煤的工业分析

一、实验目的

（1）掌握煤的工业分析方法，即煤的水分、灰分、挥发分和固定碳的测定方法。
（2）判断分析煤样的种类。
（3）根据经验公式计算煤的低位发热值。

二、实验原理

本实验为热解重量法，即根据煤样中各组分的不同物理化学性质，控制不同的温度和时间，使该种组分热分解或燃烧，以样品失去的质量占原试样的质量百分比表示该成分的质量百分含量。

三、实验仪器

鼓风干燥箱，玻璃干燥器，天平，马弗炉。

四、实验步骤

（1）将煤样粉碎、过60目筛，在空气中自然干燥，待用。
（2）水分测定。

1）在分析天平上称出带盖坩埚的空重，然后加 1g 左右煤样，准确称量。

2）将坩埚送入温度已达 105～110℃ 的鼓风干燥箱中，打开瓶盖，干燥 1h。

3）取出坩埚，放入玻璃干燥器中，立即盖上瓶盖，继续冷却到室温，称量并记录结果。

（3）灰分测定。

1）在分析天平上称出坩埚的空重，然后加入 1g 左右煤样，准确称量。

2）将坩埚放入 815℃ 左右的马弗炉中灼烧 40min。直至煤样完全烧透，灰中无黑色碳粒为止。

3）取出坩埚放在石棉板上，在空气中冷却 5min 后放入玻璃干燥器中冷却到室温，称量并记录结果。

（4）挥发分测定。

1）在分析天平上称量带盖坩埚空重，然后加 1g 左右煤样，准确称量。

2）将坩埚加盖放入 900℃ 的马弗炉中加热 7min。

3）取出坩埚放在石棉板上，在空气中冷却 5min 后放入玻璃干燥器中冷却到室温，称重并记录结果。

4）打开坩埚盖，将剩余的焦渣倒在纸上观察焦渣特性。

五、数据处理与分析

（一）数据记录

煤的工业分析数据记录表

测定成分	容器名称	容器空重	加样总重	样品重	热处理后总重	计算结果
水分 W_{ad}	坩埚					
灰分 A_{ad}	坩埚					
挥发分 V_{ad}	带盖坩埚					
固定碳			$F_{cad} = 10-(W_{ad}+A_{ad}-V_{ad})$			

（二）判断煤的种类

我国煤的分类是以干燥无灰基挥发分含量 V_{daf} 为依据的，不同种类煤的挥发分含量见下表。

各种类煤的挥发分含量表

煤的种类	褐煤	烟煤	无烟煤
V_{daf}	>37	10~46	<10

因此，需将空气干燥基挥发分 V_{ad} 换算为干燥无灰基挥发分 V_{daf}。换算公式：

$$V_{daf} = V_{ad} \times \frac{100}{100 - (W_{ad} - A_{ad})}$$

查表，可判断该煤样为烟煤。

（1）焦渣特性的确定。焦渣特性是指测定挥发分后，坩埚内残留的焦渣外形特征，分为 8 类。根据测定挥发分后的坩埚内残留的焦渣外形特征判断，该试样的焦渣特性为第三类。

（2）计算煤的低位发热量 Q_{net}^{ad}。烟煤按下式计算：

$$Q_{net}^{ad} = 100K_1 - (K_1 + 25)(W_{ad} + A_{ad}) - 12.56V_{ad} \quad (kJ/kg)$$
$$= 100K_1 - (328 + 25)(3.21 + 27.65) - 12.56 \times 25.37 = 21587.77$$

式中　K_1——系数，根据 V_{daf} 和焦渣特性查表得出 $K_1 = 328$。

（三）影响因素分析

（1）对于水分和灰分，在实验中主要控制分析结果使之达到恒重以保证分析的准确；其次，控制热处理过程的温度。

（2）对于水分而言，超过控制温度将使部分挥发分挥发导致水分含量偏高。

（3）对于灰分而言，超过控制温度，将使某些煤样的灰渣熔融、结块，氧气无法渗入内部参与燃烧，致使固定碳燃烧不完全，灰分含量会偏高。

（4）对于挥发分，由于其含量随温度和保温时间的不同而变化，所以，必须严格按国标控制温度和时间执行，否则得出的挥发分含量将不具有可比性。

1.4　无机材料合成方法与理论

实验一　液相沉淀法制备氧化钨粉体

一、实验目的

（1）熟悉化学沉淀法合成粉体的基本原理和基本过程。
（2）了解沉淀反应需控制的主要参数。
（3）熟悉水浴锅、高温炉等仪器设备的使用。

二、实验原理

沉淀法是由液相进行化学制取的最常用的方法，把沉淀物加热分解则可得到所需的产品。存在于溶液中的离子 A^+ 和 B^-，当他们的离子浓度积超过其浓度积 $[A^+]$ 和 $[B^-]$ 时，A^+ 和 B^- 之间就开始结合，进而形成晶格，于是在晶格生长和重力作用下发生沉降，形成沉淀物。一般而言，当颗粒粒径为 $1\mu m$ 以上就形成沉淀物，产生沉淀物过程中的颗粒生长有时在单个核上发生，但常常是靠细小的一次颗粒的二次聚集，一次颗粒粒径变大有利于过滤。沉淀物的粒径取决于核形成与核成长的相对速度。即如果核形成的速度低于核成长速度，那么成长的单颗粒数就少，单个颗粒的粒径就变大，但沉淀生成过程是复杂的。一般来说，沉淀的溶解度越小，沉淀物的粒径也越小，而溶液的过饱和度越小，则沉淀物的粒径越大，由于控制沉淀物生成反应不容易，所以实际操作时，是通过使沉淀物颗粒长大来对粒径加以控制，通过将含有沉淀物的溶液加热，使沉淀物长大。

本实验是在氯化铁溶液中加入氢氧化钠，通过对溶液 pH 值浓度，搅拌速率、温度等条件的控制合成粒度均一的氢氧化铁沉淀，再将所获得的氢氧化铁沉淀洗涤干燥后在高温炉中煅烧而获得粒径均一的氧化铁粉体。

三、实验仪器和试剂

（1）设备：水浴锅，搅拌器，真空抽滤装置，干燥箱，高温炉，显微镜等。
（2）药品：钨酸钠，盐酸。

四、实验步骤

（1）按照 5g 氧化钨的产量，并用柠檬酸溶解此量，计算所需的钨酸钠，溶解于水中。
（2）以摩尔比钨酸钠：碳纳米管＝1：3 计算碳纳米管的用量，并将碳纳米管溶于乙二醇中。
（3）将两种溶液混合得到的透明体系在磁力搅拌器上搅拌加热。
（4）将所配制的溶液分别装入烧杯中，以一定的速率滴加到反应烧杯中。在加料过程中不断搅拌，调节盐酸控制体系 pH 值为 2~5。
（5）反应结束后，陈化 1h 后过滤，洗涤，烘干。
（6）将干燥好的沉淀凝胶转移至坩埚中于 600℃ 煅烧 1h，自然冷却至室温得到氧化钨粉体。
（7）将得到的氧化钨粉体研磨后包装，在激光粒度仪下观察其颗粒度分布。

五、数据处理与分析

经计算三氧化二铝理论含量 Xg，实际含量 Yg，产率 $w = X/Y \times 100\%$。

六、注意事项

（1）体系的 pH 值，加料速度和反应温度对所生成的沉淀颗粒的大小有较大的影响，需要严格控制。
（2）在洗涤样品的过程中，一定要把生产的可溶性钠盐彻底洗干净，否则所得到的样品不好，同时在烧成过程中对颗粒形貌造成影响。

实验二 水热合成法制备氧化钨材料

一、实验目的

（1）掌握水热合成法的原理。
（2）了解恒温烘箱的组成设备及其使用方法。

二、实验原理

水热与溶剂热合成是指在一定的温度（100~1000℃）和压强（1~100MPa）条件下利用溶液中的物质化学反应所进行的合成。水热合成反应是在水溶液中进行，溶剂热合成是在非水溶剂中热条件下的合成。水热合成反应侧重于研究水热合成条件下物质的反应性，合成规律以及合成产物的结构与性质。水热与溶剂热合成是一种重要的无机合成方法，可以利用这种方法合成单晶等无机晶体材料和沸石分子筛等介孔材料，并模拟出在水热条件下的海底世界，以期对生命分子从简单到复杂的进化过程给以理论上的说明和研究探索。由于水热与溶剂热反应，可以制得固相反应无法制得的物相或物种，有很好的可操作性和可调变性，使得化学反应处于相对温和的溶剂热条件下进行的。

在高温高压条件下，水或其他溶剂处于临界或超临界状态，反应活性提高，物质在溶剂中的物性和化学反应性能有很大改变，因此溶剂热化学反应大多异于常态。一系列中，高温高压水热反应的开拓及其在此基础上开发出来的水热合成已成为目前多数无机功能材料、特种组成与结构的无机化合物以及特种凝胶态材料，如超微粉，溶胶凝胶非晶态，无机膜，单晶等合成的越来越多越重要的途径。

三、实验仪器

恒温烘箱，烧杯，水热反应釜等。

四、实验步骤

(1) 选择确定反应物料。
(2) 确定合成物料的配方。
(3) 配料摸索，混料搅拌。
(4) 装釜，封釜。
(5) 确定反应温度，时间，状态（晶态与动态化）。
(6) 取釜，冷却（空气冷，水冷）。
(7) 开釜取样。
(8) 过滤干燥。
(9) 激光粒度仪观察晶体情况与粒度分布。

要求写出水热法合成方程式，反应应该在150~300℃时反应可以生成目标配合物。

具体步骤：

(1) 称取钨酸钠：3.96g，碳纳米管乙二醇溶液：10mg/100mL。
(2) 称取 3mL 的浓盐酸。
(3) 将溶液（2）缓慢的滴加到溶剂 1 中，搅拌 4h，充分混合。
(4) 将溶液（3）移入 200mL 的反应釜中，在 150~200℃下反应 12h。
(5) 将反应釜冷却到室温。
(6) 取出试样，用蒸馏水洗涤至没有可溶性离子为止。
(7) 在 100℃的烘箱里干燥 2h。

五、数据处理与分析

(1) 在激光粒度仪下观察晶粒形状。
(2) 合成物质的物理性质。

经计算，理论生成量为 X，实际产量 Y，产率 $w = X/Y \times 100\%$。

由于在转移到反应釜时，反应釜只能装到其容积的 3/4，所以有很多沉淀并未被转移到其中，又由于洗涤时会有部分留在滤纸上，不能取下，因而产量较低。

(3) 测量煅烧后样品的松装密度和振实密度，并在显微镜下观察其形貌。

六、思考题

（1）水热反应原理是什么，对比其他实验，优缺点是什么？
（2）氧化钨能做光催化材料的原理？

1.5　无机材料化学分析

实验一　分析天平称量练习

一、实验目的

（1）学习分析化学中试剂的称量方法。
（2）掌握准确、简明、规范地记录实验原始数据的方法。

二、实验原理

（一）电子天平的构造

电子天平是最新一代的天平，是根据电磁力平衡原理，直接称量，全量程不需砝码。放上称量物后，在几秒钟内即达到平衡，显示读数，称量速度快，精度高。电子天平的支撑点用弹性簧片，取代机械天平的玛瑙刀口，用差动变压器取代升降枢装置，用数字显示代替指针刻度式。

（二）电子天平的使用方法

（1）水平调节。观察水平仪，如水平仪水泡偏移，需调整水平调节脚，使水泡位于水平仪中心。

（2）预热。接通电源，预热至规定时间后，开启显示器进行操作。

（3）开启显示器。轻按 ON 键，显示器全亮，待出现称量模式 0.0000g 后即可称量，读数时应关上天平门。

（4）校准。天平安装后，第一次使用前，应对天平进行校准。因存放时间较长、位置移动、环境变化或未获得精确测量，天平在使用前一般都应进行校准操作。一般采用外校准（有的电子天平具有内校准功能）完成。

（5）称量。按清零键，显示为零后，置称量物于秤盘上，关上天平门，待数字稳定后，即可读出称量物的质量值。

（6）去皮称量。按清零键，置容器于秤盘上，天平显示容器质量，再按清零键，显示零，即去除皮重。再置称量物于容器中，或将称量物（粉末状或液体）逐步加入容器中直至达到所需质量，待数字稳定，这时显示的是称量物的净质量。将秤盘上的所有物品拿开后，天平显示负值，按清零键，天平显示 0.0000g。若称量过程中秤盘上的总质量超过最大载荷时，天平仅显示上部线段，此时应立即减小载荷。

（7）称量结束后，若较短时间内还使用天平（或其他人还使用天平），一般不用按 OFF 键关闭显示器。实验全部结束后，关闭显示器，切断电源，若短时间内（例如 2h 内）还使用天平，可不必切断电源，再用时可省去预热时间。

若当天不再使用天平，应拔下电源插头。

（三）称量方法

常用的称量方法有直接称量法、固定质量称量法和递减称量法，现分别介绍如下：

（1）直接称量法。直接称量法只能称量能直接放在天平上的物品，如小烧杯、蒸发皿、坩埚等。

（2）固定质量称量法。此法又称增量法，用于称量需要某一固定质量的试剂或试样。这种称量操作的速度很慢，适于称量不易吸潮、在空气中能稳定存在的粉末状或小颗粒（最小颗粒应小于 0.1mg，以便容易调节其质量）样品。

固定质量称量法如图 1 所示。注意：若不慎加入试剂超过指定质量，应用牛角匙取出多余试剂。重复上述操作，直至试剂质量符合指定要求为止。严格要求时，取出的多余试剂应弃去，不要放回原试剂瓶中。操作时不能将试剂散落于天平盘等容器以外的地方，称好的试剂必须定量地由表面皿或称量纸等容器直接转入接收容器，此即所谓"定量转移"。

（3）减量法。又称递减称量法或差减称量法，如图 2 所示，此法用于称量一定质量范围的样品或试剂。在称量过程中样品易吸水、易氧化或易与 CO_2 等反应时，可选择此法。由于称取试样的质量是由两次称量之差求得，故也称差减法。减量法称量步骤如下：

1）从干燥器中用纸带（或纸片）夹住称量瓶后取出称量瓶（注意：不要让手指直接触及称量瓶和瓶盖）。

2）用纸片夹住称量瓶盖柄，打开瓶盖，加入适量待称量样品或试剂（一般为称一份样品量的整数倍），盖上瓶盖。

3）归零后，打开天平门，将称量瓶放在天平盘中央，关上天平门，读出称量瓶加试样后的准确质量 m_1。

4）将称量瓶从天平上取出，在接收容器的上方倾斜瓶身，用称量瓶盖轻敲瓶口上部使试样慢慢落入容器中，瓶盖始终不要离开接收器上方。

5）当倾出的试样接近所需量（可从体积上估计或试重得知）时，一边继续用瓶盖轻敲瓶口，一边逐渐将瓶身竖直，使粘附在瓶口上的试样落回称量瓶，然后盖好瓶盖，放回天平准确称其质量 m_2。两次质量之差（m_1-m_2），即为试样的质量 m。有时一次很难得到合乎质量范围要求的试样，可重复上述称量操作 1~2 次。

6）按上述方法连续递减，可称量多份试样。

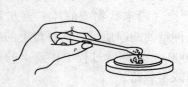

图 1　固定质量称量法

图 2　递减称量法

三、实验仪器和试剂

$CuSO_4 \cdot 5H_2O$；称量瓶，瓷坩埚；电子天平：120g/0.0001g，520g/0.001g。

四、实验步骤

（1）取两个瓷坩埚，在电子天平上称准至0.1mg，记录为m_0和m_0'。

（2）取一个装有足够试样的洁净、干燥的称量瓶，在电子天平上粗略称量其质量，然后加入约1g的$CuSO_4 \cdot 5H_2O$；在分析天平上精确称量盛有$CuSO_4 \cdot 5H_2O$的称量瓶，记录为m_1；用瓶盖轻敲瓶口上沿，转移出0.3~0.4g样品至第一个坩埚中，估计倾出的样品已足够量时，再边敲瓶口，边扶正瓶身；盖好瓶盖后方可将称量瓶移开容器上方，准确称量并记录称量瓶的剩余量m_2。以同样的方法再转移出0.3~0.4g样品，称量并记录称量瓶的剩余质量m_2。

（3）分别精确称量两个盛有$CuSO_4 \cdot 5H_2O$的瓷坩埚，记录其质量为m_1'和m_2'。

参照下表的格式记录实验数据并计算实验结果。

称量练习记录格式示例表

称量物	第一份	第二份
称量瓶+试样重/g	$m_1 = 16.6839$	$m_2 = 16.3628$
	$m_2 = 16.3628$	$m_3 = 16.0113$
称出试样重/g	$m_{s1} = 0.3211$	$m_{s2} = 0.3515$
坩埚+称出试样重/g	$m_1' = 18.5730$	$m_2' = 20.2336$
空坩埚重/g	$m_0 = 18.2517$	$m_0' = 19.8817$
坩埚中的试样重/g	$m_{s1}' = 0.3213$	$m_{s2}' = 0.3519$
偏差/mg	$\mid m_{s1} - m_{s1}' \mid = 0.2$	$\mid m_{s2} - m_{s2}' \mid = 0.4$
相对偏差		

要求：相对偏差小于等于千分之五。

五、思考题

如何减少称量的相对偏差？

六、注意事项

（1）电子天平属精密仪器，使用时注意细心操作。

（2）称量时须细心将样品或试剂置入承受器皿中，不得洒在天平上。若发生了上述错误，当事人必须按要求处理好，以免沾污和腐蚀仪器，并报告实验指导教师。

（3）实验数据要记在实验本上，不能随意记在纸片上。

实验二　酸碱滴定实验

一、实验目的

（1）练习酸碱滴定的基本操作。

（2）学习和掌握酸碱滴定终点的判断方法。

二、实验原理

滴定分析是将一种已知准确浓度的标准溶液滴加到被测试样的溶液中，直到化学反应完全为止，然后根据标准溶液的浓度和体积求得被测试样中组分含量的一种方法。在进行滴定分析时，一方面要会配制滴定剂溶液并能准确测定其浓度；另一方面要准确测量滴定过程中所消耗滴定剂的体积。为此，安排了此基本操作实验。

滴定分析包括酸碱滴定法、氧化还原滴定法、沉淀滴定法和络合滴定法。本实验主要是以酸碱滴定法中酸碱滴定剂标准溶液的配制和测量滴定剂体积消耗为例，来练习滴定分析的基本操作。

酸碱滴定中常用盐酸和氢氧化钠溶液作为滴定剂，由于浓盐酸易挥发，氢氧化钠易吸收空气中的水分和二氧化碳，故此滴定剂无法直接配制准确，只能先配制近似浓度的溶液，然后用基准物质标定其浓度。

强酸 HCl 与强碱 NaOH 溶液的滴定反应，突跃范围 pH 值约为 4~10，在这一范围中可采用甲基橙（变色范围 pH 值为 3.1~4.4），甲基红（变色范围 pH 值为 4.4~6.2）、酚酞（变色范围 pH 值为 8.0~9.6）、百里酚蓝和甲酚红钠盐水溶液（变色点的 pH 值为 8.3）等指示剂来指示终点。为了严格训练学生的滴定分析基本操作，选用甲基橙、酚酞两种指示剂，通过盐酸与氢氧化钠溶液体积比的测定，学会配制酸碱滴定剂溶液的方法与检测滴定终点的方法。

三、实验试剂

（1）0.1mol/L NaOH 1000mL。

（2）0.1mol/L HCl 1000mL。

（3）酚酞（0.2%水溶液）。

（4）甲基橙（0.2%水溶液）。

（5）甲基红+溴甲酚绿溶液（0.2%水溶液）。

四、实验步骤

（1）用 0.1mol/L NaOH 溶液润洗碱式滴定管 2~3 次，每次用 5~10mL 溶液润洗。然后将滴定剂倒入碱式滴定管中，滴定管液面调节至 0.00 刻度。

（2）用 0.1mol/L 盐酸溶液润洗酸式滴定管 2~3 次，每次用 5~10mL 溶液润洗。然后将盐酸溶液倒入酸式滴定管中，滴定管液面调节至 0.00 刻度。

（3）酸碱滴定管的操作：由碱式滴定管中放 NaOH 溶液 10~15mL 于锥瓶中，放出时以每分钟约 10mL 的速度，即每秒钟滴入 3~4 滴溶液，再加 1~2 滴甲基橙指示剂，用

0.1mol/L 盐酸溶液滴定至溶液由黄色转变为橙色。由碱式滴定管中再滴入少量 NaOH 溶液，此时锥瓶中溶液由橙色又转变为黄色，再由酸式滴定管中滴入 HCl 溶液，直至被滴定溶液由黄色又转变为橙色，即为终点，如此反复练习3~5次。

（4）由碱式滴定管准确放出 NaOH 溶液 10.00mL 于锥瓶中，加入 1~2 滴甲基橙指示剂，用 0.1mol/L HCl 溶液滴定溶液由黄色恰变为橙色。平行测定三份，数据按表记录，所测 V_{HCl}/V_{NaOH} 体积的相对极差在±1%范围内，才算合格。

（5）用移液管吸取 10.00mL 0.1mol/L HCl 溶液于锥瓶中，加 2~3 滴酚酞指示剂，用 0.1mol/L NaOH 溶液滴定溶液呈微红色，此红色保持30s 不褪色即为终点。如此平行测定三份，所测 V_{NaOH}/V_{HCl} 体积的相对极差在±1%范围内，才算合格。

（6）由碱式滴定管准确放出 NaOH 溶液 10.00mL 于锥瓶中，加入 1~2 滴甲基红+溴甲酚绿混合指示剂，用 0.1mol/L HCl 溶液滴定溶液由绿色经灰色变为红色。平行测定三份，数据按表记录，所测 V_{HCl}/V_{NaOH} 体积的相对极差在±1%范围内才算合格。

（注：相对极差 $R = (x_{max} - x_{min})/\bar{x}$）

要求：三个分实验中至少一个实验满足相对极差在±1%范围内。

五、数据处理与分析

数据处理与分析见下列表。

HCl 溶液滴定 NaOH 溶液（实验步骤为 4，指示剂为甲基橙）**表**

记录项目 滴定编号	Ⅰ	Ⅱ	Ⅲ		
NaOH 溶液/mL					
HCl 溶液/mL					
V_{HCl}/V_{NaOH}					
平均值 V_{HCl}/V_{NaOH}					
单次结果相对偏差					
相对极差/%					

NaOH 溶液滴定 HCl 溶液（实验步骤为 5，指示剂为酚酞）**表**

记录项目 滴定编号	Ⅰ	Ⅱ	Ⅲ		
HCl 溶液/mL					
NaOH 溶液/mL					
V_{NaOH}/V_{HCl}					
平均值 V_{NaOH}/V_{HCl}					
单次结果相对偏差					
相对极差/%					

HCl 溶液滴定 NaOH 溶液（实验步骤为 6，指示剂为甲基红+溴甲酚绿）**表**

记录项目 \ 滴定编号	I	II	III			
NaOH 溶液/mL						
HCl 溶液/mL						
V_{HCl}/V_{NaOH}						
平均值 V_{HCl}/V_{NaOH}						
单次结果相对偏差						
相对极差/%						

六、思考题

（1）滴定管和移液管使用前为什么要润洗？

（2）HCl 和 NaOH 相互滴定的 pH 突越范围是多少？如果要求终点误差不超过千分之一，PP 和 MO 是否都可以做指示剂？

七、注意事项

酸式滴定管和碱式滴定管的使用方法。

实验三　络合滴定练习——自来水总硬度的测定

一、实验目的

（1）学习和掌握络合滴定的操作方法。
（2）掌握铬黑 T 指示剂的使用及终点颜色变化的观察。

二、实验原理

水的硬度的测定可分为水的总硬度和钙、镁硬度的测定两种，前者是测定 Ca、Mg 总量，并以钙化合物（CaO）含量表示，后者是分别测定 Ca 和 Mg 的含量。

测定钙硬时，用 NaOH 调节溶液 pH 值为 12~13，使溶液中的 Mg^{2+} 形成 $Mg(OH)_2$，白色沉淀，以钙指示剂为指示剂，指示剂与钙离子形成红色的络合物，滴入 EDTA 时，钙离子逐步被络合，当接近化学计量点时，已与指示剂络合的钙离子被 EDTA 夺出，释放出指示剂，此时溶液为蓝色。

测定钙镁总硬时，在 pH 值为 10 的缓冲溶液中，以铬黑 T（EBT）为指示剂，指示剂与钙、镁离子形成紫红色的络合物，指示剂被 EDTA 从络合物中取代出来，至终点即恢复指示剂本身的天蓝色。

滴定前：EBT + Mg^{2+} ＝＝ Mg-EBT
　　　　（蓝色）　　　　（紫红色）

滴定时：EDTA + Ca^{2+} ＝＝ Ca-EDTA
　　　　　　　　　　（无色）

　　　　EDTA + Mg^{2+} ＝＝ Mg-EDTA
　　　　　　　　　　（无色）

终点时：EDTA + Mg-EBT ══ Mg-EDTA + EBT

          （紫红色）   （蓝色）

到达计量点时，呈现指示剂的纯蓝色。

水样中存在 Fe^{3+}，Al^{3+} 等微量杂质时，可用三乙醇胺进行掩蔽，Cu^{2+}、Pb^{2+}、Zn^{2+} 等重金属离子可用 Na_2S 或 KCN 掩蔽。

水的硬度常以氧化钙的量来表示。各国对水的硬度表示不同，我国沿用的硬度表示方法有两种：一种以度（°）计，1 硬度单位表示十万份水中含 1 份 CaO（即每升水中含 10mg 的 CaO），即 1° = 10mg/L CaO；另一种以 CaOmmol/L 表示。经过计算，每升水中含有 1mmol 的 CaO 时，其硬度为 5.6°，硬度（°）计算公式为：

$$硬度(°) = C_{EDTA} \cdot V_{EDTA} \cdot M_{CaO} \times 100 / V_水$$

三、实验仪器和试剂

酸式滴定管、锥形瓶、移液管（10mL）、容量瓶（1000mL）、烧杯、量筒（500mL）。EDTA(s)（A.R.）、三乙醇胺、氨性缓冲溶液（pH ≈ 10，称取 20g NH_4Cl，溶解后，加 100mL 浓氨水，用水稀至 1L），铬黑 T 指示剂（0.05%）、自来水样。

四、实验步骤

（1）用 0.01mol/L EDTA 溶液润洗酸式滴定管 2~3 次，每次用 5~10mL 溶液润洗。然后将 EDTA 溶液倒入酸式滴定管中，滴定管液面调节至 0.00 刻度。

（2）取水样 250mL 于 500mL 锥形瓶中（加入少量三乙醇胺），氨性缓冲溶液 10mL，加少量铬黑 T（EBT）指示剂。

（3）用 0.01mol/L EDTA 标准溶液滴定至溶液由紫红色变为纯蓝色，即为终点。注意接近终点时应慢滴多摇。根据消耗的 EDTA 标准溶液的体积计算水的总硬度，以度（°）和 mol/L 两种方法表示分析结果。

（4）平行测定三次，要求最终平均相对偏差小于 3.0% 才算合格。

五、数据处理与分析

记录内容见下表。

水样中总硬度的测定表

平行实验	第一份	第二份	第三份
移取水样的体积 /mL	50.00	50.00	50.00
消耗 EDTA 标准溶液的体积 /mL			
EDTA 标准溶液的浓度/mol·L^{-1}			
水样中 Ca^{2+}、Mg^{2+} 总浓度/mol·L^{-1}			
Ca^{2+}、Mg^{2+} 总浓度平均值/mol·L^{-1}			
相对平均偏差/%			
总硬度/(°)			

计算示例：

水样中 Ca^{2+}、Mg^{2+} 总浓度：$c_{Ca^{2+},Mg^{2+}} = \dfrac{c_{EDTA} \cdot V_{EDTA}}{V_{水样}} = \dfrac{29.38 \times 4.816 \times 10^{-3}}{50.00} = 2.830 \times 10^{-3}(mol/L)$。

水样中 Ca^{2+}、Mg^{2+} 总浓度折合成 CaO 的浓度：$c_{CaO} = c_{Ca^{2+},Mg^{2+}} \cdot M_{CaO} = 2.830 \times 10^{-3} \times 56.08 = 158.7(mg/L)$。

水的总硬度为：$158.7 \div 10 = 15.87°$。

六、思考题

（1）络合滴定中为什么要加入缓冲溶液？缓冲溶液选择原则和依据是什么？

（2）络合滴定与酸碱滴定法相比，有哪些不同点？操作中应注意哪些问题？

（3）用 EDTA 滴定 Ca^{2+}、Mg^{2+}，采用 EBT 为指示剂。此时，存在少量的 Fe^{3+}、Al^{3+} 对体系有什么影响？如何消除它们的影响？

实验四　氧化还原滴定练习——间接碘量法测定铜盐中铜的含量

一、实验目的

（1）学会碘量法操作，掌握间接碘量法测定铜的原理和条件。

（2）学会淀粉指示剂的正确使用，了解其变色原理。

（3）掌握氧化还原滴定法的原理，熟悉其滴定条件和操作。

二、实验原理

在弱酸性溶液中（pH 值为 3～4），Cu^{2+} 与过量 I^- 作用生成难溶性的 CuI 沉淀和 I_2。其反应式为

$$2Cu^{2+} + 4I^- =\!=\!= 2CuI\downarrow + I_2$$

生成的 I_2 可用 $Na_2S_2O_3$ 标准溶液滴定，以淀粉溶液为指示剂，滴定至溶液的蓝色刚好消失即为终点。滴定反应为：

$$I_2 + 2S_2O_3^{2-} =\!=\!= S_4O_6^{2-} + 2I^-$$

由所消耗的 $Na_2S_2O_3$ 标准溶液的体积及浓度即可求算出铜的含量。

由于 CuI 沉淀表面吸附 I_2 致使分析结果偏低，为此可在大部分 I_2 被 $Na_2S_2O_3$ 溶液滴定后，再加入 NH_4SCN 或 KSCN 使 CuI（$K_{SP} = 1.1 \times 10^{-12}$）沉淀转化为溶解度更小的 CuSCN（$K_{SP} = 4.8 \times 10^{-15}$）沉淀，释放出被吸附的碘，从而提高测定结果的准确度。

由于结晶的 $Na_2S_2O_3 \cdot 5H_2O$ 一般都含有少量杂质，同时还易风化及潮解，所以 $Na_2S_2O_3$ 标准溶液不能用直接法配制，而应采用标定法配制。配制时，使用新煮沸后冷却的蒸馏水并加入少量 Na_2CO_3，以减少水中溶解的 CO_2，杀死水中的微生物，使溶液呈碱性，并放置暗处 7～14 天后标定，以减少由于 $Na_2S_2O_3$ 的分解带来的误差，得到较稳定的 $Na_2S_2O_3$ 溶液。$Na_2S_2O_3$ 溶液的浓度可用 $K_2Cr_2O_7$ 作基准物标定。

$K_2Cr_2O_7$ 先与 KI 反应析出 I_2：

$$Cr_2O_7^{2-} + 6I^- + 14H^+ =\!=\!= 2Cr^{3+} + 3I_2 + 7H_2O$$

析出的 I_2 再用 $Na_2S_2O_3$ 标准溶液滴定。

此两种滴定过程均采用间接碘量法。利用此法还可测定铜合金、矿石（铜矿）及农药等试样中的铜。但必须设法防止其他能氧化 I^- 离子的物质（如 NO^{3-}、Fe^{3+} 等）的干扰。

三、实验仪器和试剂

分析天平、酸式滴定管、锥形瓶（500mL）、移液管（10mL）、容量瓶（1000mL）、烧杯。

$Na_2S_2O_3$ 溶液（1000mL，0.1mol/L）、KI（20%，100mL），HCl（1mol/L，200mL）、淀粉溶液（0.5%）、待测未知浓度 Cu^{2+} 溶液、KSCN（10%，200mL）。

四、实验步骤

（1）用 0.1mol/L $Na_2S_2O_3$ 标准溶液润洗酸式滴定管 2～3 次，每次用 5～10mL 溶液润洗。然后将 $Na_2S_2O_3$ 标准溶液倒入酸式滴定管中，滴定管液面调节至 0.00 刻度。

（2）移取待测含铜试液 10.00mL 置于 500mL 锥形瓶中，加 1mol/L 的 HCl 4mL，去离子水 50mL，20% 的 KI 溶液 2mL，立即用 $Na_2S_2O_3$ 标准溶液滴定呈浅黄色。

（3）加入 0.5% 淀粉溶液 1mL，继续滴定至呈浅蓝色，再加入 10% 的 KSCN 溶液 5mL，摇匀后溶液的蓝色转深。

（4）继续滴定到蓝色刚好消失，此时溶液呈 CuSCN 的米色悬浮液即为滴定终点。根据所消耗 $Na_2S_2O_3$ 标准溶液的体积，计算出铜的百分含量。

（5）平行测定三次，要求最终平均相对偏差小于 3.0% 才算合格。

注：淀粉溶液必须在接近终点时加入，否则易引起淀粉凝聚，而且吸附在淀粉上的 I_2 不易释出，影响测定结果。

滴定完了的溶液放置后会变蓝色。那是由于光照可加速空气氧化溶液中的 I^- 生成少量的 I_2 所致，酸度越大此反应越快。如经过 5～10min 后才变蓝属于正常；如很快而且又不断变蓝，则说明 $K_2Cr_2O_7$ 和 KI 的作用在滴定前进行得不完全，溶液稀释得太早。遇到后者情况，实验应重做。

五、数据处理与分析

数据记录见下表。

铜盐中铜的测定表

平行实验	第一份	第二份	第三份
待测含铜试液体积/mL			
消耗 $Na_2S_2O_3$ 标准溶液体积/mL			
$Na_2S_2O_3$ 标准溶液浓度/mol·L^{-1}			
试液中铜的浓度/mol·L^{-1}			
试液中铜的平均浓度/mol·L^{-1}			
相对平均偏差/%			

六、思考题

（1）在标定过程中加入 KI 的目的何在，为什么不能直接标定？

（2）要使 $Na_2S_2O_3$ 溶液的浓度比较稳定，应如何配制和保存？

（3）为什么碘量法测铜必须在弱酸性溶液中进行？

（4）淀粉指示剂和 KSCN 应在什么情况下加入，为什么？加入 KSCN 的作用是什么，为什么近终点加入 KSCN？请写出间接测定铜含量有关的化学反应。

1.6　陶瓷工艺原理

实验一　干压成形用粉料的颗粒分布的测定

一、实验目的

（1）掌握粉料的制备方法。

（2）掌握粉料颗粒分布的表示方法和测定方法。

（3）掌握粉料颗粒度和颗粒分布对干压成形性能的影响。

二、实验原理

陶瓷干压成形所用的粉料要有一定的粒度、颗粒分布范围的要求，粒度过小，则不易排气、压实，易出现分层现象；同时还要求颗粒分布范围要窄，否则也不易压实，同时还会影响产品的强度。

粉料的颗粒分布的测定方法有很多，本实验选用筛析法，即将一定量的陶瓷粉料用振动筛筛析，用各规格筛的筛余来表示其颗粒的分布。

三、实验设备

GM 滚轮磨机，烘箱，6400 振动筛，天平等。

四、实验步骤

（1）用滚轮磨机磨制陶瓷泥浆并干燥制作成粉料备用。

（2）选取 60 目、80 目、100 目、140 目、160 目、200 目的实验筛以孔径大小构成筛系。

（3）准确称取 200g 陶瓷粉料，放入振动筛中，开启电源进行充分振动过筛（≥8min）。

（4）分别用称量瓶小心收集各筛上料（包括筛底）并称量，记录其质量。

五、数据处理与分析

数据记录见下表。

粉料颗粒分布记录表

筛号	60目	80目	100目	140目	160目	200目	筛底
筛余							

分析影响陶瓷粉料颗粒分布的因素及粉料的粒度和颗粒分布对干压成形产品的影响。

实验二　陶瓷坯体的干压成形

一、实验目的

（1）掌握实验室干压成形方法。
（2）掌握影响干压成形坯体质量的影响因素。

二、实验原理

陶瓷干压成形是用较大压力将含有一定水分的陶瓷粉料在模腔内压成具有一定大小、形状和强度的坯体的过程。干压成形是建筑陶瓷（地板砖、内墙砖和外墙砖）常用的成形方法，它具有过程简单、坯体收缩小、致密度大、产品尺寸精确、对原料可塑性要求不高等特点。

三、实验设备

GM滚轮磨机，10t油压制样机，烘箱等。

四、实验步骤

（1）将配制好的陶瓷原料放入滚轮磨中磨制成泥浆（细度控制在100目筛筛余2%~5%）。
（2）将泥浆干燥成粉料备用（水分含量在8%左右）。
（3）将制备好的陶瓷粉料均匀地填满制样机的模腔，并按干压成形的基本要求压制成试饼，每组至少制作3块试饼并编号。
（4）用游标卡尺准确量取各试饼的直径并做好记录。

五、数据处理与分析

数据记录见下表。

数据记录表

含水量

试饼号	1	2	3
试饼尺寸/mm			

讨论分析影响陶瓷干压成形坯体性质的因素。

实验三　陶瓷坯体的塑性成型

一、实验目的

（1）掌握塑性成型的基本方法。
（2）掌握影响塑性成型坯体性能的影响因素。

二、实验原理

塑性成型指的是具有一定含水量（通常在20%左右，具体值因配料的不同而不同）的塑性泥料在外力作用下使其成为具有一定形状、尺寸和强度的坯体的成型法。塑性成型是传统陶瓷产品生产中常用的成型方法之一，常用的塑性成型方法有：滚压成型法、旋坯成型法、拉坯成型法、盘条法、泥雕法等。

本实验中，同学可根据自己的兴趣在拉坯成型法、盘条法、泥雕法中任选其一。

三、实验设备

真空练泥机、陶瓷拉坯成型机等。

四、实验步骤

（1）配制塑性泥料，球磨时要求细度要小（200目筛余小于2%），同时要干燥到适宜的含水量。
（2）充分练制泥料使其内部的气体充分排出（可用真空练泥或手工揉练）。
（3）使用自选的成型方法进行成型。

五、实验分析

（1）成型过程中遇到问题的记录与分析。
（2）影响塑性成型坯体质量的因素分析。

实验四　陶瓷材料的白度测定

一、实验目的

（1）掌握白度的定义和表示方法。
（2）掌握白度的测定方法。
（3）掌握影响陶瓷材料白度的因素和提高白度的措施。

二、实验原理

物体的颜色是光利用于物体时吸收、反射等的综合结果。陶瓷材料（包括陶瓷粉末）的白度是影响陶瓷产品光学性能的重要因素。该实验是通过将标准黑筒的白度定为0，标准白板的白度定为100%，再将试样与标准白板的白度相比得到一个相对白度值，从而确定该试样的白度值。

三、实验仪器

WSD-Ⅲ型全自动白度仪。

四、实验步骤

（1）调零：将标准黑筒放在测试台上，对准光孔，调节数显仪表的指示值使其为0。

（2）调满度：将标准白板放在测试台上，对准光孔，调节数显仪表的指示值使其为100。

（3）将试样放在测试台上，数显仪表的读数窗将显示该试样的测试值，记下该值。

五、数据处理与分析

（1）R457白度（蓝光白度）。主要用于纸张、塑料行业：

$$W_r = 0.925Z + 1.16$$

（2）GB5950白度。用于建筑材料行业：

$$W_j = Y + 400x - 1000y + 205.5$$

式中，Y＝白度仪中显示的Y读数值；$x = X/(X+Y+Z)$；$y = Y/(X+Y+Z)$。

六、结果分析

（1）分析影响白度的因素。

（2）提出增加产品白度的措施。

实验五　黏土可塑性测定

一、实验目的

（1）掌握可塑性的定义和表示方法。

（2）掌握可塑性的测定方法。

（3）掌握塑性成型对可塑泥料的要求。

（4）掌握影响泥料可塑性的因素及调整可塑性的方法。

二、实验原理

对于塑性成形而言，要求坯料有一定的可塑性，塑性太差难以成形。太高则产品收缩大，产品易变形、开裂。而坯料的塑性来源于所用的黏土，黏土的塑性可用可塑性指数或可塑性指标来表示。可塑性指数是指在工作水分下，黏土受外力作用最初出现裂纹时应力与应变的乘积；可塑性指标是指黏土成形时所加的应力与其变形数值的乘积。本实验采用的测定可塑性指标的方法，用可塑度表示。其定义式为

$$P = A\frac{F_{10}}{F_{50}}$$

式中，P为可塑度；A为常数1.8等于压缩50%和10%时的面积比；F_{10}为压缩10%所受的压力；F_{50}为压缩50%时所受的力。

三、实验设备

真空练泥机，数显可塑性测定仪。

四、实验步骤

（1）在黏土中加入水，使其含水量在 20%~22% 之间，并制样。

（2）接通可塑性仪电源，电源指示灯亮，同时对数显式压力表供电，并对数显式压力表清零。

（3）按下降按钮使下压板处于最低位置，且定位手柄处于 0 档。

（4）将试样放在玻璃板上，将玻璃板和试样一起置于压板上。

（5）按上升加荷按钮，上升指示灯亮，当试样上升到一定位置时，电机将自动停转，上升指示灯灭。此时我们只需将定位手柄转至 10% 档位置，试样将继续上升，当试样被压缩 10% 时，电机自动停转，显示仪上将显示此时的压力值，记下该值。

（6）将定位手柄置于 50% 档位，试样继续受压，当压缩至 50% 时，电机自动停转。记下此时压力值。

（7）按下停止按钮后再按下下降钮卸载，直到下降指示灯灭为止。最后将定位手柄置于 0 档。

五、结果分析

利用公式计算该黏土的可塑度值，分析该黏土的成形性能。

实验六　陶瓷材料的透光度的测定

一、实验目的

（1）掌握陶瓷材料透光度的表示方法和测定方法。
（2）掌握影响陶瓷材料透光性能的因素。

二、实验原理

瓷器是一种半透明的制品，其透光度的高低是衡量瓷质好坏的重要指标之一。本实验是用透光度仪测定制品的相对透光率来确定其透光度的。其公式如下：

$$相对透光度：t = \frac{I}{I_0} \times 100 \,（实验时不需计算）$$

式中，I 是透射光产生的电流；I_0 是入射光所产生的电流。

三、实验仪器

ZTY 智能型透光度测定仪。

四、实验步骤

（1）接通电源，给检流计调零。

（2）调满度。将仪器预热 3min，将检流计的显示值调为 100。

（3）将试样放入试样盒，读取数显窗读数即为透光度。

五、结果分析

分析影响透光性能的因素及提高陶瓷产品透光度的方法。

实验七　陶瓷泥浆制备及其流动性的测定

一、实验目的

（1）掌握泥浆的制备方法。

（2）掌握泥浆流动性的表示方法和测定方法。

（3）掌握影响泥浆流动性的因素及调整泥浆流动性的措施。

（4）了解泥浆流动性对注浆成形性能的影响。

二、实验原理

陶瓷产品的传统成形方法（注浆成形、塑性成形、干压成形等）都要使用陶瓷泥浆，因此，陶瓷泥浆的性能直接影响了陶瓷产品的性能，陶瓷泥浆的流动性（或黏度）是其最主要的性能指标之一。

根据国标 QB/T 1545—1992 的规定，泥浆的黏度指的是相对黏度，即：搅拌后静置 30s 的一定体积泥浆从恩格拉（恩氏）流量计中流出 100mL 所用的时间与流出同体积的水所用时间之比；其流动性指的是相对流动性，即：泥浆相对黏度的倒数。

$$V_s = \frac{t_2}{t_1} \qquad F_s = \frac{t_1}{t_2}$$

式中，V_s 为泥浆相对黏度；F_s 为泥浆相对流动性；t_1 为水流出 100mL 所用的时间，s；t_2 为泥浆静置 30s 后流出 100mL 所用的时间。

三、实验设备

恩格拉（恩氏）黏度计，秒表，量杯，球磨机，孔径 0.25mm 的筛子，加热装置等。

四、实验步骤

（一）泥浆的制备

将配制好的坯料或黏土 1kg 放入球磨罐内，再加入适量的瓷球和水（大约为 1∶1.2∶1），粉磨一定的时间，其细度控制为过 0.25mm 孔径筛的筛余为 <2%，并将全部泥浆过筛后备用。

（二）流动性的测定

（1）水流出时间的测定：将水搅拌并加热到（30±1）℃，倒入恩氏黏度计中，等水静止后，快速打开塞子同时启动秒表，记录流出 100mL 水时所用的时间（测量差值不得大于 0.2s），重复 3 次取其平均值。

（2）泥浆流出时间的测定：将泥浆加热到（30±1）℃并充分搅拌（不少于 5min）后

静止,将其倒入恩氏黏度计中,静置 30s 后快速打开塞子,记录泥浆流出 100mL 时所用的时间(测量差值不得大于 0.5s),重复 3 次取其平均值。

五、数据处理与分析

数据记录见下表。

流动性数据记录表

泥浆含水量:　　　　　　　　　　　　　细度:

序号	水流出所需时间				泥浆流出所需时间			
	时间 1	时间 2	时间 3	平均值	时间 1	时间 2	时间 3	平均值
1								
2								
3								

影响泥浆流动性(黏度)的因素分析。

实验八　陶瓷坯料烧成收缩的测定

一、实验目的

(1)掌握陶瓷坯料烧成收缩的表示方法和测定方法。

(2)掌握影响烧成收缩的因素和调整坯体烧成收缩的措施。

(3)了解控制烧成收缩对陶瓷生产的意义。

二、实验原理

烧成是陶瓷工艺过程中最重要的工序之一,它是将成型以后的生坯在一定的条件下进行热处理,经过一系列物理化学变化,得到具有一定矿物组成和显微结构,达到所要求的物理性能指标的成品。

在烧成过程中,由于原料中含有一定水分、有机物、碳酸盐、硫酸盐等矿物成分,它们在高温下氧化分解,使制品体积产生收缩;同时由于烧结过程中液相的出现,促使坯体致密化,体积也会产生剧烈收缩。这些都是产生烧成收缩的主要原因,它会影响到制品的显微结构和理化性能以及尺寸形状等。

陶瓷生产中,通常要测定坯体的烧成收缩,从而确定生坯的尺寸,以保证烧成后的制品尺寸符合规格的要求,烧成线收缩的计算公式如下:

$$\varepsilon_烧 = (L_干 - L_烧)/L_干 \times 100\%$$

式中　$\varepsilon_烧$——试样烧成线收缩率;

　　　$L_干$——试样干燥后的长度;

　　　$L_烧$——试样烧成后的长度。

三、实验仪器

烘箱、高温炉、游标卡尺等。

四、实验步骤

（1）将压制成型的试饼放入烘箱中烘干至恒重，并用游标卡尺准确量取各试饼的直径并做好记录。

（2）将干燥好的试饼放入高温炉中，按照事先拟定好的烧成曲线进行烧结，等试饼冷却后，用游标卡尺准确量取各试饼的直径并做好记录。

五、数据处理与分析

数据记录与处理见下表。

陶瓷坯料烧成收缩记录表

试饼编号	1	2	3
$L_干$			
$L_烧$			
$\varepsilon_烧$			
平均烧成收缩率			

分析影响陶瓷坯体烧成收缩的因素。

实验九 陶瓷材料光泽度的测定

一、实验目的

（1）掌握陶瓷材料光泽度的定义、表示方法和测定方法。

（2）掌握影响陶瓷材料光泽度的因素及控制光泽度的措施。

二、实验原理

陶瓷材料的光泽度指的是其表面对光的反射能力，它是反映陶瓷釉面砖和抛光砖光学性能的重要指标之一。

本实验根据国家标准 GB/T 3295—1996 的规定，采用陶瓷制品 45 度镜向光泽度试验方法。即在规定入射角下，以一定条件的光束分别照射标准板和被测样品，并在其镜向反射角上，以一定的接收条件来测量样品和标准板的反射光强度。试样光泽度值按下式计算（本实验不用计算，由仪器自动换算）：

$$G_s(\vartheta) = \frac{\psi_s(\vartheta)}{\psi_{cs}(\vartheta)} \times 100\%$$

式中　　$G_s(\vartheta)$——试样的光泽度值；

　　　　$\psi_s(\vartheta)$——试样的镜向反射强度；

　　　　$\psi_{cs}(\vartheta)$——标准板的镜向反射强度。

三、实验设备

陶瓷光泽度测定仪。

四、实验步骤

（1）按国家标准 GB/T 3295—1996 的要求制作（或选择）试样，要求试样表面应无明显凹凸不平、翘曲或裂纹。数量三件。

（2）按仪器操作规程预热稳定仪。

（3）用工作标准板校核仪器（本步骤由实验指导教师完成）。

（4）将试样表面擦拭干净，在每件试样表面各测量五点并记录。测量时尽量使测量面与测量窗口工作面接触。

五、数据处理与分析

数据记录见下表。

数据记录表

编号	1	2	3	4	5	$\overline{X} = \dfrac{1}{n}\sum\limits_{i=1}^{n} X_i$
1 号试样						
2 号试样						
3 号试样						

试分析影响陶瓷材料光泽度的因素。

实验十　陶瓷材料耐火度及烧成温度的测定

一、实验目的

（1）掌握陶瓷材料耐火度、烧成温度和烧成温度范围的表示方法。

（2）掌握耐火度和烧成温度的测定方法。

（3）掌握陶瓷材料耐火度和烧成温度的影响因素。

（4）掌握调整陶瓷材料烧成温度和烧成温度范围的措施。

二、实验原理

陶瓷材料（坯体）在高温时，由于原子运动引起的颗粒间接触数量和质量的变化称为烧结，这导致了系统的致密和强固，此时伴有体积（或局部）的微小收缩，当图像出现收缩时，该温度即可确定为烧结起始温度。

当材料熔融时，物体已不能保持原来的形状，从而在该温度下轮廓发生了很大的变化，原来投影呈矩形的圆柱体，直接钝化，由矩形变成半球形，当出现钝化，图形变圆时的温度可确认为熔融温度或耐火度。

三、实验设备

材料高温物性测定仪，小型油压制样机。

四、实验步骤

（1）试样制备：用制样器制作 $\phi8\times8mm$ 的圆柱体，要求外表光洁，每次压缩的松紧程度一致。

（2）调整电炉位置，使投影装置前端镜头、投射灯、管式电炉的中心线同轴，使试件在投影屏上形成清晰的投影。

（3）在电炉开始加热前，给电炉中通入氩气，在加热及冷却过程中，保持氩气的通入，直到炉温冷却至室温为止。

（4）将试样置于陶瓷片或铂片上并缓慢推入炉膛中。

（5）打开投射灯，调节投影装置上镜头的焦距，使试样的投影在投影屏上清晰显示。

（6）按预先设置好的加热曲线给试样加热，并记录加热前、加热中投影的形状和大小的变化，同时记录试样的烧成温度和耐火度值。

五、数据处理与分析

数据记录方式见下表。

烧成温度设定表

数据记录表

温度												
投影大小												
投影形状												
烧成温度												
耐火度												

分析：

（1）陶瓷材料耐火度和烧成温度的影响因素分析。

（2）如何控制和调整陶瓷材料的烧成温度和烧成温度范围？

实验十一　陶瓷原料含水率的检测

一、实验原理

原料的含水率是以原料蒸发失去水的质量与原物料质量的百分比表示的。把试样所失去的水分质量和原湿试样质量的比值的百分数，称为相对含水率（又称湿基含水率）；把失去的水分质量和干试样质量的比值的百分数，称为绝对含水率（又称干基含水率）。

陶瓷原料含水率的检测是根据将物料加热除去水分的原理实现的。加热温度一般控制在 105～110℃，测得的水分为物料中机械混合水和吸附水的含量。

二、实验设备

恒温干燥箱 1 台，感量不低于 0.01g 的天平 1 台，100mL 瓷蒸发皿 2 个，干燥器 1 个（内装变色硅胶）。

三、实验步骤

（1）取样。任选一种陶瓷生产用矿物原料、塑性坯泥、注浆泥料、入窑坯体等 60～80g 作为试样。

（2）取 2 个蒸发皿经干燥箱 105～110℃烘干至恒重，记录蒸发皿质量 m_0。

（3）迅速切取 2 份 10～20g 试样置于蒸发皿中，用天平称量蒸发皿与湿试样质量 m_1。

（4）将盛有试样的蒸发皿移至 105～110℃的干燥箱中烘干至恒重，取出置于干燥器中冷却 30min，称量并记录蒸发皿与干试样质量 m_2。

四、数据处理与分析

数据记录见下表。

陶瓷含水率测定记录表

试样名称				测试者		测试日期	
试样处理							
试样编号	器皿质量 m_0/g	器皿与湿试样质量 m_1/g	器皿与干试样质量 m_2/g	湿试样质量 $m_湿$/g	干试样质量 $m_干$/g	相对含水率 $W_相对$/%	绝对含水率 $W_绝对$/%
1							
2							
含水率平均值 $W=(W_1+W_2)/2$							

计算公式为：

$$W_{相对} = (m_湿 - m_干)/m_湿 \times 100\%$$
$$W_{绝对} = (m_湿 - m_干)/m_干 \times 100\%$$

五、注意事项

（1）含水率测定必须做两个平行实验，两个含水率之差不大于 0.4% 时，取其平均值表示结果，否则应重新取样测定。

（2）取样方法要正确，取样量要适当，取样要具有代表性。

（3）称量时应快速、准确，称量应精确至 0.1g。

（4）测定水分的试样若不能及时测定时，需密闭存放在保湿器中，塑性泥料也可用湿布或塑料薄膜包裹好，防止水分蒸发。

实验十二　泥浆细度的检测

一、实验原理

泥浆细度是指将坯用原料经配方球磨后所得泥浆取100mL倒入（250目）❶分样筛，用清水轻轻漂洗，所得残余物烘干称重，除以100mL该泥浆的干料重所得的比值，它作为泥浆工艺参数重要的一环，对生产的影响是十分明显的，主要表现在以下几个方面：

（1）泥浆细度对泥浆性能的影响。细度过大泥浆容易沉淀，导致出磨过筛时堵塞筛孔不利过筛，细度过小，泥浆的稠化度大，易产生触变，同时影响球磨效率。由于按吸水率分类不同的产品对细度要求是不同的，这就要求泥浆细度必须要按规定的参数准确控制，过大过细都是不合适的。

（2）泥浆细度对产品质量的影响：

1）对釉面质量的影响，过大的泥浆细度，将导致釉面产生爆点现象。

2）对产品平整度的影响。在一定条件下，泥浆细度越大，坯体膨胀系数越大，将造成坯上拱，泥浆细度越小，坯体膨胀系数越小，将造成坯上翘。

3）对产品收缩的影响。一定条件下，细度越大，砖的收缩率越小，细度越小，砖的收缩率越大。不稳定的细度，将为烧成带来困难。

4）对产品吸水率的影响，一定条件下，泥浆细度越大，坯体的孔隙率越大，吸水率越大，泥浆细度越小，坯体的孔隙率越小，吸水率越小。生产低吸水率产品时，泥浆细度的控制就显得重要了。过大细度，将使吸水率明显增大，达不到国家标准的要求。

细度是指物料的分散程度。在陶瓷工业生产中，测定坯釉料的细度是为了控制产品的质量，改变工艺性能。通常用万孔筛筛余表示原料或坯釉料的细度。

利用已知孔径的筛子，按一定的操作方法，将物料或泥浆过筛，称量出该试样中大于筛子孔径的颗粒质量，按筛余量公式计算，即可得到泥料的细度。

二、实验设备及试样

设备：万孔筛、分析天平、烘箱、蒸发皿等。

试样：取釉浆、泥浆料时，要充分搅匀。如在球磨机上取样，停机后应立即取样，每次测定取500~1000mL样品，取粉状或块状试样时，含水率测定要有代表性。

三、实验步骤

（1）测定泥浆或泥料的含水率。将器皿干燥称量，记录为g_0。

（2）将试样（浆料）连同器皿直接放在天平上称量，记录为g_1。若测干试样，可直接称量，然后化浆。

（3）将浆料倒入万孔筛中过筛，用清水冲洗筛面至流下的水较清为止，将残渣移入蒸发皿中，放入烘箱干燥后称量，记录为g_2。

（4）计算筛余。

---

❶　200目=0.074mm。

四、数据处理与分析

数据记录见下表。

泥浆细度数据记录表

试样名称			测试者		测试日期	
试样描述						
试样编号	器皿质量 g_0/g	器皿与试样质量 g_1/g	器皿与残渣质量 g_2/g	干试样质量 g_3/g	残渣质量 g_4/g	筛余/%
1						
2						

试验结果按下式计算：

$$筛余\ M = (g_4/g_3) \times 100\%$$
$$g_3 = g_1 - g_0$$
$$g_4 = g_2 - g_0$$

五、注意事项

按上述方法重新测量一次，两次结果误差不大于 0.1%，若超出，则再做一次，最后取两次测量的平均值。

实验十三　泥浆性能（相对黏度及厚化度）的检测

一、实验目的

（1）了解泥浆的稀释原理，如何选择稀释剂确定其用量。
（2）了解泥浆性能对陶瓷生产工艺的影响。
（3）掌握泥浆相对黏度、厚化度的测试方法及控制方法。

二、实验原理

泥浆在流动时，其内部存在着摩擦力。内摩擦力的大小，一般用"黏度"的大小来反映，黏度的倒数即为流动度，一般只测定其相对黏度（即泥浆与水在同一温度下，流出同体积所需时间之比）。黏度越大，流动度就越小。

当流动着的泥浆静止后，常会产生凝聚沉积而稠化。这种现象称为稠化性。这种稠化的程度即为厚化度。

泥浆的流动度与稠化度，取决于泥料的配方组成。即所用黏土原料的矿物组成与性质，泥浆的颗粒分散和配制方法，水分含量和温度，使用电解质的种类。

实践证明，电解质对泥浆流动性等性能的影响是很大的，即使在含水量较少的泥浆内加入适量电解质后，也能得到像含水量多时一样或更大的流动度。因此，调节和控制泥浆流动度和厚化度的常用方法是选择适宜的电解质，并确定其加入量。

在黏土水系统中，黏土粒子带负电，因而黏土粒子在水中能吸附阳离子形成胶团。电解质的加入量应有一定的范围。

阴离子对稀释作用也有影响。

生产中常用的稀释剂可分为三类：

（1）无机电解质，如水玻璃、碳酸钠、六偏磷酸钠（$NaPO_4$）$_6$、焦磷酸钠（$Na_4P_2O_7 \cdot 10H_2O$）等，电解质的用量一般为干坯料重量的 $0.3\% \sim 0.5\%$。

（2）能生成保护胶体的有机酸盐类，如腐殖酸钠、单宁酸钠、柠檬酸钠、松香皂等，用量一般为 $0.2\% \sim 0.6\%$。

（3）聚合电解质，如聚丙烯酸盐，羧甲基纤维素，木质素磺酸盐，阿拉伯树胶。

稀释泥浆的电解质，可单独使用或几种混合使用，其加入量必须适当。若过少则稀释作用不完全，过多反而引起凝聚。适当的电解质加入量与合适的电解质种类，对于不同黏土必须通过实验来确定。一般将电解质加入量控制在大于 0.5%（对于干料而言）的范围内。在选择电解质，并确定各电解质的最适宜用量时，一般是将电解质加入黏土泥浆中，并测该泥浆的流动度。

三、实验设备

恩格勒黏度计、天平、秒表、烧杯及量筒等。

四、实验步骤

（1）电解质标准溶液的制备。用容量瓶配制浓度为 10% 的不同电解质的标准溶液。电解质应在使用时配制。尤其是水玻璃极易吸收空气中 CO_2 而降低稀释效果；Na_2CO_3 也必须保存在干燥的地方，以免在空气中变成 $NaHCO_3$，而使泥浆凝聚。

（2）泥浆需水量的测定。称 150.0g 干泥试样（准确至 0.1），用滴定管加入蒸馏水，充分拌和至泥浆开始呈流动性为止（一般为 30% 左右，水重/泥重+水重），记下加水量（准确至 0.1mL）。

（3）选择电解质用量。150.0g 干泥试样（准确至 0.1），用滴定管按干料含电解质干基质量的 0.01%、0.05%、0.1%、0.5% 加入电解质溶液，再用滴定管加入蒸馏水至需水量，搅拌均匀后测黏度。再做曲线求使泥浆获得最大稀释的合适电解质用量。最后的一个样等待 30min 测黏度求厚化度。

（4）相对黏度的测法。把恩氏黏度计内外容器洗净、擦干，置于不受振动的平台上，调节黏度计支脚的螺丝，使之水平。黏度计的流出口用手塞好，将制备好的试样充分搅拌均匀（可用小型搅拌机搅拌 5min），借助玻璃棒慢慢地将泥浆倒入黏度计容器中泥浆面与容器平，用玻璃棒仔细搅拌一下，静置 30s，立即放手，同时启动秒表，待泥浆流完，立即关秒表，记下时间。这一试样重复测定三次，取平均值。

按上述步骤测定相同条件下，流出 100 mL 蒸馏水所需要的时间。

（5）确定最适宜电解质。用上述方法测定其他电解质对该黏土的稀释作用，比较泥浆获得最大稀释时的相对黏度，电解质的用量及泥浆获得一定流动度的最低含水量。

（6）厚化度的测定。泥浆胶体系统的触变性能（在机械外力影响下，流动性增加，外力除后，变得稠厚）常以厚化度表示。测定方法同上。

五、数据处理与分析

实验记录见下表。

相对黏度及厚化度测定记录表

试样名称			测定人		流出 100mL 蒸馏水的时间 /s			
编号	试样加蒸馏水的毫升数 /mL	电解质			黏度试验泥浆干基含水量/%	流出 100mL 泥浆所需的时间/s		相对黏度	厚化度
		名称	加入电解质的毫升数 /mL	电解质等于干样百分数 /%		静止 30s	静止 30min		

六、数据处理与分析

$$相对黏度 = \frac{\tau_{30s}}{\tau_水}$$

式中　τ_{30s}——泥浆静止 30s 后，从黏度计中流出 100mL 所需的时间,s。

根据泥浆相对黏度与电解质加入量（以毫克当量数/100g 干黏土为单位）的关系绘成曲线，再根据转折点判断最适宜电解质加入量。

泥浆胶体系统的触变性能。常以厚化度来表示：

$$厚化度 = \frac{\tau_{30min}}{\tau_{30s}}$$

实验十四　绝对黏度及厚化度的测定

一、实验原理

液体的黏度是通过测定两个作相对转动的同心圆筒之间的剪切力来计算的。各种旋转黏度计的结构不同，测定转矩的方法也不同，但基本原理是一样的。

二、实验设备

NOT-I 型旋转黏度计。

三、实验步骤

（1）电解质标准溶液的制备。用容量瓶配制浓度为 10% 的不同电解质的标准溶液。电解质应在使用时配制。尤其是水玻璃极易吸收空气中 CO_2 而降低稀释效果；

Na_2CO_3也必须保存在干燥的地方，以免在空气中变成$NaHCO_3$，而使泥浆凝聚。

（2）泥浆需水量的测定。称150.0g干泥试样（准确至0.1），用滴定管加入蒸馏水，充分拌和至泥浆开始呈流动性为止（一般为30%左右，水重/泥重+水重），记下加水量（准确至0.1mL）。

（3）选择电解质用量。150.0g干泥试样（准确至0.1），用滴定管按干料含电解质干基重量的0.01%、0.05%、0.1%、0.5%加入的电解质溶液，再用滴定管加入蒸馏水至需水量，搅拌均匀后测黏度。再做曲线求使泥浆获得最大稀释的合适电解质用量。最后的一个样等待30min测黏度求厚化度。

（4）相对黏度的测法。把NOT-I型旋转黏度计内外容器洗净、擦干，置于不受振动的平台上，调节黏度计支脚的螺丝，使之水平。黏度计的流出口用手塞好，将制备好的试样充分搅拌均匀（可用小型搅拌机搅拌5min），借助玻璃棒慢慢地将泥浆倒入黏度计容器中泥浆面与容器平，用玻璃棒仔细搅拌一下，静置30s，立即放手，同时启动秒表，待泥浆流完，立即关秒表，记下时间。这一试样重复测定三次，取平均值。

按上述步骤测定相同条件下，流出100mL蒸馏水所需要的时间。

（5）确定最适宜电解质。用上述方法测定其他电解质对该黏土的稀释作用，比较泥浆获得最大稀释时的相对黏度，电解质的用量及泥浆获得一定流动度的最低含水量。

（6）厚化度的测定。泥浆胶体系统的触变性能（在机械外力影响下，流动性增加，外力除后，变得稠厚）常以厚化度表示。

最后一个样，用最低转速（1r/min）连续测定0~30min的泥浆黏度，$\eta_{30} \sim \eta_0$的差值，定为厚化度。

四、数据处理与分析

数据记录见下表。

泥浆绝对黏度测定记录表

试样名称				测定人			测定日期			
编号	电解质标准溶液浓度/%	电解质标准溶液用量/mL	转子号数	转子转速/r·min^{-1}	转筒常数Z	黏度计指针的读数a_0	绝对黏度η	泥浆静止30min后的绝对黏度η_{30}	泥浆不静止时的绝对黏度η_0	厚化度=$\eta_{30} - \eta_0$

分析：

（一）绝对黏度的计算

$$\tau = Z \times a_0$$

$$\eta = \frac{\tau}{D}$$

（二）厚化度的测定

$$厚化度 = \eta_{30} - \eta_0$$

式中　η_{30}——泥浆静止 30min 后用最低转速测定的绝对黏度（厘泊或泊）。

（三）影响因素分析

（1）用电动搅拌机搅拌泥浆时，电动机转速和运转时间要保持一定。在启动搅拌机前，先将搅拌叶片埋入泥浆中，以免泥浆飞溅。

（2）泥浆从流出口流出时，勿使触及量瓶颈壁，否则需重作。

（3）在做静置 30min 和泥浆（或釉浆）温度超过 30℃ 以上的试验时，每作一次，应洗一次黏度计流出口。

（4）每测定一次黏度，应将量瓶洗净，烘干，或用无水乙醇除掉量瓶中剩余水分。

（5）Na_2O_3 易在潮湿空气中变质为 $NaHCO_3$。后者使黏土发生凝聚作用，应注意防潮和检查。

实验十五　黏土或坯料线收缩率的测定

一、实验目的

黏土的各项干燥性能对制定陶瓷坯体的干燥过程有着极重要的意义。可塑性黏土对坯体的干燥性能影响最大。当干燥收缩大时，临界水分和灵敏指数高的黏土，干燥中就容易造成开裂变形等缺陷，干燥过程（尤其在等速干燥阶段）就应缓慢平稳。工厂中常根据干燥收缩的大小确定毛坯、模具及挤泥机出口的尺寸；根据干燥强度的高低选择生坯的运输和装窑的方式。因此，测定黏土或坯料的干燥收缩率是十分重要的。

（1）了解黏土或坯料的干燥收缩率与制定陶瓷坯体干燥工艺的关系。

（2）了解调节黏土或坯体干燥收缩率的各种措施。

（3）掌握测定黏土或坯体干燥收缩率的实验原理及方法。

二、实验原理

干燥收缩有线收缩和体积收缩两种表示法。线收缩率的测定较简单，测量试样干燥前（刚成型时）和试样干燥后的尺寸就可计算实验结果。

对某些在干燥过程易于发生变形、歪扭的试样，必须测定体积收缩。体积收缩率也是根据试样干燥前（刚成型时）和试样干燥后的尺寸进行测定。

影响黏土或坯体干燥性能的因素很多，如颗粒大小、形状、可塑性、矿物组成、吸附离子的种类和数量、成型方式等。一般黏土细度愈高的可塑性愈大，收缩也大，干燥敏感性愈大。

三、实验仪器

成型模具、游标卡尺、天平、压力机、烘箱。

四、实验步骤

（1）称取一定量的粉料，装入模具中，并进行半干压成型。

（2）样品脱膜，用游标卡尺测量其尺寸。

（3）制备好的试样在室温中阴干 1~2 天，待至试样发白后放入烘箱中，在温度 105~110℃下烘干 4h，冷却后用游标卡尺测量其尺寸，并记录测量结果。

五、数据处理与分析

（1）实验数据记录见下表。

数据记录表

试样编号	湿基厚度/mm	湿基直径/mm	干基厚度/mm	干基直径/mm	线收缩/%	体积收缩/%
1						
2						
3						
4						
5						
6						
平均值						

（2）实验结果计算。

线收缩按下式进行计算：

$$线收缩(\%) = \frac{湿基厚度 - 干基厚度}{湿基厚度} \times 100\%$$

体积收缩按下式进行计算：

$$体积收缩(\%) = \frac{\frac{\pi}{4}(湿基直径)^2 \times 湿基厚度 - \frac{\pi}{4}(干基直径)^2 \times 干基厚度}{\frac{\pi}{4}(湿基直径)^2 \times 湿基厚度} \times 100\%$$

实验十六 陶瓷砖线性热膨胀的测定

一、实验目的

（1）了解测定材料的膨胀曲线对生产的指导意义。

（2）掌握示差法和双线法测定热膨胀系数的原理和方法、测试要点。

二、实验原理

热膨胀系数的测定是通过准确测量出在一系列温度下所测试样的长度，然后通过相邻两温度下试样的长度差和温度差求出热膨胀系数。热膨胀系数是温度的函数，不同温度下的热膨胀系数不同。常用的是在一定温度范围内，如 20~1000℃区间内温度改变了 1℃时陶瓷材料尺寸的平均相对增加值，而不是指某一温度下的绝对增加值。

对于陶瓷砖，从室温到 100℃的温度范围内，测定线性热膨胀系数。

三、实验仪器及试样制备

（1）仪器设备。XPY 陶瓷砖线性热膨胀仪，仪器主要由两部分组成：温度控制系统和位移测量系统。位移的测定有多种方法，通常采用推杆膨胀仪法。它利用某种稳定材料制成杆（如石英玻璃棒），把试样的膨胀从加热区传递出来。小砂轮片（磨平试样端面用）、卡尺（量试样长度用）、秒表（计时用）。

（2）试样制备。

1）试样尺寸

截面：宽×厚＝（6×6）mm～（10×10）mm

或直径 $\phi = 6 \sim 10$ mm

长 $L = （50 \pm 0.5）$ mm

2）制样

从一块砖的中心部位垂直地切取两块试样，使试样长度适合于测试仪器，试样的两端应展平并互相平行。

试样的长高为 50mm，横断面的面积应大于 $10mm^2$，对施釉砖不必磨掉试样的釉。

试样在（110 ± 5）℃下干燥至恒重，即相隔 24h 先后两次称量之差小于 0.1%，然后将试样放入干燥器内冷却至室温。

用游标卡尺测量试样长度，精确到长度的 0.2%。

四、实验步骤

将试样放入热膨胀仪，并记录此时的室温。以（5 ± 1）℃/min 的加热速度加热至100℃。在最初和全部加热过程中，测定试样的长度，精确至 0.01mm。测量并记录在不超过 15℃间隔的温度和长度值。

五、数据处理与分析

平均线膨胀系数计算公式：

$$a = \frac{\Delta L_t}{L(t - t_o)} + 7.5 \times 10^{-6}$$

式中　L——试样室温时的长度，mm；

ΔL_t——试样加热至温度 t 时测得的线变量值，mm；

t——试样加热量温度，℃；

t_o——试样加热前的室温，℃。

刚玉试样管的膨胀系数取平均值 7.5×10^{-6}/℃。

六、思考题

（1）测定材料的热膨胀系数有何意义？

（2）石英膨胀仪测定材料膨胀系数的原理是什么？

（3）影响测定膨胀系数的因素是什么？如何防止？

实验十七　坯体致密度的测定

一、实验原理

在预负荷 F_0 和总负荷 F（$F = F_0 + F_1$，其中 F_1 为主负荷）先后作用下，将一定直径的压头压入坯体试样的表面，保持一定的时间后，测量在总负荷和预负荷作用下压痕深度之差。

其中预负荷由压头和主轴的质量产生，主负荷由底盘质量和砝码产生。致密度仪在非工作状态时，主、预负荷均被杆提起，压头上端面和底盘上端面之间的距离约2mm。缓慢而平稳地施加预负荷，直至底盘与压头上端面接触，然后加上主负荷，再从表盘上读出压入深度。

二、实验仪器

PM 型非金属材料致密度仪是用于测定非金属粉体成型坯体的致密度的专用仪器。

PM 型致密度仪由机体、加卸负荷机构、压头、试样支撑工作台及其升降、压痕深度测量装置等部分组成。压头包括多种规格的针状压头，均为不锈钢制成。致密度仪结构如下图所示。

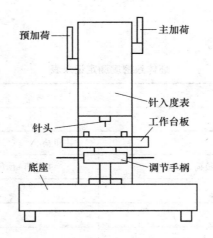

致密度仪结构示意图

一般非金属材料坯体的硬度都比较低，因此试验所用的试验力均比较小。

主要技术参数：

（1）预负荷（kg）：0.10±0.10

（2）主负荷（kg）：底盘：0.5

砝码：0.25，0.5，0.75，1，1.5，2

（3）压头钉规格（mm）：$\phi 1$，$\phi 1.25$，$\phi 1.5$，$\phi 2$

（4）压头底端距工作台面的最大距离：约100mm

（5）压头轴线至机壁距离：210mm

三、实验步骤

(一) 试验前的准备

保证仪器工作台面基本水平。根据试验要求选择并安装主负荷砝码及压头。根据试样大小，在工作台上安放好三个支点，并平稳的放好试样。

(二) 试验步骤

(1) 转动工作台升降机构至试样上表面与压头下端点相距 2~4mm 为止。

(2) 缓慢的推动预负荷手柄，使预负荷平稳的加在试样上，然后读出表盘上的压入深度，精确到 0.01mm。如压入深度过大，应改用直径较大的针头。

(3) 再缓慢的拉动主负荷手柄，施加主负荷，保持一定的时间后，从表盘上读取压入深度，精确到 0.01mm。

(4) 先卸去主负荷，再卸去预负荷，下降工作台，移动试样，另选出一点进行试验，两个试验点间或试验点与试样边缘的距离应大于 10mm，取三次测量结果的平均值作为该试样的平均压入深度。

(5) 最终试验结果可以直接用总负荷和预负荷作用下压头压入试样的深度之差表示；或者用公式计算得出。

四、数据处理与分析

数据记录见下表。

坯体致密度测定记录表

试样名称				
试样描述				
预负荷/N			主负荷/N	
试样编号	预负荷下读数		主负荷+预负荷下读数	差值
1				
2				
3				

其测试结果可以直接用在总负荷和预负荷作用下，压头压入坯体试样的深度之差表示，精确至 0.01，或按下式计算：

$$H = \frac{F}{\pi D h}$$

式中　H——致密度，kgf/cm^2 或 N/mm^2，H 精确至 $0.01kgf/cm^2$，$1kgf/cm^2 = 9.8×10^{-2}$ N/mm^2；

　　　　F——主负荷，kgf/N；

　　　　h——在预负荷和总负荷作用下，压头压入试样的深度之差，cm 或 mm；

　　　　D——压头直径，cm 或 mm。

五、注意事项

（1）在使用仪器前，先将仪器顶盖打开，将配重块放入仪器后部的配重导杆上，使预负荷处于加载状态时，压头能自动下降即可。

（2）根据试验要求，更换主负荷砝码时，先将仪器顶盖打开，提出砝码架，其导杆和砝码底盘为螺纹连接，从导杆上旋下底盘，更换（增、减）砝码，再将底盘旋上，然后将砝码架挂回到托架钩上，将顶盖盖好即可。

（3）非金属材料坯体的试验力、保持时间、施加负荷的速度及其表面状态对致密度性均有较大影响。试验时，应注意试样的备制，使其表面状态符合要求，并严格控制施加负荷的速度和试验力的保持时间。

实验十八　陶瓷砖的吸水率、显气孔率、表观相对密度和容重的检测

一、实验原理

烧结制品中的气孔可分为闭口气孔、开口气孔和贯通气孔。一般测定后两种气孔的体积占制品总体积的百分比，称为显气孔率。吸水率是制品中后两种气孔所吸收水的质量与干燥试样质量的比值。

样品的开口气孔吸入饱和水分有两种方法，即在煮沸和真空条件下浸泡。煮沸法水分容易浸入开口气孔，真空法水分注满开口气孔。

将称至恒量的干燥试样浸入水中，保持一定时间使其饱和。用砖的干燥质量、吸水饱和后的质量和在水中的质量计算相关的特性参数。

二、实验仪器及试样

（1）仪器。110±5℃温度下工作的烘箱；供煮沸用的加热器；能称量精确到试样质量0.01%的天平；干燥器；麂皮；吊环、绳索或篮子（能将试样放入水中悬吊称其重量）；带溢流管得玻璃烧杯或者大小和形状与其相似得容器；将试样用吊环吊在天平的一端，使试样完全浸入水中，试样和吊环不与容器的任何部分接触；能容纳所要求试样数量的足够大容积的真空容器和能达到 10±1kPa 的真空度并保持 30min 的真空系统。一般采用 TXY 陶瓷吸水率测定仪。

（2）试样。每种类型的砖用 10 块整砖测试。如每块砖的表面积大于 0.04m² 时，只需用 5 块整砖进行测试。如每块砖的质量小于 50g，则需足够数量的砖使每种测试样品达到 50~100g。砖的边长大于 200mm 且小于 400mm 时，可切割成小块，但切割下的每一块应计入测量值内。多边形和其他非矩形砖，其长和宽均按照外接矩形计算。若砖边长大于 400mm 时，至少在 3 块整砖的中间部位切取最小边长为 100mm 的 5 块试样。

三、实验步骤

将砖放在 110±5℃ 的烘箱中干燥至恒重 m_1，使每隔 24h 的两次连续质量之差小于 0.1%。砖放在有硅胶和其他干燥剂的干燥器内冷却至室温，不能使用酸性干燥剂。每块砖按照下表中的测量精度称量和记录。

参考数据表

砖的质量 m/g	测量精度/g	砖的质量 m/g	测量精度/g
$50 \leq m \leq 100$	0.02	$1000 < m \leq 3000$	0.5
$10 < m \leq 500$	0.05		1.00
$500 < m \leq 1000$	0.25		

（1）水的饱和。

1）煮沸法。将砖竖直放在盛有水去离子水或蒸馏水的加热器中，使砖互不接触，砖的上部应保持有 5cm 的水，在整个实验中，都应保持高于砖 5cm 的水面。将水加热直沸腾并煮沸 2h，然后切断电源，使砖完全浸泡在水中冷却 4±0.25h 至室温。也可用常温下的水或制冷器将样品冷却至室温。将一块浸湿过的麂皮用手拧干，并将麂皮放在平台上轻轻地依次擦干每块砖的表面，对于凹凸或有浮雕的表面应用麂皮轻轻的擦去表面的水分，然后称重，记录下每块试样的称量结果 m_{2b}，保持与干燥状态下相同的精度。

2）真空法。将砖竖直放在真空容器中，使砖互不接触。抽真空至 10±1kPa，并保持 30min。在保持真空的同时，加入足够的水将砖覆盖并高出 5cm，停止抽真空，让砖浸泡 15min，将一块浸湿过的麂皮用手拧干，并将麂皮放在平台上轻轻地依次擦干每块砖的表面，对于凹凸或有浮雕的表面应用麂皮轻轻的擦去表面的水分，然后称重，记录下每块试样的称量结果 m_{2v}，保持与干燥状态下相同的精度。

（2）悬挂称量。称量真空法吸水后悬挂在水中的每块试样的质量 m_3，精确至 0.01g。称量时，将样品挂在天平一臂的吊环、绳索、或篮子上。实际称量前，将安装好并浸入水中的吊环、绳索或篮子放在天平上，使天平处于平衡位置。吊环、绳索或篮子在水中的深度与称量试样时相同。

四、数据处理与分析

将试验所测数据记入下表中。

试验数据记录表

试样名称			测定人			测定日期		
试样描述								
试样编号	干砖质量 m_1/g	煮沸法吸水饱和砖的质量 m_{2b}/g	真空吸水饱和砖的质量 m_{2v}/g	悬挂在水中砖的质量 m_3/g	吸水率/%	显气孔率/%	表观相对密度	容重/g·cm^{-3}

（1）吸水率。计算每块砖的吸水率 $E_{(b,v)}$，用干砖的质量分数表示。计算公式如下：

$$E_{(b,\ v)} = \frac{m_{2(b,\ v)} - m_1}{m_1} \times 100\%$$

式中　E_b——用 m_{2b} 测定的吸水率；

E_v——用 m_{2v} 测定的吸水率；

m_1——干砖的质量；

m_2—— 湿砖的质量，E_b 代表水仅注入容易进入的气孔；而 E_v 代表水最大可能地注入所有的气孔。

（2）显气孔率计算公式如下：

表观体积 $V(cm^3)$ 的计算公式为

$$V = (m_{2v} - m_3)/\rho$$

开口气孔的体积 $V_0(cm^3)$ 的计算公式为

$$V_0 = (m_{2v} - m_1)/\rho$$

不透水部分的体积 $V_1(cm^3)$ 的计算公式为

$$V_1 = (m_1 - m_3)/\rho$$

显气孔率 P 用试样的开口气孔体积与表观体积的百分比表示，其计算公式为

$$P = \frac{V_0}{V} \times 100\%$$

（3）表观相对密度。试样不透水部分的表观相对密度 T 的计算公式为

$$T = \frac{m_1}{m_1 - m_3}$$

（4）容重。试样的容重 B（又称为表观密度，单位为 g/cm^3）的计算公式为

$$B = \frac{m_1}{m_{2V} - m_3} = \frac{m_1}{V}$$

实验十九　陶瓷砖抗冲击性的检测

一、实验原理

回复系数是两个相碰撞的物体碰撞前与碰撞后相对速度的比值。用测回复系数来确定各种砖的抗冲击性，试验时，把一个特定的铬钢球从一个固定的高度落到试样上并测定其回跳高度，以此测定回复系数。

二、实验仪器

（1）首先需要直径为 $19\pm0.05mm$ 的铬钢球。落球设备是由装有水平调节旋钮的钢球和一个悬挂着的电磁铁的竖直钢架，一个导管和试验部件支架构成。也可直接采用 TCY 型陶瓷砖抗冲击性测定仪。

（2）试验部件被紧紧地固定在能使落下的钢球正好碰撞在水平瓷砖表面的中心位置。

（3）电子计时器，用麦克风测定钢球落到试样上的第一次碰撞和第二次碰撞的时间间隔。

（4）试样。分别从 5 块砖上至少切下 5 片 $75mm \times 75mm$ 的试样。实际尺寸小于 $75mm$ 的砖也可以使用。试验部件是用环氧树脂黏合剂将试样粘在制好的混凝土块上制成。混凝土块的体积约为 $75mm \times 75mm \times 50mm$，用这个尺寸的模具制备混凝土块或从一个大的混凝土板上切取。

（5）下面的方法描述了用砂/石配成混凝土块的制备，其他类型的混凝体也可采用下面的试验方法，但吸水试验不适用于这类混凝体。

混凝土块或混凝土板是由 1 份（以重量计）波特兰水泥加入到 4.5~5.5 份（以重量计）骨料中组成。骨料粒度为 0~8mm。该混凝土的混合物中粒度小于 0.125mm 的全部细料，包括波特兰水泥的比重约为 500kg/m³。水/水泥为 0.5，混凝土混合物在机械搅拌机中充分混合后用瓦刀拌合到所需尺寸的模具中，在振动台上以 50Hz 的频率振实 90s。

混凝土块从模具中取出前应在温度为（23±2）℃和湿度为（50±5）%RH 的条件下保存 48h。脱模后应彻底洗净任何脱模剂。混凝土块垂直地相互间隔开浸入（20±2）℃的水中保留 6 天，然后放在温度为（23±2）℃和湿度（50±5）%RH 的空气中保留 21 天。此混凝土安装面在 4h 后有 0.5cm³ 到 1.5cm³ 的表面吸水率。在试验部件安装之前用湿法从混凝土板上切下混凝土试块，应在温度为（23±2）℃和湿度为（50±5）%RH 的条件下最少干燥 24h 才能使用。

（6）环氧树脂黏合剂。这种黏合剂是由氯醇和二苯酚基丙烷反应生成的环氧树脂 2 份（按重量计）和活化了的芳香胺一份（按重量计）组成。用计数器或其他类似方法测定的平均粒度为 5.5μm 的纯二氧化硅填充物同其他成分以合适的比例混合后形成一种不流动的混合物。

（7）试验部件的安装。在制成的混凝土块表面上均匀地涂上一层 2mm 厚的环氧树脂黏合剂。在三个侧面的中间分别放三个直径为 1.5mm 钢质或塑料制成的间隔标记，以便以后足够量的标记可被移动。将合适的试样正面朝上压紧到黏合剂上，同时在轻轻移动 41 三个间隔标记之前将多余的黏合剂刮掉。试验前使其在温度为（23±2）℃和温度为（50±5）%RH 的条件下放 3 天。如果瓷砖的面积小于 75mm×75mm 也可以用来测试。放一块瓷砖使它的中心与混凝土的表面中心相一致，然后用瓷砖将其补成 75mm×75mm 的面积。

三、实验步骤

（1）用水平旋钮调节落球设备以使钢棒垂直，将试验部件放到电磁铁的下面，使从电磁铁中落下的钢球落到被固定位的试验部件的中心。

（2）将光纤传感器及仪表安装固定好，光纤线轻轻插入其放大器中，慢慢旋转锁紧螺钉，刚好接触即可，用力紧固则会损坏光纤线。

（3）打开电源开关，按 R.S 键使电子计时器复零，将试验部件放到支架上使试样的正面水平地向上放置。从 1m 高处将钢球落下并使它回跳二次，记下二次回跳之间的时间间隔 T（精确到毫秒级），电子计时器自动显示 T。算出回跳高度（精确到 1mm），从而计算出恢复系数 e，按 e 键，仪表将自动显示恢复系数 e 的大小。按 R.S 键复位后又可进行第二次试验。重复按 e 键，将循环显示 e 和 T。

（4）检查有缺陷或裂纹的表面，所有在距 1m 远处未能用肉眼或平时戴眼镜的眼睛观察到的轻微的电磁波裂纹都可以忽略。记下边缘的磕碰，但在瓷砖分类时可予忽略。

（5）对于另外的试验部件则应重复上述全部步骤。

（6）实验结束，应关闭电源，清除表面污物，妥善保养。

四、数据处理与分析

当一个球碰撞到一个静止的水平面上时，它的恢复系数用下式计算：

$$e = \frac{V}{u}$$

式中　V——离开（回跳）时的速度，

　　　u——接触时的速度。

$$\frac{1}{2}mV^2 = mgh_2, \quad V^2 = 2gh_2$$

式中　m——球的质量；

　　　h_2——回跳的高度，cm；

　　　g——重力加速度，981cm/s^2。

$$\frac{mu^2}{2} = mgh_1, \quad u^2 = 2gh_1$$

式中　h_1——落球的高度，100cm。

$$e^2 = \frac{h_2}{h_1}$$

如果回跳高度由回跳两次而测定这回跳两次之间的时间间隔来确定的话，则运动的公式为：

$$h_2 = u_0 t + \frac{1}{2}gt^2$$

式中　u_0——回跳到最高点时的速度，$\mu_0 = 0$。

$$t = \frac{T}{2}$$

式中，T 是两次的时间间隔，s，因此，$h_2 = 122.6T^2$，$e = 1.107T$。

实验二十　无釉砖耐磨深度的测定

一、实验原理

在规定的条件和有磨料的情况下，摩擦钢轮在砖的正面旋转产生磨坑，由磨坑的长度测定无釉砖的耐磨性。

二、实验仪器

WM 无釉砖耐磨试验仪的技术指标如下：

（1）磨轮转速（75±4）r/min 恒定，磨轮直径（200±0.2）mm，厚度（10±0.1）mm，硬度 HB500 以上。

（2）磨轮每转 150 转时，加入研磨区的磨料不少于 150g。

（3）磨轮磨料采用其粒度为 ISO8684-1 中规定的 F80 白色熔融氧化铝。

（4）贮料斗容积大于 5L。

（5）试验时间可预置，数字显示。

（6）施压砝码质量为 2.5~3kg。

本试验仪由动力传动部分、试样夹具部分、磨料贮供部分及电气控制部分组成。

　　磨轮以恒定转速转动，通过施压砝码以一定压力使试样接触摩擦钢轮，磨料按规定流量均匀进入研磨区，在磨料的作用下使试样表面产生磨坑。通过测量试样表面的磨坑弦长（精确至 0.5mm），计算磨坑体积来表示试样的磨损程度。

$$V = \left(\frac{\pi\alpha}{180}\sin\alpha\right)\frac{hd^2}{8}, \quad \sin\frac{\alpha}{2} = \frac{L}{d}$$

式中　V——磨损体积，mm^3；

　　　　d——磨轮直径，mm；

　　　　h——磨轮厚度，mm；

　　　　α——弦对磨轮的中心角，（°）；

　　　　L——磨坑弦长，mm。

磨坑弦长 $L(mm)$ 和磨损体积 $V(mm^3)$ 的对应值表

L	V	L	V	L	V	L	V	L	V
20	67	30	227	40	540	50	1062	60	1851
20.5	72	30.5	238	40.5	561	50.5	1094	60.5	1899
21	77	31	250	41	582	51	1128	61	1947
21.5	83	31.5	262	41.5	603	51.5	1162	61.5	1996
22	89	32	275	42	626	52	1196	62	2046
22.5	95	32.5	288	42.5	649	52.5	1232	62.5	2097
23	102	33	302	43	672	53	1268	63	2149
23.5	109	33.5	316	43.5	696	53.5	1305	63.5	2202
24	116	34	330	44	720	54	1342	64	2256
24.5	123	34.5	345	44.5	746	54.5	1380	64.5	2301
25	131	35	361	45	771	55	1419	65	2365
25.5	139	35.5	376	45.5	798	55.5	1459	65.5	2422
26	147	36	393	46	824	56	1499	66	2479
26.5	156	36.5	409	46.5	852	56.5	1541	66.5	2537
27	165	37	427	47	880	57	1583	67	2596
27.5	174	37.5	444	47.5	909	57.5	1625	67.5	2656
28	184	38	462	48	938	58	1669	68	2717
28.5	194	38.5	481	48.5	968	58.5	1713	68.5	2779
29	205	39	500	49	999	59	1758	69	2842
29.5	215	39.5	520	49.5	1030	59.5	1804	69.5	2906

　　每块试样以两个部位的平均磨损体积进行评定。

三、实验步骤

（1）试样制备。采用整砖或合适尺寸的试样做试验。如果是小试样，试样前，要将小试样用黏结剂无缝地粘在一块较大的模板上。

（2）检测步骤。

1）将干燥的磨料装入料斗。

2）将干燥、干净的试样固定在试样夹具上，使试样垂直于夹具底座，其下面与摩擦钢轮正切。

3）接通电源，电源指示灯亮。

4）预置试验时间（2min）。

5）提起夹具后端挂钩，使试样接触磨轮，同时调节料斗上的闸板，使料斗中流出的磨料均匀加入研磨区，磨料流出速度为（100±10）×10^{-2}g/r。

6）接启动按钮，电机转动，转到预定时间时，磨轮自动停止转动，此时，关闭磨料调节闸板，使磨料停止流出。

7）移动夹具，取下试料，用精度为0.1mm量具，测量试样上磨坑弦的长度，通过弦长查表，可得到磨坑的体积。在每一试样的正面相互垂直的两个不同部位进行试验。

8）仪器标定用玻璃板，通过调整施压砝码的重量，达到在150转后，玻璃板的弦长为（24±0.5）mm。

四、注意事项

（1）试验仪应安装在稳固的基础上，调整地脚螺栓，使仪器处于平稳状态。

（2）接通电源时，应注意电机正反转（旋转方向在磨轮上由标志箭头标出）。

（3）在使用中，当磨损最初直径的0.5%时必须更换磨轮。

（4）根据夹具大小确定试样尺寸，试样过大时可进行切割，过小时，可用黏结剂无缝地粘在一块较大的底板上。

（5）磨料不能重复使用。

（6）每次试验结束，应将仪器抹扫干净，经常保持清洁。

实验二十一 陶瓷砖抗热震性的测定

一、实验原理

抗热震性又称热稳定性，耐急冷急热性，是指陶瓷材料抵抗温度剧变而不被破坏的性能。陶瓷制品的热稳定性在很大程度上取决于坯釉适应性，特别是两者热膨胀系数的适应性。热稳定性可用来判断陶瓷抗后期龟裂性的好坏。

陶瓷砖的抗热震性，是通过试样在15~145℃之间的10次循环来测定的。

二、实验仪器

SQ006陶瓷砖抗热震性测定仪；最少用5块整砖作为试样进行实验。

三、实验步骤

（1）首先用肉眼在距试样25~30cm，光源照约300lx的光照条件下观察试验砖面。所有试样在试验前没有缺陷。为了帮助检查，可将合适的染色溶液（如可用含有少量润湿剂的1%亚甲基蓝溶液）刷在试样的釉面上，1min后，用湿布抹去染色液体。进行测定前的检验。

（2）浸没实验：适用于检验含水率不大于10%（质量分数）的陶瓷砖，水槽不用加盖，将试样垂直浸没在（15±5）℃的冷水中，并使他们互不接触。

（3）非浸没实验：适用于检验含水率大于10%（质量分数）的有釉陶瓷砖，在水槽上盖上一块5mm厚的铝板，并与水接触。然后将粒经分布为0.3~0.6mm的铝粒盖在铝板上，铝粒的厚度为5mm，使有釉砖的釉面向下与（15±5）℃的低温水槽上的铝粒接触。

（4）对上述两项步骤，在低温下保持5min后，立即将试样移至（145±5）℃的烘箱中重新达到此温度后保持20min，然后立即将它们移回低温环境中。重复此过程10次循环。

（5）然后用肉眼在距试样25~30cm，光源照约300lx的光照条件下观察试验砖面。所有试样在试验前没有缺陷。为了帮助检查，可将合适的染色溶液（如可用含有少量润湿剂的1%亚甲基蓝溶液）刷在试样的釉面上，1min后，用湿布抹去染色液体。

四、数据处理与分析

数据记录见下表。

陶瓷砖抗热性数据测定记录表

试样名称		测定人		测定日期	
试样描述					
试样编号	加热温度/℃	冷却水温度/℃	外表检查结果		备注
			初期	24h	
1					
2					

1.7 水泥及混凝土工艺原理

实验一 水泥胶砂强度、标准稠度和凝结时间的测定

一、实验目的

通过实验测定水泥净浆达到标准稠度时的用水量，作为水泥的凝结时间试验用水量的标准。测定水泥的凝结时间对水泥的质量评定和建筑工程具有重要的意义。

本实验的目的是了解影响水泥凝结时间的因素，掌握水泥标准稠度用水量、凝结时间检验方法及了解水泥标号的划分情况，掌握水泥胶砂强度检验方法。

二、实验原理

水泥标准稠度净浆对标准试样（或试锥）的沉入具有一定阻力。通过试验不同含水量水泥净浆的穿透性，以确定水泥标准稠度净浆中所需加入的水量。

凝结时间以试针沉入水泥标准稠度净浆至一定深度所需的时间表示。

三、实验仪器

（1）水泥净浆搅拌机。水泥净浆搅拌机主要由搅拌锅、搅拌叶、传动机构和控制系统组成。搅拌叶片在搅拌锅内作相反方向的公转和自转，并可在竖直方向调节。搅拌锅可以升降，传动机构保证叶片按规定的方向和速度运转，控制系统具有按程序自动控制与手动控制两种功能。搅拌机拌和一次的自动控制程序：慢速搅拌（120±3）s，停拌 15s，再快速搅拌（123±3）s。

搅拌叶片与搅拌锅由钢材制成，搅拌锅内径 160mm，深度 139mm，壁厚 1mm。

（2）净浆标准稠度与凝结时间测定仪。水泥净浆标准稠度与凝结时间测定仪构造是由铁座与可以自由滑动的原形金属试棒构成。松紧螺丝用以调整金属试棒的高低。金属试棒上附有指针，利用量程 0~7mm 的标尺指示金属试棒下降距离。

（3）胶砂搅拌机：为双叶片式，搅拌叶与搅拌锅作相反方向转动。锅内径为 195mm，深度为 150mm。

（4）振动台（振实台）：基准方法中使用振实台，也可用振动台代用，当代用后结果有异议时以基准方法为准。本实验采用振动台。

（5）试模及下料漏斗：试模应符合 JC/T 726—1997《水泥胶砂试模》的规定：4cm×4cm×16cm 三联试模，模槽高为（40.1±0.1）mm，槽宽为（40±0.2）mm。下料漏斗由漏斗和模套组成，漏斗用 0.5mm 厚白铁皮制作，下料口宽度为 4~5mm，模套高度为 25mm。用金属材料制造，下料漏斗质量为 2.5~2.0kg。

（6）抗折试验机和抗折夹具：抗折试验机双杠杆式电动抗折仪，也可以用性能符合要求的其他试验机。

（7）抗压试验机与抗压夹具：抗折试验机吨位以 200~300kN 为宜，误差不得超过 ±2.0%；抗压夹具由硬质钢材制成，加压板长（62.5±0.05）mm。宽不小于 40mm，加压面必须磨平。加荷时上下压板互相对准水平位置，质量应符合 JC/T 683—1997《抗压夹具》的要求。

（8）刮平刀：断面为正三角形，边长为 26mm，包括手柄的总长度为 32cm。

四、实验步骤

（一）标准稠度用水量的测定

（1）标准稠度用水量用试杆法作为标准法测定，用试杆法作为标准法测定，用试锥法为代用法测定，采用代用法可用调整水量和不变水量两种方法中的任一种测定，如发生争议时以试杆法为准。

（2）实验前须对仪器进行检查，其检查内容为：仪器金属试棒应能自由滑动；试杆或试锥降至试模底面的玻璃板（试杆法）或锥模顶面位置时，指针应对准标尺的零点；搅拌机运转正常等。

（3）水泥净浆的拌制：水泥净浆用净浆搅拌机搅拌，搅拌锅和搅拌叶片先用湿棉布擦过，将拌和水倒入搅拌锅内，然后在 5~10s 内小心将称好的 500g 水泥加入水中，防止水和水泥溅出；拌和时，先将锅放到搅拌机锅座上，升至搅拌位置，开动机器，同时徐徐加入拌和水，慢速搅拌 120s 后停拌 15s，同时将叶片和锅壁上的水泥浆刮入锅中间，接着快速搅拌 120s 后停机。

采用调整水量方法时拌和水量按经验找水，采用不变水量方法时拌和水量用142.5mL水，水量准确至 0.5mL。

（4）标准稠度的测定：

1）拌和结束后，立即将拌好的净浆装入已置于玻璃底板上的圆模（试杆法）或锥模内，用小刀插捣、振动数次，刮去多余净浆，抹平后迅速放到试杆或试锥下面固定位置上，将试杆或试锥降至净浆表面拧紧螺丝，然后突然放松，让试杆或试锥自由沉入净浆中，到试杆或试锥停止下沉时记录试杆距底板之间的距离或试锥下沉深度。整个操作应在搅拌后 1.5min 内完成。

2）用试杆法测定时，以试杆沉入净浆并离底板（6±1）mm 的水泥净浆为标准稠度净浆。其拌和水量为该水泥的标准稠度用水量（P），按水泥质量的百分比计。

3）用调整水量方法测定时，以试锥下沉深度（28±2）mm 时的净浆为标准稠度净浆。其拌和水量为该水泥的标准稠度用水量（P），按水泥质量的百分比计。如下沉深度超出范围，须另称试样，调整水量，重新试验，直至达到（28±2）mm 时为止。

4）用不变水量方法测定时，根据测得的试锥下沉深度 S(mm) 按下式（或仪器上对应标尺）计算得到标准稠度用水量 P(%)

$$P = 33.4 - 0.185S$$

当试锥下沉深度小于 13mm 时，应改用调整水量的方法测定。

（二）凝结时间的测定

（1）凝结时间的测定：可以用人工测定也可用符合标准操作要求的自动凝结时间测定仪测定，两者有矛盾时以人工测定为准。

（2）测定前的准备工作：将圆模放在玻璃板上，在内侧稍稍涂上一层机油，调整凝结时间测定仪的试针，试针接触玻璃板时指针对准标尺零点。

（3）试件的制备：以标准稠度用水量加水，按测定标准稠度用水量时制备净浆的操作方法制成标准稠度净浆后立即一次装入圆模振动数次刮平，然后放入湿气养护箱内。记录开始加水的时间作为凝结时间的起始时间。

（4）凝结时间的测定方法：试件在湿气养护箱中养护至加水后 30min 时进行第一次测定。测定时，从湿气养护箱内取出圆模放到试针下，使试针与净浆表面接触，拧紧螺丝1~2s 后突然放松，试针垂直自由沉入净浆，观察试针停止下沉时指针读数。当试针沉至距底板（4±1）mm 时，即为水泥达到初凝状态，当下沉不超过 1~0.5mm 时水泥达到终凝状态。由开始加水至初凝状态的时间为该水泥的初凝时间，用 min 表示。在完成初凝时间测定后，立即将试模连同浆体以平移的方式从玻璃板取下，翻转 180°，直径大端向上，小端向下放在玻璃板上，再放入湿气养护箱中继续养护，临近终凝时间每隔 15min 测定一次，当试针沉入试体 0.5mm 时，为水泥达到终凝状态，由水泥开始加水至终凝状态的时间为水泥的终凝时间，用 min 表示。测定时应注意，在最初测定的操作时应轻轻扶持金属棒，使其徐徐下降以防试针撞弯，但结果以自由下落为准；在整个测试过程中试针贯入的位置至少要距圆模内壁 10mm。临近初凝时，每隔 5min 测定一次，临近终凝时每隔 15min测定一次，到达初凝或终凝状态时应立即重复测一次，当两次结论相同时才能定为到达初凝或终凝状态。每次测定不得让试针落入原针孔，每次测试完毕须将试针擦净并将圆模放回湿气养护箱内，整个测定过程中要防止圆模受振。

（三）水泥胶砂强度的测定

（1）成型室内温度必须符合标准要求，即温度应保持在（20±2）℃，相对湿度应不低于50%。成型前将试模擦净，模板与底座接触面处涂黄干油，内壁均匀涂一薄层机油，紧密装配。

（2）每成型三条试体，按一份水泥、三份标准砂、半份水（水灰比为0.5）制备胶砂，即一锅胶砂材料需要量为：水泥，（450±2）g；标准砂《中国ISO标准砂》，（1350±5）g；水，（225±1）g。把水加入锅内，再加入水泥，把锅放在固定架上，上升至固定位置。然后立即开动机器，低速搅拌30s后，在第二个30s开始的同时均匀地将砂子加入。当各级砂是分装时，从最粗粒级开始，依次将所需的每级砂量加完，把机器转至高速再拌30s。停拌90s，在第1个15s内用一胶皮刮具将叶片和锅壁上的胶砂，刮入锅中间。在高速下继续搅拌60s。各个搅拌阶段，时间误差应在±1s以内。

（3）将搅拌好的胶砂全部均匀地装入已卡紧于试模与振动台面中心的下料漏斗中，开动振动台，胶砂通过漏斗进入试模时的下料时间，应以漏斗三格中在20~40s内有两格出现空洞为准。如下料时间不在20~40s内，则须调整漏斗下料宽度或用小刀划动胶砂加速下料。振动须在（120±5）s内停车。

（4）振动完毕，取下试模，轻轻刮去高出试模的胶砂并抹平。然后编号，应把试模的三条试体分在两个以上的龄期内。

（5）将编号后试体放入养护箱内养护，温度保持在（20±1）℃，相对湿度不低于90%，经24±3h后脱模，硬化慢的水泥允许延期脱模，但须记录脱模时间。

（6）脱模后试体放入养护箱内养护，温度保持在（20±1）℃，试体间应有间隙，水面至少要高出试体5cm。

五、数据处理与分析

龄期与破型时间见下表。

龄期与破型时间表

龄　　期	破型时间
1d	24h±15min
3d	72h±30min
7d	7h±2min
28d	28h±8min

（1）各龄期试体必在规定时间内进行破型（见上表）。

（2）每龄期三条试体先做抗折强度试验。试验前从水中去出试体用湿布盖上。试验时擦去试体表面水分与砂粒，放入夹具内，应使侧面与圆柱接触。

（3）当采用电动抗折试验机进行试验时，试体放入前应该使杠杆处于平衡位置，试体放入后，调整夹具，使试体在折断时，杠杆尽可能接近平衡位置。抗折试验加荷速度为（50±10）N/s。

（4）抗折强度计算 R_f

$$R_f = 3P_fL/2bh^2 = 2.34P_f$$

式中　R_f——抗折强度，MPa；

　　　P_f——破坏荷重，kN；

　　　L——支撑圆柱中心距即 0.1m；

　　b，h——试体断面宽与高，b 和 h 均为 0.04m。

抗折强度计算结果精确到 0.1MPa。抗折强度结果以三条试体平均值为准。当三个强度值中有一个超过平均值的±10%时应予以剔除，以其余两个数值平均值作为抗折强度结果。如其中有两个超过平均值的±10%时，则以剩下的未超过平均值的±10%的一个数据作为抗折强度结果。若三条试体全部平均值±10%，而无法计算抗折强度时，必须重新检验。

（5）抗折试验后的两个断块应立即进行抗压试验。抗压试验须用抗压夹具进行，试体受压面为 4cm×4cm。试验前应清除试体受压面与加压板间的砂粒或杂物，试验时以试体的侧面作为受压面，试体的底面靠紧夹具定位销，并使夹具对准压力机压板中心。

（6）抗压试验加荷速度应控制在（2400±200）N/s 范围内。一般来说，加荷速度快，强度偏高，反之则偏低，尤其是当试体接受破坏时，要防止加荷过猛。

（7）抗压强度计算。

$$R_c = P_c/S$$

式中　R_c——抗压强度，MPa；

　　　P_c——破坏荷载，kN；

　　　S——受压面积，0.04m×0.04m。

抗压强度计算结果精确到 0.1MPa，以一组三个横柱体上得到的六个抗压强度测定值的算术平均值为试验结果。如六个测定值中有一个超过六个平均值的±10%，就应剔除这个结果，而以剩下五个的平均数为结果。如果五个测定值中再有超过它们平均数±10%的，则此组结果作废，必须重新试验。

六、注意事项

（1）称量时要检查天平零点以保证称重准确。

（2）搅拌好的胶砂必须全部倒入三联模内，以免影响胶砂强度。

（3）凝结时间的测定要严格按照规定的时间间隔测定，以免错过测定时间。

（4）试样的养护时间一定要准确，以免造成强度不准确。

七、思考题

（1）测定水泥的标准稠度用水量中应该注意那些事项？

（2）如果所测得水泥初凝时间小于 45min，或者终凝时间大于 6.5h，应该如何调整水泥生产的配料？

（3）影响水泥胶砂强度的因素有哪些？

1.8 玻璃材料科学与技术

实验一 玻璃的配方计算、配料、磨料及装料

一、实验目的

了解和掌握在实验条件下进行玻璃制备的各个工艺步骤与原理包括配料计算，配合料制备、玻璃的熔制及浇铸成型及退火等工艺，通过实验来增强对玻璃制备的感性认识。

二、实验原理

（1）玻璃制备是一个较为复杂的工艺过程，完整的玻璃制备工艺过程应当包括玻璃成型系统的选择与玻璃组成的设计和确定，即根据所需设计玻璃的性能要求和实际生产条件情况选择合适的玻璃系统并认定设计玻璃的原料组成，然后按有关玻璃性质的计算公式，对原始玻璃组成反复进行预算调整，直至初步合乎要求，即作为设计玻璃的实验组成，最后根据玻璃的实验组成制备玻璃，并进行性质测试，最终确定玻璃组成。

（2）原料选择与配方计算即根据所需的组成，选择合适的并符合制备工艺要求的原料，然后根据原料的化学组成和玻璃的重量百分组成计算出熔化一定重量玻璃所需的各种原料用量。

（3）配合料制备，即根据玻璃配料的配方，称量出各种原料的质量，混合均匀制备出所要求的配合料，对配合料的要求，具有正确性和稳定性，具有一定的水分，具有一定的气孔率，必须混合均匀。

三、实验仪器

电子天平，研钵，容量为 50mL 的坩埚、坩埚钳、电阻丝电阻炉及其控温仪，角钢方块。

四、实验步骤

（1）根据预期确定的 Na_2O-SiO_2-B_2O_3 系统的组成，计算出配合料配方，称取制备玻璃所需的配合料 30g 为基准。

（2）将称好的原料装入研钵中进行研磨，混合均匀后，将配合料装入坩埚中，不能加入太紧，要有一定的气孔率。

（3）清理实验现场，整理实验仪器和工具。

五、数据处理与分析

根据以下三个配方，分别计算出各种原料的质量。

（1）配方一：原料总质量以 30g 为基准（见下表）。

配方一表

玻璃成分	SiO_2	B_2O_3	Na_2O	CaO	Li_2O
原子量	60.08	69.62	61.98	56.08	29.88

续表

玻璃成分	SiO₂	B₂O₃	Na₂O	CaO	Li₂O
所需原料	SiO_2	H_3BO_3	Na_2CO_3	CaO	Li_2CO_3
原子量	60.08	61.83	105.99	56.08	73.89
所占百分数	50%	12%	15%	15%	8%
所需原料质量					

（2）配方二：原料总质量以 30g 为基准（见下表）。

配方二表

玻璃成分	SiO₂	B₂O₃	Na₂O	CaO	Li₂O	CuO
原子量	60.08	69.62	61.98	56.08	29.88	60.08
所需原料	SiO_2	H_2BO_3	Na_2CO_3	CaO	Li_2CO_3	CuO
原子量	60.08	61.83	105.99	56.08	73.89	79.55
所占百分数	50%	12%	15%	15%	6%	2%
所需原料质量						

（3）配方三：原料总质量以 30g 为基准（见下表）。

配方三表

玻璃成分	SiO₂	B₂O₃	Na₂O	CaO	Li₂O	CuO
原子量	60.08	69.62	61.98	56.08	29.88	79.55
所需原料	SiO_2	H_2BO_3	Na_2CO_3	CaO	Li_2CO_3	CuO
原子量	60.08	61.83	105.99	56.08	73.89	79.55
所占百分数	50%	12%	15%	15%	4%	4%
所需原料质量						

六、思考题

（1）往坩埚内加料，为什么不宜加满？

（2）玻璃配合料的质量要求。

实验二　玻璃的熔制以及马弗炉升温速率的记录

一、实验目的

（1）掌握玻璃组成的设计方法和配方的计算方法。

（2）了解玻璃熔制的原理和过程以及影响玻璃熔制的各种因素。

（3）针对生产工艺上出现的问题提出解决的方法。

（4）熟悉高温炉和退火的使用方法和玻璃熔制的操作技能。

（5）掌握玻璃熔制制度的确定方法。

二、实验原理

根据玻璃制品的性能要求，设计出玻璃的化学组成，并以此为主要依据，进行配料，制备好的配合料在高温下加热，将发生一系列的物理的、化学的、物理化学的变化，变化的结果使各种原料的机械混合物变成复杂的熔融物，即没有气泡，结石，均匀的玻璃液。然后均匀地降温以供成型需要。这个过程大致分为五个阶段：硅酸盐的形成，玻璃的形成、澄清、均化和冷却。

三、实验仪器

硅钼棒电炉一台、控温仪一台、马弗炉一台、电子天平一台、坩埚、不锈钢调料棒，500mL 以上坩埚钳、加料勺、护目镜、石棉手套、成型模具。

四、实验步骤

（1）配料。根据设计的玻璃成分和选择的原料的化学组成来计算，配料时必须准确称量各种原料，注意适当的气体比，配合料应含有适当的水分，必须重视均匀的混合，并防止飞尘和结块。

（2）熔制。配料后，即将粉料加到坩埚内，然后放入炉内，防止坩埚意外破裂造成破坏，可将坩埚浅的耐火匣钵，坩埚底部垫氧化铝粉进行熔化。料粉入炉前的准备有以下几项：

1）调节好起始电压和升温速度。

2）准备好坩埚，耐火材料坩埚必须预热，尤其是新坩埚，要防止开裂。

3）配合合格的粉料。

4）拟定好温度制度。

5）出料。冷却到一定温度即可出料。在完成熔制后，连同坩埚一起冷却并退火，冷却后再除去坩埚，得到所需的试样。

五、注意事项

（1）高温操作时要戴防护用具。

（2）操作时必须严肃认真。

（3）钳坩埚时要防止意外事故。

六、数据处理与分析

电炉升温速率。

七、思考题

（1）简述玻璃熔制过。

（2）影响玻璃熔融的因素。

1.9　材料热力学

实验一　二元合金相图的绘制与应用

一、实验目的

（1）测绘二元合金相图。
（2）了解热分析的测量技术。
（3）线与相图绘制的关系。

二、实验原理

热分析法是物理化学中的一种分析法，它是基于物质发生相变时伴有热效应。熔炉（金属、合金或化合物）在均匀冷却时，若不发生任何相变则体系温度是均匀下降的，如果在冷却过程中发生了相变，体系的温度变化就显出不均衡，而使得冷却（或加热）曲线（温度——时间关系曲线）上会出现水平线段或转折点。

冷却曲线的斜率，即温度变化的速度决定于体系与环境的温差、体系的热容、热导率和相变等因素，若冷却时体系的热容、散热情况等基本相同，体系温度下降的速度可表示为

$$\frac{\mathrm{d}T}{\mathrm{d}t} = K(T_体 - T_环)$$

式中　T——温度；

t——时间；

K——一个与热容、散热情况等有关的常数。

当有固体析出时，放出凝固热，因而步冷曲线出线转折，折变是否明显，决定于放出的凝固热能抵消散失热量的多少，若物质的凝固热大，放出的凝固热能抵消大部分散失的热量，则这边明显，否则折变就不明显。

为控制适当的冷却速率，可提高冷却环境的温度和缩短读数的时间间隔，热容大的间隔读数时间可长些，热容小的间隔时间短些，力求能准确判断相变点。

但是，在实际工作中，体系温度分布不均，测量点的变化、环境温度的改变，都会使在没有相变的情况下，温度变化速率也会改变，当相比热较小，不能抵消散失热时，即使 f（自由度）$= 0$，温度也会随时间而改变，再由于相变时，往往需要一定的诱发，在没有诱发的情况下，也会产生该变而不变的可能，即过冷，而一旦发生相变时，就会有较多的相变热释放出来，反而使体系温度回升，如图1，图2。

此时，冷却曲线上就会出现一个起伏，由于上述原因，我们所得的结果，仅是真实平衡状态的近似，为了更好的反映真实平衡状态，就要克服上述因素和具有处理这类数据的能力，为此，要尽量保证测量点不变，环境温度不变（温差要小），测量前要使体系均匀，测量中要经常搅拌（指在还流动时），工作要特别仔细。

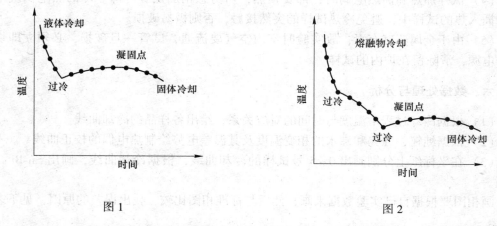

图 1 图 2

用热分析法绘制锡—铋相图是测量一系列组成不同的 Sn-Bi 合金体系，例如，纯 Bi、纯 Sn 及含锡 20%、40%、61.9%、80%等的步冷曲线（注意，要缓慢地均匀冷却，连续记录冷却过程中温度随时间的变化关系），从各冷却曲线出现的水平线段或转折点，可确定相应的相变温度，依照相变温度及冷却曲线所代表的组成，便可绘制相图。

Sn-Bi 体系是含有低共熔物的二元体系，其低共熔物的组成可用曲线延长相交或塔曼法帮助确定。

三、实验仪器

纯铋，纯锡，铋—锡混合试样（含锡 20%、40%、61.9%、80%），液态石蜡（或石墨粉），热电偶（铜—康铜），毫伏计，秒表（或电钟），台秤，坩埚电炉，恒温冷却箱。

四、实验步骤

（1）了解热电偶的性能和使用方法。

（2）将冷的或温的热电偶插入沸水中，测出水沸腾时的毫伏值。

（3）分别测定 0、1、2、3、4、5 号试样的冷却曲线，0 号（纯锡），1 号（含锡 80%含铋 20%），2 号（含锡 61.9%），3 号（含锡 40%），4 号（含锡 20%），5 号（纯 Bi）。把装有试样的硬质试管放在坩埚炉中（炉温 400～500℃）熔化。插入预热了的热电偶（包玻璃套），并用热电偶搅拌均匀试样，继续加热数分钟，将试样置于恒温冷却箱中，缓慢冷却，热电偶仍插在试样中，在此冷却过程中，每隔一定时间（纯铋样 5s，纯锡样 15s，其他 10s），读取温差电势一次，直至全部冷凝，即可得到完整的冷却曲线。

五、注意事项

（1）热电偶的热端必须固定在其套管底部，用它时只能拿其套管，不能拉动金属丝，以免导热不良，影响测定结果。

（2）全套数据要用一只电热偶测定，否则要再做校正。

（3）步冷曲线测完后，热电偶必须取出，若其上粘有试样时，需趁热时用干抹布擦净，以免污染试样。

（4）试样加热和插热电偶时，都要预热，切勿急剧加热和冷却。冷的热电偶决不能直接插入热的试样中，避免冷热试样的突然接触，否则极易破损。

（5）由于金属蒸气有毒，故实验时室内空气要流通，试管一旦破损，必须立即切断电炉电源，清除留在炉内的试样。

六、数据处理与分析

（1）根据冷却过程中温度与时间的对应关系，绘出各样品的冷却曲线。

（2）依据纯铋，纯锡和沸水的相变温度及其温差电势绘制热电偶的校正曲线。

（3）在坐标纸上分别画出 0~5 号试样的冷却曲线，根据冷却曲线，画出 Sn-Bi 二元相图。

画相图要根据自己实验数据来画，然后与标准相图比较，找出误差的原因，见下表和图 3。

Sn-Bi 二元体系的数据表

组成/%	Sn	0	20	42	60	80	100
	Bi	100	80	58	40	20	0
拐点		271	240	139	175	210	232
低共溶组分		Sn 含量 42%			低共溶温度		139

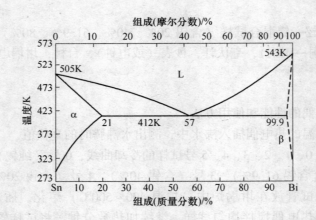

图 3 Sn-Bi 系相图

（4）误差计算及误差原因分析。

七、思考题

（1）热电偶测量温度的原理是什么，为什么要求保持冷端温度恒定，如何保持恒定？

（2）为什么热电偶、温度计必须校正？

（3）试用相律分析低共熔点、熔点、曲线及各区域内的相及自由度。

（4）金属共融体冷却曲线上为什么会出现转折点，纯金属、低共熔金属及合金等的转折点各有几个，曲线的形状为何不同？

（5）通常认为：体系发生的热效应很小时，用热分析法很难获得准确的相图，为什么？在含锡量20%及80%的二样品的步冷曲线中的第一个转折点哪个明显，为什么？

（6）0g 熔点较高的含 Bi 量 20% 的 Bi-Sn 合金变为最低共熔点时的合金，应加入多少克 Bi 或多少克 Sn？

（7）若要求温度测准到 1℃，所需毫伏表的规格如何？

1.10　材料物理性能

实验一　材料白度的测量

一、实验目的

（1）了解 WSP-3C 型自动白度仪的基本结构。

（2）了解测量的原理及方法。

（3）掌握白度测量仪的操作方法。

二、实验原理

各种物体对于投射在它上面的光，进行选择性反射和选择性吸收。不同的物体对各种不同波长的光的反射不同，反射方向也不同，就产生了各种物体不同的颜色，即不同的白度。

不同材料其结构不同，因此当光照射在材料表面时，其产生的漫反射也不同，则得到不同白度，漫反射越强，白度越大。

三、实验仪器

WSP-3C 型自动白度仪、待测样品、标准样品。

四、实验步骤

（1）打开电源开关；调零。

（2）调白：将黑筒卸下，放入标准白板，按下"执行"键。

（3）测定样品白度。

（4）将样品装入容器，并压紧压实，刮平表面，放置于测量处。按下"执行"键，仪器开始测量。可转换样品角度，多次按下"执行"键，得到多次测量结果。最后按下"显示"键，即可得到所测样品的白度值。

五、数据处理与分析

选择不同的样品测试其白度，并记录下来。

六、注意事项

（1）要求试样的显见面测试处必须清洁、平整、光滑、无彩饰、无裂纹及其他伤痕。

（2）制备标准白板的优级氧化镁，必须保存于密闭的玻璃器皿中，使用过的氧化镁粉不得回收再用。

（3）当白度低于50，习惯上不称白而称灰，则不属于本实验范围。

七、思考题

检测白度和陶瓷白度有什么区别？

实验二　材料光泽度的测定

一、实验目的

（1）了解 KGZ-1C 型光泽仪的基本结构。

（2）了解材料光泽度的操作方法。

（3）掌握材料光泽度的测量方法。

二、实验原理

根据物体表面的平滑度不同而导致其镜面反射不同来测定其光泽度。光泽度与物体表面的光洁程度有关，与物体表面凹凸程度程度成反比。

三、实验仪器

KGZ-1C 型光泽仪、待测样品、标准光泽度的规范样品。

四、实验步骤

（1）接通电源；仪器调零。

（2）校正光泽度：将标准样品即一块黑色瓷板放在测定样品处，屏幕上显示光泽度值，若与标准光泽度 50.1 相差不大，则校正结束。若其差值很大，则需继续调节，直到接近标准值为止；另一标准样品即一块白色瓷板，用同样的步骤进行调试。

（3）测量：将待测物品放在测试样品口处，按下"Mes"键，则仪器显示数值即为该样品的光泽度。

五、数据处理与分析

选择不同的样品测试其光泽度，并记录下来。

六、注意事项

（1）测定光泽度的标准板，每年至少应校正一次，如达不到规定的参数值，则应换新的标准板。

（2）光泽度的透镜和标准板上的灰尘只能用擦镜纸或洁净的软纸轻擦，以防擦毛损伤影响读数。

七、思考题

如何准确的测定光泽度？造成不准确的因素是什么？

实验三 材料激发和发射光谱的测量

一、实验目的

（1）了解光谱仪的基本结构和测量原理。
（2）了解材料激发和发射光谱的测量方法。

二、实验原理

激发光谱是指材料发射某一种特定谱线的发光强度随激发光的波长而变化的曲线。通过激发光谱的分析，可以找出使材料发光采用什么波长进行光激励最为有效。激发光谱反映材料中从基态始发的向上跃迁的通道，因此能给出有关材料能级和能带结构的有用信息。

发射光谱是指在一定的激发条件下发射光强按波长的分布。发射光谱的形状与材料的能量结构有关。从发射光谱可以很清楚的知道材料能够发出什么波长的光，以及相对的强弱。

三、实验仪器

北京赛凡 7-FRSpec 荧光光谱仪，待测样品。

四、实验步骤

（一）光谱仪的构造

光谱仪主要由光源、激发和发射光谱仪、样品室和检测系统组成。其中光源由氙灯光源、电源和斩波器组成。激发和发射光谱仪由滤光片、单色仪和光栅组成。检测系统由光电倍增管、铟镓砷探测器，锁相放大器和数据采集器以及电脑组成。

（二）光谱仪工作原理

光从光源发出后，经过斩波器斩波后进入激发光谱仪后经过单色仪分光后进入样品室打在样品上，样品发出的光进入发射光谱仪，同样进行分光后通过光电倍增管或铟镓砷探测器放大输入锁相放大器，滤去噪声后传输到数据采集器，然后由数据采集器输入电脑，得到所需要的激发或发射光谱。

（三）光谱测量

（1）发射光谱测试。

1）开机。打开各个部件的电源。

2）打开光谱分析软件，进入测量界面。

3）点击界面工具栏"com"按键，查看光谱仪各个端口连接是否正常。

4）打开样品室，放入待测样品，并调整好透镜，使得激发光能经过透镜刚好聚焦在样品上，同时使得发射光能进入探测方向的透镜上。

5）选择"发射光谱"选项，在"激发波长"选项填写所用的激发光波长，并根据激发光波长选择相应的光栅。

6）在"扫描设置"选项中根据所需测量的发射光谱的范围选择相应的光栅并填写扫

描范围，并设置好扫描速度，扫描间隔等参数。

7）在"数据取反"前的方框上点选出现"√"，点击"开始"按钮开始测量。

8）如果光谱图信噪比不好，要调整锁相放大器，光电倍增管的各项参数，得到最好的实验效果。

9）点击工具栏上的"保存"按钮，根据需要保存不同格式的图片和数据。

10）实验结束，关闭计算机，关闭所有的电源。

（2）激发光谱测试。

1）开机。打开各个部件的电源。

2）打开光谱分析软件，进入测量界面。

3）点击界面工具栏"com"按键，查看光谱仪各个端口连接是否正常。

4）打开样品室，放入待测样品，并调整好透镜，使得激发光能经过透镜刚好聚焦在样品上，同时使得发射光能进入探测方向的透镜上。

5）选择"激发光谱"选项，在"发射波长"选项填写所需探测的发射光波长，并根据发射光波长选择相应的光栅。

6）在"扫描设置"选项中根据所需测量的激发光谱的范围选择相应的光栅并填写扫描范围，并设置好扫描速度，扫描间隔等参数。

7）在"数据取反"前的方框上点选出现"√"，点击"开始"按钮开始测量。

8）如果光谱图信噪比不好，要调整锁相放大器，光电倍增管的各项参数，得到最好的实验效果。

9）点击工具栏上的"保存"按钮，根据需要保存不同格式的图片和数据。

10）实验结束，关闭计算机，关闭所有的电源。

五、数据处理与分析

（1）根据原始数据绘出的待测材料的激发和发射光谱。

（2）根据材料中所掺杂的激活剂确定谱线中相应的谱线是属于哪两个能寄之间的跃迁。

（3）根据光谱上发光谱线或谱带的强弱，分析材料的发光特点，并做相应的评价和分析。

六、注意事项

（1）在开机时，必须先打开斩波器的电源，然后再打开氙灯光源的电源，以免损坏斩波器。

（2）在使用光电倍增管探测器时，在打开样品室之前必须关闭光电倍增管的高压包的电压输出。

（3）所有配件的参数设置和调整必须在指导教师的指导下操作，以免损坏仪器。

七、思考题

激发光谱和发射光谱的区别是什么？

实验四　材料热膨胀系数的测定

一、实验目的

（1）了解测定材料的膨胀曲线对生产的指导意义。
（2）掌握示差法测定热膨胀系数的原理和方法，测试要点。
（3）利用材料的热膨胀曲线，确定玻璃材料的特征温度。

二、实验原理

一般的普通材料，通常所说膨胀系数是指线膨胀系数，其意义是温度升高1℃时单位长度上所增加的长度，单位为 cm/℃。

假设物理原来的长度为 L_0，温度升高后长度的增加量为 ΔL，实验指出它们之间存在如下关系：

$$\Delta L/L_0 = \alpha_1 \Delta t$$

式中，α_1 称为线膨胀系数，也就是温度每升高1℃时，物体的相对伸长。

当物体的温度从 T_1 上升到 T_2 时，其体积也从 V_1 变化为 V_2，则该物体在 T_1 至 T_2 的温度范围内，温度每上升一个单位，单位体积物体的平均增长量为

$$\beta = (V_1 - V_2)/V_1(T_1 - T_2)$$

式中　β——平均体膨胀系数。

从测试技术来说，测体膨胀系数较为复杂。因此，在讨论材料的热膨胀系数时，常常采用线膨胀系数

$$\alpha = (L_1 - L_2)/L_1(T_1 - T_2)$$

式中　α——玻璃的平均线膨胀系数；
　　　L_1——在温度为 T_1 时试样的长度；
　　　L_2——在温度为 T_2 时试样的长度。

β 与 α 的关系是

$$\beta = 3\alpha + 3\alpha^2 \cdot \Delta T^2 + \alpha^3 \cdot \Delta T^3$$

式中第二项和第三项非常小，在实际中一般略去不计，而取 $\beta \approx 3\alpha$。

必须指出，由于膨胀系数实际上并不是一个恒定的值，而是随温度变化的，所以上述膨胀系数都是具有在一定温度范围 Δt 内的平均值的概念，因此使用时要注意它适用的温度范围。

示差法是基于采用热稳定性良好的材料石英玻璃（棒和管）在较高温度下，其线膨胀系数随温度而改变的性质很小，当温度升高时，石英玻璃与其中的待测试样与石英玻璃棒都会发生膨胀，但是待测试样的膨胀比石英玻璃管上同样长度部分的膨胀要大。因而使得与待测试样相接触的石英玻璃棒发生移动，这个移动是石英玻璃管、石英玻璃棒和待测试样三者的同时伸长和部分抵消后在千分表上所显示的 ΔL 值，它包括试样与石英玻璃管和石英玻璃棒的热膨胀之差值，测定出这个系统的伸长之差值及加热前后温度的差数，并根据已知石英玻璃的膨胀系数，便可算出待测试样的热膨胀系数。

图 1 是石英膨胀仪的工作原理分析图，从图中可见，膨胀仪上千分表上的读数为：

$$\Delta L = \Delta L_1 - \Delta L_2$$

由此得到：
$$\Delta L_1 = \Delta L + \Delta L_2$$

根据定义，待测试样的线膨胀系数

$$\alpha = (\Delta L + \Delta L_2)/L \cdot \Delta t = (\Delta L/L \cdot \Delta t) + (\Delta L_2/L \cdot \Delta t)$$

其中
$$\Delta L_2/L \cdot \Delta t = \alpha_{石}$$

所以
$$\alpha = \alpha_{石} + (\Delta L/L \cdot \Delta t)$$

若温度差为 $t_2 - t_1$，则待测试样的平均线膨胀系数 α 可按下式计算：

$$\alpha = \alpha_{石} + \Delta L/L(t_2 - t_1)$$

式中　$\alpha_{石}$——石英玻璃的平均线膨胀系数（按下列温度范围取值）：

$\alpha_{石} = 5.7 \times 10^{-7}(0 \sim 300℃)$；

$\alpha_{石} = 5.9 \times 10^{-7}(0 \sim 400℃)$；

$\alpha_{石} = 5.8 \times 10^{-7}(0 \sim 1000℃)$；

$\alpha_{石} = 5.97 \times 10^{-7}(200 \sim 700℃)$；

t_1——开始测定时的温度；

t_2——一般定为 300℃（若需要，也可定为其他温度）；

ΔL——试样的伸长值，即对应于温度 t_2 与 t_1 时千分表读数之差值，mm；

L——试样的原始长度，mm。

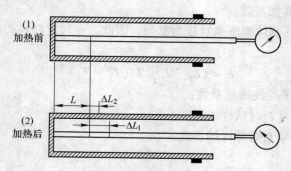

图 1　石英膨胀仪内部结构热膨胀分析图

这样，将实验数据在直角坐标系上作出热膨胀曲线。就可确定试样的线热膨胀系数，对于玻璃材料还可以得出其特征温度 T_g 与 T_f。

三、实验仪器

待测试样（玻璃、陶瓷等），小砂轮片（磨平试样端面用），卡尺（量试样长度用），秒表（计时用），石英膨胀仪（包括管式电炉、特制石英玻璃管、石英玻璃棒、千分表、热电偶、电位差计、电流表、2kV 调压器等）。

四、实验步骤

（1）试样的准备。

1）必须先取无缺陷（对于玻璃，应当无砂子、波筋、条纹、气泡）材料，作为测定膨胀系数的试样。

2）试样尺寸依不同仪器的要求而定。例如，一般石英膨胀仪要求试样直径为 5～6mm，长为（60±0.1）mm 的待测棒；UBD 万能膨胀仪要求试样直径为 3mm、长为（50±0.1）mm；Welss 立式膨胀仪要求试样直径为 12mm、长为（65±0.1）mm。

3）把试棒两端磨平，用千分卡尺精确量出长度。

（2）测试操作要点。

1）被测试样和石英玻璃棒、千分表顶杆三者应先在炉外调整成平直相接，并保持在石英玻璃管的中轴区，以消除摩擦与偏斜影响造成误差。

2）试样与石英玻璃棒要紧紧接触使试样的膨胀增量及时传递给千分表，在加热测定前要使千分表顶杆紧至指针转动 2～3 圈，确定一个初读数。

3）升温速度不宜过快，以控制 2～3℃/min 为宜，并维持整个测试过程的均匀升温。

4）热电偶的热端尽量靠近试样中部、但不应与试样接触。测试过程中不要触动仪器，也不要振动实验台桌。

（3）测试步骤。

1）先接好路线，再检查一遍接好的电路。

2）把石英玻璃管支夹在铁架上。

3）先把准备好的待测试样小心地装入石英玻璃管内，然后装进石英玻璃棒，使石英玻璃棒紧贴试样，在支架的另一端装上千分表，使千分表的顶杆轻轻顶压在石英玻璃棒的末端，把千分表转到零位。

4）将卧式电炉沿滑轨移动，将管伏电炉的炉芯套上石英玻璃管，使试样位于电炉中心位置（即热电偶端位置）。

5）合上电闸，接通电源，等电压稳定后，调节自耦调压器，均匀升温，记录温度变化和试样尺寸变化曲线图。

五、数据处理与分析

（1）根据原始数据绘出的待测材料的线膨胀曲线。

（2）按公式计算被测材料的平均膨胀系数。

（3）对于玻璃材料，从热膨胀曲线上确定出其特征温度 T_g、T_f。

六、注意事项

（1）严格遵守实验设备的操作规程。

（2）待测试样升温速率应尽可能的均匀。

（3）高温实验，注意安全。

七、思考题

（1）举两例说明测试材料膨胀系数对指导生产有何实际意义？

（2）为什么要选用石英玻璃作为安装试样的托管？升温速度的快慢对膨胀系数的测试结果有无影响？为什么？

实验五   陶瓷抗折强度的测定

一、实验目的

抗弯强度（或称抗折强度）是无机非金属材料力学性能的指标之一。本实验介绍三点弯曲加载法测试材料的抗弯强度。通过试验掌握测试方法和原理。

二、实验原理

把条形试样横放在支架上，用压头由上向下施加负荷，根据试样断裂时的应力值计算强度。此种情况下，材料的抗弯强度 σ_f 为

$$\sigma_f = \frac{M}{Z}$$

式中 M——断裂负荷 P 所产生的最大弯矩；

       Z——试样断裂模数。

$$M = \frac{1}{4}PL$$

对于矩形截面的试样有：

$$Z = \frac{1}{6}bh^2$$

式中 P——试样断裂时读到的负荷值，N；

       L——支架两支点间的跨距，m；

       b——试样横截面宽，m；

       h——试样高度，m。

因此对于矩形截面的试样，抗弯强度为

$$\sigma_f = \frac{3}{2}\frac{Pl}{bh^2} \times 10^{-6} \quad (MN/m^2)$$

三、实验仪器

KSF003 测力控制仪，瓷砖。

四、实验步骤

（1）根据不同的试样和所采用的方法标准安装好试样夹具，且调整好位置。

（2）接通电源将仪器上的电源开关打开，此时红色指示灯亮，KSF003 测力控制仪上有显示。

（3）按零位键。显示数码管上有数据变化 2s 测完。

（4）按功能键两次。按第一次，KSF003 测力仪左边显示 0，表示是 0 号命令，既峰值测量；按第二次，进入待测状态，右边第一位显示 0。

（5）按加荷按钮。KSF003 测力仪上开始显示其压力，试样受力到极限被折断，测力仪上显示峰值。

（6）按卸荷按钮。到最低位置时，按停止键，然后将 KSF003 测力仪上显示的压力峰代入公式进行计算。

五、数据处理与分析

将 KSF003 测力仪上显示的峰值压力代入以下公式进行数据处理

$$R_{折} = \frac{3}{2} \frac{PL}{bh^2}$$

式中　$R_{折}$——抗折强度，N/cm^2；

　　　P——最大破坏荷重，N；

　　　L——跨距，即支点间的距离，cm；

　　　b——试样宽度，cm；

　　　h——试样厚度，cm。

多测量几次取平均值。

六、注意事项

（1）严格遵守实验设备的操作规程。

（2）陶瓷试样在仪器上要尽可能的居中，加载荷应尽可能的均匀。

七、思考题

请说明抗弯强度的测定原理及方法。

实验六　导热系数的测定

一、实验目的

（1）了解热传导现象的物理过程。

（2）学习用稳态平板法测定导热系数的原理和方法。

（3）掌握热电偶测温原理及导热系数测定仪的使用方法。

（4）掌握一种用热电转换方式进行温度测量的方法。

二、实验原理

早在 1882 年，法国科学家丁·傅里叶就提出了热传导定律，目前各种测量导热系数的方法都建立在傅里叶热传导定律基础上。

热传导定律指出：如果热量是沿着 z 方向传导，那么在 z 轴上任一位置 z_0 处取一个垂直截面积 ds，以 $\dfrac{dT}{dz}$ 表示在 z 处的温度梯度，以 $\dfrac{dQ}{dt}$ 表示该处的传热速率（单位时间内通过截面积 ds 的热量），那么热传导定律可表示成

$$dQ = -\lambda \left(\frac{dT}{dz}\right)_{z_0} ds \cdot dt$$

式中的负号表示热量从高温区向低温区传导（即热传导的方向与温度梯度的方向相反），

比例数 λ 即为导热系数，可见导热系数的物理意义：在温度梯度为一个单位的情况下，单位时间内垂直通过截面单位面积的热量。利用上式测量材料的导热系数 λ，需解决两个关键的问题：一个是如何在材料内造成一个温度梯度 $\dfrac{\mathrm{d}T}{\mathrm{d}z}$ 并确定其数值；另一个是如何测量材料内由高温区向低温区的传热速率 $\dfrac{\mathrm{d}Q}{\mathrm{d}t}$。

关于温度梯度 $\dfrac{\mathrm{d}T}{\mathrm{d}z}$：为了在样品内造成一个温度的梯度分布，可以把样品加工成平板状，并把它夹在两块良导体——铜板之间，使两块铜板分别保持在恒定温度 T_1 和 T_2，就可能在垂直于样品表面的方向上形成温度的梯度分布。若样品厚度远小于样品直径（$h \ll D$），由于样品侧面积比平板面积小得多，由侧面散去的热量可以忽略不计，可以认为热量是沿垂直于样品平面的方向上传导，即只在此方向上有温度梯度。由于铜是热的良导体，在达到平衡时，可以认为同一铜板各处的温度相同，样品内同一平行平面上各处的温度也相同。这样只要测出样品的厚度 h 和两块铜板的温度 T_1、T_2，就可以确定样品内的温度梯度 $\dfrac{T_1 - T_2}{h}$。当然这需要铜板与样品表面紧密接触无缝隙，否则中间的空气层将产生热阻，使得温度梯度测量不准确。

为了保证样品中温度场的分布具有良好的对称性，把样品及两块铜板都加工成等大的圆形。

关于传热速率 $\dfrac{\mathrm{d}Q}{\mathrm{d}t}$：单位时间内通过某一截面积的热量 $\dfrac{\mathrm{d}Q}{\mathrm{d}t}$ 是一个无法直接测定的量，我们设法将这个量转化为较容易测量的量。为了维持一个恒定的温度梯度分布，必须不断地给高温侧铜板加热，热量通过样品传到低温侧铜板，低温侧铜板则要将热量不断地向周围环境散出。当加热速率、传热速率与散热速率相等时，系统就达到一个动态平衡，称之为稳态，此时低温侧铜板的散热速率就是样品内的传热速率。这样，只要测量低温侧铜板在稳态温度 T_2 下散热的速率，也就间接测量出了样品内的传热速率。但是，铜板的散热速率也不易测量，还需要进一步作参量转换，由于铜板的散热速率与冷却速率（温度变化率）$\dfrac{\mathrm{d}T}{\mathrm{d}t}$ 有关，其表达式为

$$\left.\frac{\mathrm{d}Q}{\mathrm{d}t}\right|_{T_2} = -mC\left.\frac{\mathrm{d}T}{\mathrm{d}t}\right|_{T_2}$$

式中，m 为铜板的质量，C 为铜板的比热容，负号表示热量向低温方向传递。由于质量容易直接测量，C 为常量，这样对铜板的散热速率的测量又转化为对低温侧铜板冷却速率的测量。铜板的冷却速率可以这样测量：在达到稳态后，移去样品，用加热铜板直接对下铜板加热，使其温度高于稳态温度 T_2（大约高出 10℃左右），再让其在环境中自然冷却，直到温度低于 T_2，测出温度在大于 T_2 到小于 T_2 区间中随时间的变化关系，描绘出 T-t 曲线，曲线在 T_2 处的斜率就是铜板在稳态温度时 T_2 下的冷却速率。

应该注意的是，这样得出的 $\dfrac{\mathrm{d}T}{\mathrm{d}t}$ 是铜板全部表面暴露于空气中的冷却速率，其散热面

积为 $2\pi R_{\mathrm{p}}^2 + 2\pi R_{\mathrm{p}} h_{\mathrm{p}}$（其中 R_{p} 和 h_{p} 分别是下铜板的半径和厚度），然而，设样品截面半径为 R，在实验中稳态传热时，铜板的上表面（面积为 πR_{p}^2）是被样品全部（$R=R_{\mathrm{p}}$）或部分（$R<R_{\mathrm{p}}$）覆盖的，由于物体的散热速率与它们的面积成正比，所以稳态时，铜板散热速率的表达式应修正为：

若 $R = R_{\mathrm{p}}$，则
$$\frac{\mathrm{d}Q}{\mathrm{d}t} = - mc \frac{\mathrm{d}T}{\mathrm{d}t} \cdot \frac{\pi R_{\mathrm{p}}^2 + 2\pi R_{\mathrm{p}} h_{\mathrm{p}}}{2\pi R_{\mathrm{p}}^2 + 2\pi R_{\mathrm{p}} h_{\mathrm{p}}} \tag{1}$$

若 $R < R_{\mathrm{p}}$，则
$$\frac{\mathrm{d}Q}{\mathrm{d}t} = - mc \frac{\mathrm{d}T}{\mathrm{d}t} \cdot \frac{2\pi R_{\mathrm{p}}^2 - \pi R^2 + 2\pi R_{\mathrm{p}} h_{\mathrm{p}}}{2\pi R_{\mathrm{p}}^2 + 2\pi R_{\mathrm{p}} h_{\mathrm{p}}} \tag{1'}$$

将式（1）或式（1'）代入热传导定律表达式，考虑到 $\mathrm{d}s = \pi R^2$，可以得到导热系数：

$$\lambda = - mc \frac{2h_{\mathrm{p}} + R_{\mathrm{p}}}{2h_{\mathrm{p}} + 2R_{\mathrm{p}}} \cdot \frac{1}{\pi R^2} \cdot \frac{h}{T_1 - T_2} \cdot \frac{\mathrm{d}T}{\mathrm{d}t}\bigg|_{T = T_2} \tag{2}$$

或
$$\lambda = - mc \frac{2R_{\mathrm{p}}^2 - R^2 + 2R_{\mathrm{p}} h_{\mathrm{p}}}{2R_{\mathrm{p}}^2 + 2R_{\mathrm{p}} h_{\mathrm{p}}} \cdot \frac{1}{\pi R^2} \cdot \frac{h}{T_1 - T_2} \cdot \frac{\mathrm{d}T}{\mathrm{d}t}\bigg|_{T = T_2} \tag{2'}$$

式中，R 为样品的半径；h 为样品的高度；m 为下铜板的质量；c 为铜的比热容；R_{p} 和 h_{p} 分别是下铜板的半径和厚度。各项均为常量或直接易测量。

用温差电偶将温度测量转化为电压测量：本实验选用铜—康铜热电偶测温度，温差为 100℃时，其温差电动势约为 4.0mV。由于热电偶冷端浸在冰水中，温度为 0℃，当温度变化范围不大时，热电偶的温差电动势 ε(mV) 与待测温度 T(℃) 的比值是一个常数。因此，在用式（2）或式（2'）计算时，也可以直接用电动势 ε 代表温度 T。

三、实验步骤

手动测量：

（1）用游标卡尺测量样品、下铜盘的几何尺寸，多次测量取平均值。其中铜板的比热容 $C = 0.385\mathrm{kJ}/(\mathrm{K} \cdot \mathrm{kg})$。

（2）设定加热温度：

1）按一下温控器面板上设定键（S），此时设定值（SV）显示屏一位数码管开始闪烁。

2）根据实验所需温度的大小，再按设定键（S）左右移动到所需设定的位置，然后通过加数键（▲）、减数键（▼）来设定好所需的加热温度。

3）设定好加热温度后，等待 8s 后返回至正常显示状态。

（3）先放置好待测样品及下铜盘（散热盘），调节下圆盘托架上的三个微调螺丝，使待测样品与上、下铜盘接触良好。安置圆筒、圆盘时须使放置热电偶的洞孔与杜瓦瓶在同一侧。热电偶插入铜盘上的小孔时，要抹些硅脂，并插到洞孔底部，使热电偶测温端与铜盘接触良好，热电偶冷端插在杜瓦瓶中的冰水混合物中。

手动控温测量导热系数时，控制方式开关打到"手动"。将手动选择开关打到"高"档，根据目标温度的高低，加热一定时间后再打至"低"档。根据温度的变化情况要手动去控制"高"档或"低"档加热。然后，每隔 5min 读一下温度示值（具体时间因被测物和温度而异），如在一段时间内样品上、下表面温度 T_1、T_2 示值都不变，即可认为已达到稳定状态。

自动 PID 控温测量时，控制方式开关打到"自动"，手动选择开关打到中间一档，PID 控温表将会使发热盘的温度自动达到设定值。每隔 5min 读一下温度示值，如在一段时间内样品上、下表面温度 T_1、T_2 示值都不变，即可认为已达到稳定状态。

（4）记录稳态时 T_1、T_2 值后，移去样品，继续对下铜盘加热，当下铜盘温度比 T_2（对金属样品应为 T_3）高出 10℃ 左右时，移去圆筒，让下铜盘所有表面均暴露于空气中，使下铜盘自然冷却，每隔 30 秒读一次下铜盘的温度示值并记录，直到温度下降到 T_2（或 T_3）以下一定值。作铜盘的 T—t 冷却速率曲线，选取邻近 T_2（或 T_3）的测量数据来求出冷却速率。

（5）根据式（2）或式（2′）计算样品的导热系数 λ。

（6）本实验选用铜-康铜热电偶测温度，温差 100℃ 时，其温差电动势约 4.0mV，故应配用量程 0～20mV，并能读到 0.01mV 的数字电压表（数字电压表前端采用自稳零放大器，故无须调零）。由于热电偶冷端温度为 θ℃，对一定材料的热电偶而言，当温度变化范围不大时，其温差电动势（mV）与待测温度（0℃）的比值是一个常数。由此，在用式（2）或式（2′）计算时，可以直接以电动势值代表温度值。

四、注意事项

（1）使用前将加热盘与散热盘的表面擦干净，样品两端面擦净，可涂上少量硅油，以保证接触良好。

（2）稳态法测量时，要使温度稳定约要 40min 左右。手动测量时，为缩短时间，可先将热板电源电压打在高档，一定时间后，毫伏表读数接近目标温度对应的热电偶读数，即可将开关拨至低档，通过调节手动开关的高档、低档及断电档，使上铜盘的热电偶输出的毫伏值在 ±0.03mV 范围内。同时每隔 30s 记下上、下圆盘 A 和 P 对应的毫伏读数，待下圆盘的毫伏读数在 3min 内不变即可认为已达到稳定状态，记下此时的 V_{T1} 和 V_{T2} 值。

（3）实验过程中，若移开加热盘，应先关闭电源，移开热圆筒时，手应拿住固定轴转动，以免烫伤手。

（4）不要使样品两端划伤，以免影响实验的精度。

（5）数字电压表出现不稳定或加热时数值不变化，应先检查热电偶及各个环节的接触是否良好。

五、数据处理与分析

数据处理与分析见下列表。

数据记录表

测试项目 测试次序		1	2	3	4	5	平均值
试样盘 B	厚度 h/mm						
	直径 d/mm						
散热铜盘 P	厚度 h_p/mm						
	直径 d_p/mm						
	质量/g						

稳态时试样上下表面的温度表

试样两表面温度状态	上表面温度 T_1	下表面温度 T_2
温度单位/℃		

散热铜盘在 T_2 附近自然冷却时的温度示值表

测量次序	1	2	3	4	5	6	7	8	9	10
冷却时间/s										
温度值/℃										

六、思考题

（1）测导热系数 λ 要满足哪些条件？在实验中如何保证？

（2）测冷却速率时，为什么要在稳态温度 T_2（或 T_3）附近选值？如何计算冷却速率？

（3）讨论本实验的误差因素，并说明导热系数可能偏小的原因。

实验七　铁磁材料的磁滞回线和基本磁化曲线

一、实验目的

（1）了解磁性材料的磁滞回线和磁化曲线的概念，加深对铁磁材料的重要物理量矫顽力、剩磁和磁导率的理解。

（2）用示波器测量软磁材料（软磁铁氧体）的磁滞回线和基本磁化曲线，求该材料的饱和磁感应强度 B_m、剩磁 B_r 和矫顽力 H_c。

（3）用示波器显示硬铁磁材料（模具钢 Cr12）的交流磁滞回线，并与软磁材料进行比较。

二、实验原理

（1）铁磁物质的磁滞现象。铁磁性物质的磁化过程很复杂，这主要是由于它具有磁性的原因。一般都是通过测量磁化场的磁场强度 H 和磁感应强度 B 之间关系来研究其磁化规律的。

当铁磁物质中不存在磁化场时，H 和 B 均为零。随着磁化场 H 的增加，B 也随之增加，但两者之间不是线性关系。当 H 增加到一定值时，B 不再增加或增加的十分缓慢，这说明该物质的磁化已达到饱和状态。H_m 和 B_m 分别为饱和时的磁场强度和磁感应强度。如果再使 H 逐步退到零，则与此同时 B 也逐渐减小。

（2）利用示波器观测铁磁材料动态磁滞回线。将样品制成闭合环状，其上均匀地绕以磁化线圈 N_1 及副线圈 N_2。交流电压 u 加在磁化线圈上，线路中串联了一取样电阻 R_1，将 R_1 两端的电压 u_1 加到示波器的 X 轴输入端上。副线圈 N_2 与电阻 R_2 和电容 C 串联成一回路，将电容 C 两端的电压 u_2 加到示波器的 Y 轴输入端，这样的电路，在示波器上可以显示和测量铁磁材料的磁滞回线。

1）磁场强度 H 的测量。设环状样品的平均周长为 l，磁化线圈的匝数为 N_1，磁化电流为交流正弦波电流 i_1，由安培回路定律 $Hl = N_1 i_1$，而 $u_1 = R_1 i_1$，所以可得

$$H = \frac{N_1 \cdot u_1}{l \cdot R_1} \tag{1}$$

式中，u_1 为取样电阻 R_1 上的电压。由式（1）可知，在已知 R_1、l、N_1 的情况下，测得 u_1 的值，即可用式（1）计算磁场强度 H 的值。

2）磁感应强度 B 的测量：

设样品的截面积为 S，根据电磁感应定律，在匝数为 N_2 的副线圈中感生电动势 E_2 为

$$E_2 = - N_2 S \frac{dB}{dt} \tag{2}$$

式中，$\frac{dB}{dt}$ 为磁感应强度 B 对时间 t 的导数。

若副线圈所接回路中的电流为 i_2，且电容 C 上的电量为 Q，则有

$$E_2 = R_2 i_2 + \frac{Q}{C} \tag{3}$$

式中，考虑到副线圈匝数不太多，因此自感电动势可忽略不计。在选定线路参数时，将 R_2 和 C 都取较大值，使电容 C 上电压降 $u_C = \frac{Q}{C} \ll R_2 i_2$，可忽略不计，于是式（3）可写为

$$E_2 = R_2 i_2 \tag{4}$$

把电流 $i_2 = \frac{dQ}{dt} = C \frac{du_C}{dt}$ 代入式（4）得

$$E_2 = R_2 C \frac{du_C}{dt} \tag{5}$$

把式（5）代入式（2）得 S

$$- N_2 S \frac{dB}{dt} = R_2 C \frac{du_C}{dt}$$

在将此式两边对时间积分时，由于 B 和 u_C 都是交变的，积分常数项为零。于是，在不考虑负号（在这里仅仅指相位差 $\pm\pi$）的情况下，磁感应强度

$$B = \frac{R_2 C u_C}{N_2 S} \tag{6}$$

式中，N_2、S、R_2 和 C 皆为常数，通过测量电容两端电压幅值 u_C 代入公式（6），可以求得材料磁感应强度 B 的值。

当磁化电流变化一个周期，示波器的光点将描绘出一条完整的磁滞回线，以后每个周

期都重复此过程，形成一个稳定的磁滞回线。

（3）B 轴（Y 轴）和 H 轴（X 轴）的校准。虽然示波器 Y 轴和 X 轴上有分度值可读数，但该分度值只是一个参考值，存在一定误差，且 X 轴和 Y 轴增益可微调会改变分度值。所以，用数字交流电压表测量正弦信号电压，并且将正弦波输入 X 轴或 Y 轴进行分度值校准是必要的。

将被测样品（铁氧体）用电阻替代，从 R_1 上将正弦信号输入 X 轴，用交流数字电压表测量 R_1 两端电压 $U_{有效}$，从而可以计算示波器该档的分度值（V/cm），见图 1。须注意：

1）数字电压表测量交流正弦信号，测得得值为有效值 $U_{有效}$。而示波器显示的该正弦信号值为正弦波电压峰-峰值 $U_{峰-峰}$。两者关系是

$$U_{峰-峰} = 2\sqrt{2} U_{有效} \tag{7}$$

2）用于校准示波器 X 轴档和 Y 轴档分度值的波形必须为正弦波，不可用失真波形。用上述方法可以对示波器 Y 轴和 X 轴的分度值进行校准。

三、实验仪器

实验仪器见图 1。

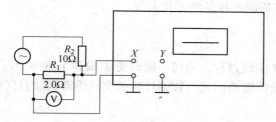

图 1　X 轴校准电路

动态磁滞回线实验仪由可调正弦信号发生器、交流数字电压表、示波器、待测样品（软磁铁氧体、硬磁 Cr12 模具钢）、电阻、电容、导线等组成。

四、实验步骤

（1）观察和测量软磁铁氧体的动态磁滞回线。

1）按要求接好电路图。

2）把示波器光点调至荧光屏中心。磁化电流从零开始，逐渐增大磁化电流，直至磁滞回线上的磁感应强度 B 达到饱和（即 H 值达到足够高时，曲线有变平坦的趋势，这一状态属饱和）。磁化电流的频率 f 取 50Hz 左右。示波器的 X 轴和 Y 轴分度值调整至适当位置，使磁滞回线的 B_m 和 H_m 值尽可能充满整个荧光屏，且图形为不失真的磁滞回线图形。

3）记录磁滞回线的顶点 B_m 和 H_m，剩磁 B_r 和矫顽力 H_c 三个读数值（以长度为单位），在作图纸上画出软磁铁氧体的近似磁滞回线。

4）对 X 轴和 Y 轴进行校准。计算软磁铁氧体的饱和磁感应强度 B_m 和相应的磁场强度 H_m、剩磁 B_r 和矫顽力 H_c。磁感应强度以 T 为单位，磁场强度以 A/m 为单位。

5）测量软磁铁氧体的基本磁化曲线。现将磁化电流慢慢从大至小，退磁至零。从零开始，由小到大测量不同磁滞回线顶点的读数值 B_i 和 H_i，用作图纸作铁氧体的基本磁化

曲线（$B-H$ 关系）及磁导率与磁感应强度关系曲线（$\mu - H$ 曲线），其中 $\mu = \dfrac{B}{H}$。

（2）观测硬磁 Cr12 模具钢（铬钢）材料的动态磁滞回线。

1）将样品换成 Cr12 模具钢硬磁材料，经退磁后，从零开始电流由小到大增加磁化电流，直至磁滞回线达到磁感应强度饱和状态。磁化电流频率约为 $f = 50\mathrm{Hz}$ 左右。调节 X 轴和 Y 轴分度值使磁滞回线为不失真图形。（注意硬磁材料交流磁滞回线与软磁材料有明显区别，硬磁材料在磁场强度较小时，交流磁滞回线为椭圆形回线，而达到饱和时为近似矩形图形，硬磁材料的直流磁滞回线和交流磁滞回线也有很大区别。

2）对 X 轴和 Y 轴进行校准，并记录相应的 B_m 和 H_m，B_r 和 H_c 值，在作图纸上近似画出硬磁材料在达到饱和状态时的交流磁滞回线。

五、数据处理与分析

铁氧体基本磁化曲线与磁滞回线的测量：测量铁氧体的基本磁化曲线时，先将样品退磁，然后从零开始不断增大电流，记录各磁滞回线顶点的 B 和 H 值，直至达到饱和。注意由于基本磁化曲线各段的斜率并不相同，一条曲线至少 20 余个实验数据点。

根据记录数据可以描画出样品的磁化曲线。

六、思考题

（1）在测量 $B-H$ 曲线过程，为何不能改变 X 轴和 Y 轴的分度值？

（2）硬磁材料的交流磁滞回线与软磁材料的交流磁滞回线有何区别？

2 材料化学专业课程内实验

2.1 高分子化学

实验一 水质稳定剂——低分子量聚丙烯酸（钠）的合成

一、实验目的

（1）掌握低分子量聚丙烯酸（钠盐）的合成方法。
（2）用端基滴定法测定聚丙烯酸的相对分子质量。

二、实验原理

聚丙烯酸是水质稳定剂的主要原料之一。

丙烯酸单体极易聚合，可以通过本体、溶液、乳液和悬浮等聚合方法得到聚丙烯酸，它符合一般的自由基聚合规律。

本实验用控制引发剂用量和应用调聚剂异丙醇，合成低分子量的聚丙烯酸，并用端基滴定法测定其相对分子质量。

三、实验仪器和试剂

四口瓶，回流冷凝管，电动搅拌器，恒温水浴，温度计，滴液漏斗，pH 值计，丙烯酸，过硫酸铵，异丙醇，氢氧化钠标准溶液。

四、实验步骤

（1）在装有搅拌器、回流冷凝管、滴液漏斗和温度计的 250mL 四颈瓶中，加 100mL 蒸馏水和 1g 过硫酸铵。待过硫酸铵溶解后，加入 5g 丙烯酸单体和 8g 异丙醇。开动搅拌器，加热使反应瓶内温度达到 65~70℃。

（2）将 40g 丙烯酸单体和 2g 过硫酸铵在 40mL 水中溶解，由滴液漏斗渐渐滴入瓶内，由于聚合过程中放热，瓶内温度有所升高，反应液逐渐回流。滴完丙烯酸和过硫酸铵溶液约 0.5h。

（3）在 94℃继续回流 1h，反应即可完成。聚丙烯酸相对分子质量约在 500~4000 之间。

（4）如要得到聚丙烯酸钠盐，在已制成的聚丙烯酸水溶液中，加入浓氢氧化钠溶液（浓度为 30%）边搅拌边进行中和，使溶液的 pH 值达到 10~12 范围内即停止，即制得聚丙烯酸钠盐。

实验二　本体聚合——有机玻璃的制造

一、实验目的

了解本体聚合的特点，掌握本体聚合的实施方法，并观察整个聚合过程中体系黏度的变化过程。

二、实验原理

本体聚合是不加其他介质，只有单体本身在引发剂或光、热等作用下进行的聚合，又称块状聚合。本体聚合的产物纯度高、工序及后处理简单，但随着聚合的进行，转化率提高，体系黏度增加，聚合热难以散发，系统的散热是关键。同时由于黏度增加，长链游离基末端被包埋，扩散困难使游离基双基终止速率大大降低，致使聚合速率急剧增加而出现所谓自动加速现象或凝胶效应，这些轻则造成体系局部过热，使聚合物分子量分布变宽，从而影响产品的机械强度；重则体系温度失控，引起爆聚。为克服这一缺点，现一般采用两段聚合：第一阶段保持较低转化率，这一阶段体系黏度较低，散热尚无困难，可在较大的反应器中进行；第二阶段转化率和黏度较大可进行薄层聚合或在特殊设计的反应器内聚合。

本实验是以甲基丙烯酯甲酯（MMA）进行本体聚合，生产有机玻璃平板。聚甲基丙烯甲酯（PMMA）由于有庞大的侧基存在，为无定形固体，具有高度透明性，比重小，有一定的耐冲击强度与良好的低温性能，是航空工业与光学仪器制造工业的重要原料。以MMA 进行本体聚合时为了解决散热，避免自动加速作用而引起的爆聚现象，以及单体转化为聚合物时由于比重不同而引起的体积收缩问题，工业上采用高温预聚合，预聚至约10%转化率的黏稠浆液，然后浇模，分段升温聚合，在低温下进一步聚合，安全度过危险期，最后脱模制得有机玻璃平板。

三、实验仪器和试剂

（1）仪器：

三角瓶/mL	50	1 只
烧杯/mL	1000	1 只
电炉/kW	1	1 只
变压器/kV	1	1 只
温度计/℃	100	1 支
量筒/mL	50、100	各 1 只
试管/mm×mm	10×70	1 支
烧杯/mL	400	1 只
制模玻璃/mm×mm	100×100	2 块
橡皮条/mm×mm×mm	3×15×80	3 根

另备玻璃纸、描图纸、胶水、试管夹、玻璃棒若干。

（2）试剂：

甲基丙烯酸甲酯（MMA）　　新鲜蒸馏　　30mL，BP = 100.5℃

过氧化二苯甲酰（BPO）　　重结晶　　0.05g

邻苯二甲酸二丁酯（DBP）　　分析纯（CP）　　2mL

四、实验步骤

（1）制模。将一定规格的两块普通玻璃板洗净烘干。用透明玻璃纸将橡皮条包好，使之不外露。将包好的橡皮条放在两块玻璃板之间的三边，用沾有胶水的描图纸把玻璃板三边封严，留出一边作灌浆用。制好的模放入烘箱内，于50℃烘干。

（2）预聚制浆。在洗净烘干的三角瓶中，加入30mL的MMA、0.05g的BPO及2mL的DBP，BPO完全溶解后，将三角瓶放入水浴中，逐步加热至90~92℃，保温（注意：聚合过程中，需不断用玻璃棒搅拌，使之均匀散热并感知浆液的黏度），当浆液黏度如甘油时，立即取出三角瓶，在盛冷水的烧杯中冷却至40℃左右，立即将预聚制浆注入模中，另取一条描图纸封住模子的最后一边。

（3）低温聚合、高温聚合。将注有浆液的模子放入50℃烘箱内低温聚合，当成柔软透明固体时，升温至100℃下继续聚合2h，使之反应完全，然后再冷却至室温。

（4）脱模。取出模子，将其放入水中浸泡少顷，撑开玻璃板，即得有机玻璃平板。

（5）爆聚。可取一部分预聚浆液倒入小试管中制成有机玻璃棒材，也可取一部分预聚浆液倒入试管中仍在90℃下加热聚合，观察自动加速作用引起的爆聚现象。

五、思考题

（1）在合成有机玻璃板时，采用预聚制浆的目的何在？

（2）合后的浆液为何要在低温下聚合，然后再升温？试用游离基聚合机理解释之。

（3）MMA单体比重为$940kg/m^3$，聚合物比重为$1190kg/m^3$，计算聚合后体积的收缩百分率。

（4）若要制得厚5mm，长20cm，宽15cm的有机玻璃平板，计算所需的单体量。

（5）在制造有机玻璃平板时，加入少量DBP，DBP起什么作用？

实验三　酚醛树脂的制备

一、实验目的

（1）学习缩聚反应的原理。

（2）掌握酚醛树脂的制备方法及反应条件对树脂性能的影响。

二、实验原理

过量的甲醛与苯酚在碱性催化剂作用下进行缩聚，生成热固性酚醛树脂，其反应可分为三个阶段，每个阶段都可从树脂的外形和它的溶解性能来区别。

甲阶（段）树脂：苯酚和甲醛反应先形成简单的酚醇。

这个酚醇混合物可能是液体、半固体或固体。可溶于碱性水溶液、酒精及丙酮等溶剂，称为可熔（溶）性酚醛树脂。

乙阶（段）树脂：将甲阶树脂继续加热就成了乙阶树脂，它是固体，在丙酮中不能溶而溶胀。酚已充分发挥其潜在的三官能团作用，热塑性较差，亦称半熔酚醛树脂。

丙阶（段）树脂：继续加热乙阶树脂生成网状结构，这种树脂为固体，不溶于有机溶剂，也不熔化，失去热塑性及可溶性，亦称不熔酚醛树脂。

本实验通过控制原料配比、草酸为催化剂及控制相应反应条件，制备酚醛树脂清漆，产物具有下述主要结构：

苯酚与甲醛的摩尔比对酚醛树脂性能的影响表

甲醛/酚 （mol）	用　　途
1.0~2.0	黏合剂
1.0~2.0	涂料
1.5~2.5	水溶性黏合剂
1.5~2.5	注型品
1.1~1.5	成形材料
1.1~1.5	层压品

三、实验仪器和试剂

回流冷凝管、搅拌器、温度计、三口烧杯、烧杯、w-o 型恒温油水浴锅、SXJQ-1 型数显直流无级调速搅拌器、苯酚 26g、37%甲醛水溶液 18.5g、草酸二水化合物 400mg、水 3mL。

四、实验步骤

（1）将本实验装置按图 1 组装。

（2）26mL 苯酚（1.38mol）、3mL 水、37%甲醛水溶液 18.5mL 以及 200mg 草酸二水

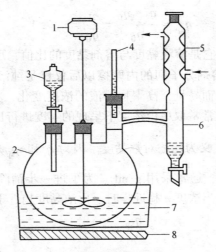

图1 酚醛树脂聚合装置

1—搅拌器；2—三口烧瓶；3—分液漏斗；4—温度计；5—冷凝管；6—共沸分离器；7—油浴；8—加热器

化合物加入三口烧瓶加热 30min。

（3）再加入 200mg 草酸二水化合物，继续回流 1h。

（4）然后加入 400mL 水，并使反应物冷却，使树脂静置 30min，将上部水层倾析出来。

2.2 高分子物理

实验一 黏度法测定高聚物相对分子质量

一、实验目的

（1）测定聚乙烯醇的相对分子质量的平均值。

（2）掌握用乌氏黏度计测定黏度的方法。

二、实验原理

在高聚物的研究中，相对分子质量是一个不可缺少的重要数据。因为它不仅反映了高聚物分子的大小，并且直接关系到高聚物的物理性能。但与一般的无机物或低分子的有机物不同，高聚物多是相对分子质量不等的混合物，因此通常测得的相对分子质量是一个平均值。高聚物相对分子质量的测定方法很多，比较起来，黏度法设备简单，操作方便，并有很好的实验精度，是常用的方法之一。

高聚物在稀溶液中的黏度是它在流动过程所存在的内摩擦的反映，这种流动过程中的内摩擦主要有：溶剂分子之间的内摩擦；高聚物分子与溶剂分子之间的内摩擦；以及高聚物分子间的内摩擦。其中溶剂分子之间内摩擦又称为纯溶剂的黏度，以 η_0 表示。三种内摩擦的总和称为高聚物溶液的黏度，以 η 表示，实践证明，在同一温度下，高聚物溶液的黏度一般要比纯溶剂的黏度大些，即有 $\eta > \eta_0$。为了比较这两种黏度，引入增比黏度的概念，以 η_{sp} 表示

$$\eta_{sp} = \frac{\eta - \eta_0}{\eta_0} = \frac{\eta}{\eta_0} = \eta_r - 1 \tag{1}$$

式中，η_r 称之为相对黏度，它是溶液黏度与溶剂黏度的比值，反映的仍是整个溶液黏度的行为，η_{sp} 则反映出扣除了溶剂分子间的内摩擦以后仅仅是纯溶剂与高聚物分子间以及高聚物分子之间的内摩擦。显而易见，高聚物溶液的浓度变化，将会影响到 η_{sp} 的大小，浓度越大，黏度也越大。为此常常取单位浓度下呈现的年度进行比较，从而引入比黏度的概念，以 $\frac{\eta_{sp}}{c}$ 表示，又 $\frac{\ln\eta_r}{c}$ 定义为比浓对数黏度。因为 η_r 和 η_{sp} 是无因次量，$\frac{\eta_{sp}}{c}$ 和 $\frac{\ln\eta_r}{c}$ 的单位是有浓度 c 的单位来定，通常采用 g/mL。为了进一步消除高聚物分子间内摩擦的作用，必须将溶液无限稀释，当浓度 c 趋近零时，比浓黏度趋近于一个极限值，即：

$$\frac{\eta_{sp}}{c} = [\eta] \tag{2}$$

$[\eta]$ 主要反映了高聚物分子与溶剂分子之间的内摩擦作用，称之为高聚物溶液的特性黏度。其数值可通过实验求得。因为根据实验，在足够稀的溶液中有：

$$\frac{\eta_{sp}}{c} = [\eta] + k[\eta]^2 c \tag{3}$$

$$\frac{\ln\eta_r}{c} = [\eta] - \beta[\eta]2c \tag{4}$$

这样以 $\frac{\eta_{sp}}{c}$ 及 $\frac{\ln\eta_r}{c}$ 对 C 作图得两根直线，这两根直线在纵坐标轴上相交于同一点（如图 1 所示）。

可求出 $[\eta]$ 数值。为了绘图方便，引进相对浓度 c'。即。其中，c 表示溶液的真实浓度，c_1 表示溶液的起始浓度，由图 1 可知，

$$[\eta] = \frac{A}{C_1}$$

式中，A 为截距。

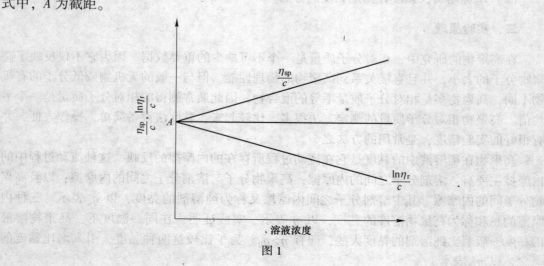

图 1

由溶液的特性黏度［η］还无法直接获得高聚物相对分子质量的数据，目前常用的由半经验的麦克（H. Mark）非线性方程求得，即

$$[\eta] = KM^{\alpha} \tag{5}$$

式中 M——高聚物相对分子质量的平均值；

K, α——常数，与温度、高聚物性质、溶剂等因素有关，可通过其他方法求得。

实验证明，α 值一般在 0.5~1 之间。聚乙烯醇的水溶液在式（5）适用于非支化的、聚合度不太低的高聚物。

由上述可以看出高聚物相对分子质量的测定最后归结为溶液特征黏度［η］的测定。而黏度的测定可以按照液体流经毛细管的速度来进行，根据泊塞勒（Poiseuille）公式

$$\eta = \frac{\pi r^4 thg\rho}{8lV} \tag{6}$$

式中 V——流经毛细管液体的体积；

r——毛细管半径；

ρ——液体密度；

l——毛细管的长度；

t——流出时间；

h——作用于毛细管中溶液上的平均液体高度，$h = 1/2(h_1 + h_2)$；

g——重力加速度。

液体在毛细管内靠液柱的重力流动，它所具有的位能，除了消耗于克服分子内摩擦的阻力外，同时使液体本身获得了动能，使实际测得的液体黏度偏低。如果液体的流速较大时，动能消耗的能量可达 20%。因此，对泊塞勒公式必须进行修正。当液体流动较慢时，动能消耗很小，可以忽略。这时对于同一黏度计来说 h、r、l、V 是常数，则式（6）有，

$$\eta = K'\rho t \tag{7}$$

考虑到通常测定是在高聚物的稀溶液下进行，溶液的密度 ρ 与纯溶剂的密度 ρ_0 可视为相等，则溶液的相对黏度就可表示为：

$$\eta_r = \eta_r = \frac{\eta}{\eta_0} = \frac{K'\rho t}{K'\rho_0 t_0} \approx \frac{t}{t_0} \tag{8}$$

由此可见，由黏法测高聚物相对分子质量，最基础的测定是 t_0、t、c，实验的成败和准确度取决于测量液体所流经的时间的准确度、配制溶液浓度的准确度和恒温槽的恒温程度，安装黏度计的垂直位置的程度以及外界的震动等因素。黏度法测定高聚物相对分子质量时，要注意的几点：

（1）溶液浓度的选择。随着溶液浓度的增加，聚合物分子链之间的距离逐渐缩短，因而分子链间作用力增大。当溶液浓度超过一定限度时，高聚物溶液的或与 c 的关系不成线性。通常选用 $\eta_r = 1.2 \sim 2.0$ 的浓度范围。

（2）溶剂的选择。高聚物的溶剂有良溶剂和不良溶剂两种。在良溶剂中，高分子线团伸展，链的末端距增大，链段密度减少，溶液的［η］值较大。在不良溶剂中则相反，并溶解很困难，在选择溶剂时，要注意考虑溶解度、价格、来源、沸点、毒性、分解性和回收等方面的因素。

（3）毛细管黏度计的选择。常用毛细管黏度计有伍氏和奥氏两种，测分子量选用伍

氏黏度计。

（4）恒温槽。温度波动直接影响溶液黏度的测定，国家规定用黏度法测定相对分子质量的恒温槽的温度波动为±0.05℃。

（5）黏度测定中异常现象的近似处理。在特性黏度测定过程中，有时并非操作不慎，而出现异常现象。在式（3）中的 k 和值与高聚物结构和形态有关，而式（4）其物理意义不太明确。因此出现异常现象时，以 k-c 曲线求 $[\eta]$ 值。

三、主要仪器及耗材

恒温槽1套，乌氏黏度计1支，秒表1块，吸耳球1个，容量瓶（100mL）1个，移液管（10mL）2支，烧杯（100mL），1个，玻璃砂漏斗（3号）1个，聚乙烯醇，乙醇。

四、实验步骤

（1）高聚物溶液的配制。称取0.5g聚乙烯醇放入100mL烧杯中，注入约60mL的蒸馏水，稍加热使溶解。待冷至室温，加入2滴乙醇（去泡剂），并移入100mL容量瓶中，加水至刻度。如果溶液中有固体杂质，用3号玻璃砂漏斗过滤后待用（不能用滤纸过滤以防纤维混入）。

（2）安装黏度计。所有黏度计必须洁净，有时微量的灰尘、油污等会产生局部的堵塞现象，影响溶液在毛细管中的流速，而导致较大的误差。所以做实验之前，应彻底洗净，放在烘箱中干燥。然后在C上端套一软胶管，并用夹子夹紧使之不漏气。调节恒温槽至25℃。把黏度计垂直放入恒温槽中，使1球完全浸没在水中，放置位置要合适，便于观察液体的流动情况。恒温槽的搅拌马达的搅拌速度应调节合适，不致产生剧烈震动，影响测定的结果。

（3）溶剂流出时间 t_0 的测定。用移液管取10mL蒸馏水由A注入黏度计中，待恒温后，利用吸耳球由B处将溶剂经毛细管吸入球2和球1中，然后除去吸耳球使管B与大气相通并打开侧管C之夹子，让溶剂依靠重力自由流下。当液面达到刻度线a时，立刻按秒表开始计时，当液面下降到刻度线b时，再按秒表，记录溶剂流经毛细管的时间 t_0。重复三次，每次相差不应超过0.2s，取其平均值。如果相差过大，则应检查毛细管有无堵塞现象；查看恒温槽温度是否符合。

（4）溶液流出时间的测定。待 t_0 测完后，取10mL配制好的聚乙烯醇溶液加入黏度计中，用吸耳球将溶液反复抽吸至球1内几次，使混合均匀。测定 $c'=1/2$ 的流出时间 t_1，然后再一次加入10mL蒸馏水，稀释成浓度为1/3、1/4、1/5的溶液，并分别测定流出时间 t_2、t_3、t_4（每个数据重复三次，取平均值）。

实验完毕，黏度计应洗净，然后用洁净的蒸馏水浸泡或倒置使其晾干。

五、数据记录与处理

（1）将实验数据记录于下表中。

（2）作 $\eta_{sp}/c' \sim c'$ 图和 $\ln\eta_r/c' \sim c'$ 图，并外推至 $c'=0$，从截距求出 $[\eta]$ 值。

（3）由 $[\eta]=KM^{\alpha}$ 式求出聚乙烯醇的相对分子量 M_r（25℃，水为溶剂，$K=595$，$a=0.63$）。

数据记录表

溶剂			流出时间			η_r	η_{sp}	$\dfrac{\eta_{sp}}{c'}$	$\ln\eta_r$	$\dfrac{\ln\eta_r}{c'}$
			测量值		平均值					
		1	2	3						
					$t_0 =$					
溶液	$c' = 1/2$				$t_1 =$					
	$c' = 1/3$				$t_2 =$					
	$c' = 1/4$				$t_3 =$					
	$c' = 1/5$				$t_4 =$					

六、思考题

（1）特性黏度 $[\eta]$ 是怎样测定的？

（2）分析试验成功与失败的原因。

实验二　示差扫描量热法表征聚合物玻璃化转变和熔融行为

一、实验目的

（1）掌握 DSC 法测定聚合物玻璃化温度和熔点的方法。

（2）了解升温速度对玻璃化温度的影响。

（3）测出聚合物的玻璃化温度。

二、实验原理

国际热分析协会（ICTA）和国际热分析和量热学协会（ICTAC）对热分析定义为：在程序控制温度下，测量物质的物理性质与温度关系的一种技术。ICTA 将热分析技术分为 9 类（共 17 种）：

（1）测量温度与质量的关系，包括热重法（TG）、等压质量变化测定、逸出气检测（EGD）、逸出气分析（EGA）、放射热分析、热微粒分析。

（2）测量温度与温度差之间的关系，包括升温曲线测定、差热分析（DTA）。

（3）测量温度和热量之间的关系，即差示扫描量热法（DSC）。

（4）测量温度与尺寸之间的关系，即热膨胀法。

（5）测量温度与力学特性的关系，包括热机械分析法（TMA）和动态热机械法（DMA）。

（6）测量温度和声学特性之间的关系，包括热发声法和热传声法。

（7）测量温度和光学特性的关系，即热光学法。

（8）测量温度和电学特性的关系，称为热电学法。

（9）测量温度和磁学特性的关系，称为热磁学法。热分析的定义明确指出，只有在程序温度下测量的温度与物理量之间的关系才被归为热分析技术。因此，热分析仪最基本的要求是能实现程序升降温。

差示扫描量热法（Differential Scanning Calorimetry）是指在程序温度下，测量输入到被测样品和参比物的功率差与温度（或时间）关系的技术。对于不同类型的DSC，"差示"一词有不同的含义，对于功率补偿型，指的是功率差，对于热流型，指的是温度差；扫描是指程序温度的升降。热差示扫描量热仪（Differential Scanning Calorimeter，DSC）可以分为功率补偿型和热流型两种基本类型，如图1所示。

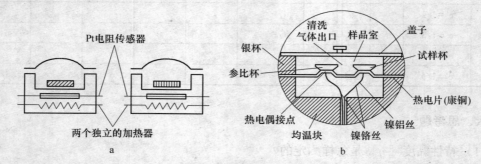

图1　热差示扫描量热仪
a—功率补偿型；b—热流型

Pyris Diamond DSC的使用温度范围为−170℃~730℃。试样和参比物分别放在两个完全独立的量热计（炉子）中，由于使用超轻的炉子，可实现更快速的可控升降温。Diamond DSC同装有Pyris软件的计算机相连，通过温度控制程序控制整台设备。通过控制软件，可以让温度从某一值线性变到另一值，以研究试样有吸放热效应的某些转变，比如熔融（melting）、玻璃化转变（glass transition）、固化转变（solid-state transition）和结晶（crystallizations）。

三、实验仪器和试剂

Pyris Diamond差示扫描量热仪、高密度聚乙烯、聚乙烯醇。

四、实验步骤

（1）制作样品。样品的质量一般称取6~10mg。由于质量很小，所以称取时要有较好的耐心及较稳的手法。在样品压制时，最好能有有使用经验的人员在场进行指导或进行示范演示。因为对压机不当的使用可能会造成不可逆损坏。压头和底座应分类存放，严禁混淆。样品压制时，一定要保证坩埚把盖子包裹住，防止在测试样品时发生泄漏，对炉子造成污染。

（2）开机。

1）打开电脑。

2）打开炉子净化气体和块净化气体的气体开关，压力都调至1.5MPa左右（先开总开关，逆时针为开，然后把压力调节阀打开，旋紧为开）；炉子净化气体流经DSC主机并从主机后部的白塑料管中排出，经常将该白塑料管侵入烧杯液体表面来观察气体的流速。通入该氮气的目的是将炉子内部的杂质和水分吹出，以保证炉子干净不受污染。

3）打开制冷机电源（先开后面开关，再开前面的开关）。

4）打开 DSC 电源（DSC 主机后部）并联机；在软件的控制面板中将"炉盖加热器"开关、"炉块保护气体"开关打开。

（3）测量样品。

1）样品信息页面。

在样品信息页面中，有些参数是非必须的，而是为了增加对 DSC 数据的描述性而设计的。通常测量时我们只填入以下的参数：

样品标示（Sample ID）：最长可输入 40 个字符，用于对样品进行标示（非必须）。

样品质量（Weight）：输入以 mg 为单位的样品质量，默认为 1.000mg（必须）。

文件名（File name）：输入数据文件名，DSC 采集到的数据将以此名保存到计算机中。默认的文件名是 QSAVE. pdid.（必须）。

路径选择（Browse）：选择默认路径以外的其他路径存放数据文件。

2）model 状态页面。

一般只需在 Set Initial Values 一栏中，设定 temperature（起始温度），根据被测样品的实际情况而定，作样品前，应对样品的性质有大概的了解，比如特征转变温度大概在什么范围，与样品皿是否发生反应，扫描过程中是否会有有毒气体逸出等。知道了样品的特征转变温度，一般在此温度前后各添加 50℃。

3）程序页面。

4）浏览程序页面。

五、数据处理与分析

在通常测试中，需要计算的一般只有峰面积（Peak Area）和玻璃化转变温度（T_g）。

玻璃化转变温度（T_g）：当物质发生玻璃化转变时，在转变前后会有比热的变化，而 DSC 对玻璃化转变的表征是通过跟踪转变过程中的比热变化实现的，因此，如果规定吸热向上，则在升温或降温扫描中出现在 DSC 热流曲线或比热曲线上向上的台阶状变化可能就是玻璃化转变过程。

六、思考题

（1）热分析技术在高分子科学中的应用？

（2）高分子玻璃化温度的影响因素？

（3）高分子熔点的影响？

2.3 高分子材料加工

实验一 热塑性塑料熔体流动速率的测定

一、实验目的

（1）了解热塑性塑料熔体流动速率的实质及其测定意义。

（2）熟悉并使用熔体流动速率测试仪。

（3）测定聚烯烃树脂的熔体流动速率。

二、实验原理

高聚物的流动性是成型加工时必须考虑的一个很重要的因素，不同的用途、不同的加工方法对高聚物的流动性有不同的要求，对选择加工温度、压力和加工时间等加工工艺参数都有实际指导意义，而且又是高分子材料的应用和开发的重要依据。

衡量高聚物的流动性指标主要有熔体流动速率、表观黏度、流动长度、可塑度、门尼黏度等多种方式。大多数的热塑性树脂都可以用它的熔体流动速率来表示其黏流态时的流动性能。而热敏性聚氯乙烯树脂通常是测定其二氯乙烷溶液的绝对黏度来表示其流动性能。热固性树脂多数是含有反应活性官能团的低聚物，常用落球黏度或滴落温度来衡量其流动性；热固性塑料的流动性，通常是用拉西格流程法测量流动长度来表示其流动性的。橡胶的加工流动性常用威廉可塑度和门尼黏度等表示。

熔体流动速率（MFR），又称熔融指数（MI），是指热塑性树脂在一定的温度、压力条件下的熔体每 10min 通过规定毛细管时的质量，其单位是 g/10min。熔体流动速率能方便的用来区别不同热塑性塑料在熔融状态时的流动性，在成型加工时，对材料的选用和成型工艺条件的确定有实用价值。对于一定结构的高聚物也可以用 MFR 来衡量其相对分子质量的高低，MFR 愈小，其相对分子质量愈大，成型工艺性能就差，反之 MFR 愈大，表示其相对分子质量愈低，成型时的流动性能就愈好，即加工性能好，但成型后所得的制品主要的物理机械性能和耐老化等性能是随 MFR 的增大而降低的。以聚乙烯为例，其相对分子质量、熔体流动速率与熔融黏度之间的关系见表1。

表1　聚乙烯相对分子质量、熔体流动速率与熔融黏度之间的关系

数均相对分子质量（$\overline{M}_n$）	熔体流动速率/g·10min^{-1}	熔融黏度（190℃）/Pa·s
19000	170	45
21000	70	110
24000	21	360
28000	6.4	1200
32000	1.8	4200
48000	0.25	30000
53000	0.005	1500000

用熔体流动速率仪测定高聚物的流动性，是在给定的剪切速率下测定其黏度参数的一种简易方法。ASTM D12138 规定了常用高聚物的测试方法，测试条件包括：温度范围为 125～300℃，负荷范围为 0.325～21.6kg（相应的压力范围为 0.046～3.04MPa）。在这样的测试范围内，MFR 值在 0.15～25 之间的测量是可信的。

熔体流动速率 MFR 的计算公式为：

$$MFR = \frac{600 \times W}{t} \tag{1}$$

式中　MFR——熔体流动速率，g/10min；

W——样条段质量（算数平均值），g；

t——切割样条段所需时间，s。

测定不同结构的树脂熔体流动速率，所选的测试温度、负荷压强、试样的用量以及试验时取样的时间等有所不同。我国目前常用的标准见表 2 和表 3 所示。

表 2　部分树脂测量 MFR 的标准实验条件

树脂名称	标准口模内径/mm	实验温度/℃	压力/MPa	负荷/kg
PE	2.095	190	0.304	2.160
PP	2.095	230	0.304	2.160
PS	2.095	190	0.703	5.000
PC	2.095	300	0.169	1.200
POM	2.095	190	0.304	2.160
ABS	2.095	200	0.703	5.000
PA	2.095	230, 275	0.304, 0.046	2.160, 0.325

熔体流动速率是在标准仪器上测定的，该仪器实质是毛细管式塑性挤出器。MFR 值是在低剪切速率 $(2\sim50)\,s^{-1}$ 下获得的，因此不存在广泛的应力—应变关系，不能用来研究熔体黏度与温度、黏度与剪切速率的依赖关系，仅能作为比较同类结构的高聚物的分子量或熔体黏度的相对值。

表 3　MFR 与试样用量和实验取样时间的关系

MFR/g·10min^{-1}	试样用量/g	取样时间/s
0.1~0.5	3~4	240
0.5~1.0	3~4	120
1.0~3.5	4~5	60
3.5~10.0	6~8	30
10.0~25.0	6~8	10

三、实验仪器和试剂

SRSY1 熔体流动速率仪（见图 1），精密扭力天平，盘架天平，计时器，PP、HDPE（可以是颗粒或粉料等。也可选用 PS、PC、ABS、PA、POM 等）。

四、实验步骤

（1）熟悉熔体流动速率仪，检查仪器是否水平，料筒、活塞杆、毛细管口模是否清洁。

（2）样品准备，干燥 PP 或 HDPE 树脂，常用红外线灯照烘。

（3）样品称量，按被测样品的牌号而确定称取试样的重量，用盘架天平称量。

（4）开启电源，指示灯亮，表示仪器通电。

（5）开启升温开关，设定控温值，本实验测定PP 的熔体流动速率的定值温度是 230℃，直到控制到所需的温度为止。

（6）将料筒、毛细管口模装好和活塞杆一同置于炉体中，恒温 10~15min。

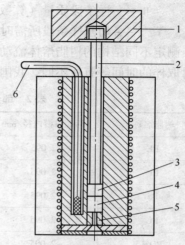

（7）待温度平衡后，取出活塞杆，往料筒内倒入称量好的 PP 树脂，然后用活塞杆把树脂压实，尽可能减少空隙、去除样品中的空气，最后在活塞杆上固定好导套。

（8）预热 5min 后，在活塞杆的顶部装上选定的负荷砝码，测定 PP 时选用 2.160kg 负荷砝码。当砝码装上后，熔化的试样即从出料口小孔挤出。切去开始挤出的约 15cm 左右料头（可能含有气泡的一段），然后开始计时，每隔 60s 切去一个料段，连续切去五个料段（含有泡的料段应弃去）。

图 1 熔体流动速率仪的结构示意
1—砝码；2—活塞杆；3—活塞；
4—料筒；5—标准毛细管；6—温度计

（9）对每个样品应平行测定两次，从取样数据中分别求出其 MFR 值，以算数平均值作为该树脂样品的熔体流动速率。若两次测定之间或同一次的各段之间的重量差别较大时应找出原因。

（10）测试完毕，挤出料筒内余料，趁热将料筒、活塞杆和毛细管口模用软布清洗干净，不允许挤出系统各部件有树脂熔体的残余黏附现象。

（11）清理后切断电源。

五、数据记录与处理

将每次测试所取得的 5 个无气泡的切割段分别在精密扭力天平上称重，精确到0.0001g，取算术平均值，计算熔体流动速率。几个切割段质量的最大值与最小值之差不得超过平均值的 10%。

六、注意事项

（1）料筒、压料活塞杆和毛细管口模等部件尺寸精密，光洁度高，故实验时始终要小心谨慎，严禁落地及碰撞等导致弯曲变形；清洗时切忌强力，以防擦伤。

（2）实验和清洁时要戴手套，防止烫伤。

（3）实验结束，挤出余料时，动作从轻，切忌以强力施加砝码之上，防止仪器的损坏。

实验二　热塑性塑料注射成型

一、实验目的

（1）了解柱塞式和移动螺杆式注射机的结构特点及操作程序。

（2）掌握热塑性塑料注射成型的实验技能及标准测试样条的制作方法。

（3）掌握注射成型工艺条件的确定及其与注射制品质量的关系。

二、实验原理

（一）注射过程原理

注射成型是高分子材料成型加工中一种重要的方法，应用十分广泛，几乎所有的热塑性塑料及多种热固性塑料都可以用此法成型。热塑性塑料的注射成型又称注塑，是将粒状或粉状塑料加入到注射机的料筒，经加热熔化呈流动状态，然后在注射机的柱塞或移动螺杆快速而又连续的压力下，从料筒前端的喷嘴中以很高的压力和很快的速度注入到闭合的模具内。充满模腔的熔体在受压的情况下，经冷却固化后开模得到与模具型腔相应的制品。

注射成型机主要的有柱塞式和移动螺杆式两种，以后者为常用。不同类型的注射机的动作程序不完全相同，但塑料的注射成型原理及过程是相同的。

本实验是以聚丙烯为例，采用移动螺杆式注射机的注射成型。热塑性塑料的注射过程包括加料、塑化、注射充模、冷却固化和脱模等几个工序。

（1）合模与锁紧。注射成型的周期一般是以合模为起始点。动模前移，快速闭合。在与定模将要接触时，依靠合模系统的自动切换成低压，提供试合模压力、低速；最后切换成高压将模具合紧。

（2）注射充模。模具闭合后，注射机机身前移使喷嘴与模具贴合。油压推动与油缸活塞杆相连接的螺杆前进，将螺杆头部前面已均匀塑化的物料以一定的压力和速度注射入模腔，直到熔体充满模腔为止。

熔体充模顺利与否，取决于注射压力和速度，熔体的温度和模具的温度等。这些参数决定于熔体的黏度和流动特性。注射压力是为了使熔体克服料筒、喷嘴、浇注系统和模腔等处的阻力，以一定的速度注射入模；一旦充满，模腔内压迅速到达最大值，充模速度则迅速下降。模腔内物料受压紧，密实，符合成型制品的要求。注射压力的过高或过低，造成充模的过量或不足，将影响制品的外观质量和材料的大分子取向程度。注射速度影响熔体填充模腔时的流动状态。速度快，充模时间短，熔体温差小，制品密度均匀，熔接强度高，尺寸稳定性好，外观质量好；反之，若速度慢，充模时间长，由于熔体流动过程的剪切作用使大分子取向程度大，制品各向异性。

（3）保压。熔体后注入模腔后，由于模具的低温冷却作用，是模腔内的熔体产生收缩。为了保证注射制品的致密性、尺寸精度和强度，必须使注射系统对模具施加一定的压力（螺杆对熔体保持一定压力），对模腔塑件进行补塑，直到浇注系统的塑料冻结为止。

保压过程包括控制保压压力和保压时间的过程，它们均影响制品的质量。保压压力可以等于或低于充模压力，其大小以达到补塑增密为宜。保压时间以压力保持到浇口凝封时为好。若保压时间不足，模腔内的物料会倒流，制品缺料；若时间过长或压力过大，充模量过多，将使制品的浇口附近的内应力增大，制品易开裂。

（4）制品的冷却和预塑化。当模具浇注系统内的熔体冻结到其失去从浇口回流可能性时，即浇口封闭时，就可卸去保压压力，使制品在模内充分冷却定型。其间主要控制冷却的温度和时间。

在冷却的同时，螺杆转动装置开始工作，带动螺杆转动，使料斗内的塑料经螺杆向前输送，并在料筒的外加热和螺杆剪切作用下使其熔融塑化。物料由螺杆运到料筒前端，并产生一定压力。在此压力作用下螺杆在旋转的同时向后移动，当后移到一定距离，料筒前端的熔体达到下次注射量时，螺杆停止转动和后移，准备下一次注射。

预塑化是要求得到定量的、均匀塑化的塑料熔体。塑料塑化质量与料筒的外加热、摩擦热、剪切作用及塑化压力（螺杆背压）有关。塑料的预塑化与模具内制品的冷却定型是同时进行的，但预塑时间必定小于制品的冷却时间。

（5）脱模。模腔内的制品冷却定型后，合模装置即开启模具，并自动顶落制品。

（二）注射成型工艺条件

注射成型工艺的核心问题是要求得到塑化良好的塑料熔体并把它顺利注射到模具中去，在控制的条件下冷却定型，最终得到合乎质量要求的制品。因此，注射最重要的工艺条件是影响塑化流动和冷却的温度、压力和相应的各个作用时间。

（1）温度。注射成型过程需要控制的温度包括料筒温度、喷嘴温度和模具温度。前两者关系到塑料的塑化和流动，后者关系到塑料的成型。

1）料筒温度。选定料筒温度时，主要考虑保证塑料塑化良好，能顺利完成注射而又不引起塑料的局部降温。料温的高低，主要决定于塑料的性质，必须把塑料加热到黏流温度（T_f）或熔点（T_m）以上，但必须低于其分解温度（T_d）。

料温对注射成型工艺过程及制品的物理机械性能有密切关系。随着料温升高，熔体黏度下降，料筒、喷嘴、喷嘴、模具的浇注系统的压力减小，塑料在模具中流程就长，从而改善了成型工艺性能，注射速度大，塑化时间和充模时间缩短，生产率上升。若料温太高，易引起塑料热降解，制品物理机械性能降低。而料温太低，则容易造成制品缺料，表面无光，有熔接痕等，且生产周期长，劳动生产率降低。

在决定料温时，必须考虑塑料在料筒内的停留时间，这对热敏性塑料尤其重要，随着温度升高物料在料筒内的停留时间应缩短。

料温的选择要考虑制品及模具的特点。薄壁制品，料流通道小，阻力大，容易冷却而流动性降低，应适当提高料温改善充模条件。相反的，对厚壁制品，则可用较低的料温。对外形复杂的或带有嵌件的制品，因料流路线长而曲折、阻力大，易冷却而丧失流动性，料温也应提高一些。

料筒温度通常从料斗一侧起至喷嘴分段控制，由低到高，以利于塑料逐步塑化。各段之间的温差约为 30~50℃。

2）喷嘴温度。塑料在注射时以高速度通过喷嘴的细孔的，有一定的摩擦热产生，为了防止塑料熔体在喷嘴可能发生"流涎现象"，通常喷嘴温度略低于料筒的最高温度。

3）模具温度。模具温度不但影响塑料充模时的流动行为，而且影响制品的物理机械性能和表观质量。

结晶形塑料注射入模型后，将发生相转变，冷却速率将影响塑料的结晶速率。缓冷，即模温高，结晶速率大，有利于结晶，能提高制品的密度和结晶度，制品成型收缩性较大，刚度大，大多数力学性能较高，但伸长率和冲击强度下降。骤冷所得制品的结晶度下降，韧性较好。但骤冷不利于大分子的松弛过程，分子取向作用和内应力较大。中速冷塑料的结晶和取向较适中，是常用的条件。

无定型塑料注射入模时，不发生相转变，模温的高低主要影响熔体的黏度和充模速率。在顺利充模的情况下，较低的模温可以缩短冷却时间，提高成型效率。所以对于熔融黏度较低的塑料，一般选择较低的模温，反之，必须选择较高模温。选用低模温，虽然可加快冷却，有利提高生产效率，但过低的模温可能使浇口过早凝封，引起缺料和充模不全。

（2）压力。注射过程中的压力包括塑化压力（背压）和注射压力，是影响塑料塑化、充模成型的重要因素。

1）塑化压力（背压）。预塑化时，塑料随螺杆旋转，塑化后堆积在料筒的前部，螺杆的端部塑料熔体产生一定压力，称为塑化压力，或称螺杆的背压，其大小可通过注射机油缸的回油背压阀来调整。

螺杆的背压影响预塑化效果。提高背压，物料受到剪切作用增加，熔体温度升高，塑化均匀性好，但塑化量降低，螺杆转速低则延长预塑化时间。

螺杆在较低背压和转速下塑化时，螺杆输送计量的精确度提高。对于热稳定性差或熔融黏度高的塑料应选择转速低些；对于热稳定性差或熔体黏度低的则选择较低的背压。螺杆的背压一般为注射压力的 $5\% \sim 20\%$。

2）注射压力。注射压力的作用是克服塑料在料筒、喷嘴及浇注系统和型腔中流动时的阻力，给予塑料熔体足够的充模速率，能对熔体进行压实，以确保注射制品的质量。注射压力的大小取决于模具和制件的结构、塑料的品种以及注射工艺条件等。

塑料注射过程中的流动阻力决定于塑料的摩擦因数和熔融黏度，两者越大，所要求的注射压力越高。而同一种塑料的摩擦因数和熔融黏度是随料筒温度和模具温度而变动的，所以在注射过程中注射压力与塑料温度实际上是相互制约的。料温高时注射压力减小；反之，所需注射压力加大。

通常对玻璃化温度高、黏度大的塑料，制品形状复杂，浇口尺寸小，流道长，薄壁制品的模具结构宜选用高速高压的注射。制品中内应力随注射压力的增加而加大，所以采用较高压力注射的制品进行退火处理尤为重要。

3）时间。完成一次注射成型周期，它包括注射（充模、保压）时间、冷却（加料、预塑化）时间及其他辅助（开模、脱模、嵌件安放、闭模）时间。

注射时间中的充模时间主要与充模速度有关。保压时间依赖于料温、模温以及主流道和浇口的大小，对制品尺寸的准确性有较大影响，保压时间不够，浇口未凝封，熔料会倒流，使模内压力下降，会使制品出现凹陷、缩孔等现象。冷却时间取决于制品的厚度、塑料的热性能、结晶性能以及模具温度等。冷却时间以保证制品脱模时不变形绕曲，而时间又较短为原则。成型过程中应尽可能地缩短其他辅助时间，以提高生产效率。

热塑性塑料的注射成型，主要是一个物理过程，但高聚物在热和力的作用下难免发生某些化学变化。注射成型应选择合理的设备和模具设计，制订合理的工艺条件，以使化学变化减少到最小的程度。

三、设备仪器与原料

（一）设备仪器

（1）BOY 22S 移动螺杆式塑料注射机。移动螺杆式塑料注射成型机主要有包括注射装置、锁模装置、液压传动系统和电路控制系统。

（2）注射模具。

（3）温度计、秒表、卡尺等。

（二）原料

PP、HDPE，颗粒状塑料等。也可以选用 PS、ABS、PA、POM 等。

四、实验步骤

（1）原料准备，干燥 PP 或 HDPE 树脂。一般干燥条件是：烘箱温度为 80℃，时间 3~4h，若温度为 90℃，则仅需 2~3h。实际上，干燥处理的温度越低越好，但时间却需要更久。干燥的原则是控制塑料含水率低于 0.1%。

（2）详细观察、了解注射机的结构，工作原理，安全操作等。

（3）拟定各项成型工艺条件。

（4）安装模具并进行试模。

（5）注射机开车。接通电源，进行空车、空负荷运转几次。

（6）设定各项成型工艺条件，对料筒进行加热，达到预定温度后，稳定 30min。

（7）注射成型操作，按照以下预定程序进行操作：

1）闭模及低压模。由行程开关切换实现慢速—快速—低压慢速—充压的闭模式过程。

2）注射机机座前进后退及高压闭紧。

3）注射充模。

4）保压。

5）加料预塑。可选择固定加料或前加料等不同方式。

6）开模。由行程开关切换实现慢速—快速—慢速—停止的启模过程。

7）取出制品。

（8）重复上述操作程序，在不同保压时间和冷却时间下注射制品。

（9）测定制品的成型收缩率，测试注射样品的力学性能。

五、数据处理

测量注射模腔内的单位长度 L_1，测量注射样品在温室下放置 24h 后的单向长度 L_2 按下式计算成型收缩率：

$$收缩率(\%) = \frac{L_1 - L_2}{L_1} \times 100$$

六、注意事项

（1）根据实验的要求可选用点动、手动、半自动、全自动等操作方式，选择开关设在控制箱内。

1）点动：适宜调整模具，选用慢速点动操作，以保证校模操作的安全性（料筒必须没有塑化的冷料存在）。

2）手动：选择开关在"手动"位置，调整注射和保压时间继电器，关上安全门。每揿一个按钮，就相当完成一个动作，必须按顺序一个动作做完才能揿另一个动作按钮。手动操作一般是在试车、试制、校模时选用。

3）半自动：将选择开关转至"半自动"位置，关好安全门，则各种动作会按工艺程序自动进行。即依次完成闭模、稳压、注射座前进、注射、保压、预塑（螺杆转动并后退）、注射座后退、冷却、启模和制品顶出。开安全门，取出制品。

4）全自动：将选择开关转至"全自动"位置，关上安全门，则机器会自行按照工艺程序工作，最后由顶出杆顶出制品。由于光电管的作用，各个动作周而复始，无须打开安全门，但要求模具有完全可靠的自动脱模装置。

（2）在行驶操作时，须把限位开关及时间继电器调整到相位的位置上。

（3）未经实验室工作人员许可，不得操作注射机或任意动注射机控制仪表上的按钮和开关。

（4）金属工具不得接触模具型腔。

实验三　塑料管材挤出成型实验

一、实验目的

（1）了解塑料管材挤出成型工艺过程。

（2）认识挤出机及管材挤出辅机的结构和加工原理。

（3）加深理解挤出工艺控制原理并掌握其控制方法。

（4）掌握塑料管材的性能检测方法。

二、实验原理

管材是塑料挤出制品中的主要品种，有硬管和软管之分。用来挤管的塑料品种很多，主要有聚氯乙烯、聚乙烯、聚丙烯、聚苯乙烯、尼龙、ABS 和聚碳酸酯等。本实验是硬聚氯乙烯（PVC）管材的挤出。

PVC 塑料自料斗加入到挤出机，经挤出机的固体输送、压缩熔融和熔体输送由均化段出来塑化的均匀塑料，先后经过过滤网、粗滤器而达分流器，并为分流器支架分为若干支流，离开分流器支架后再重新汇合起来，进入管芯口模间的环形通道，最后通过口模到挤出机外而形成管子，经过定径套定径和初步冷却，再进入具有喷淋装置的冷却水箱，进一步冷却成为具有一定口径的管材，最后经由牵引装置引出并根据规定的长度要求而切割得到所需的制品。

管材挤出装置由挤出机、机头口模、定型装置、冷却水槽、牵引及切割装置等组成，其中挤出机的机头口模和定型装置是管材挤出的关键部件。

机头是挤出管材的成型部件，大体上可分直通式、直角式和偏移式三种，其中用得最多的是直通式机头，机头包括分流器及其支架、管芯、口模和调节螺钉等几个部分。

分流器又称鱼雷头，黏流态塑料经过粗滤板而达分流器，塑料流体逐渐形成环形，并使料层变薄，有利于塑料的进一步均匀塑化。分流器支架的作用是支撑分流器及管芯。

管芯是挤出的管材内表面的成型部件，一般为流线型，以便黏流态塑料的流动。管芯通常是在分流器支架处与分流器连接。黏流态塑料经过分流器支架后进入管芯与口模之间，管芯经过一定的收缩成为平直的料道。

在管材挤出过程中，机头压缩比表示黏流态塑料被压缩程度。机头压缩比是分流器支架出口处流道环形面积与口模及管芯之间的环形截面积之比。压缩比太小不能保证挤出管材的密实，也不利于消除分流筋所造成的接痕；压缩比太大则料流阻力增加。机头压缩比一般在 3~10 的范围内。

口模的平直部分与管芯的平直部分构成管子的成型部件，这个部分的长短影响管材的质量。增加平直部分的长度，增大料流阻力，使管材致密，又可使料流稳定，均匀挤出，消除螺杆旋转给料流造成的旋转运动，但如果平直部分过长，则阻力过大，挤出的管材表面粗糙。一般口模的平直部分长度为内径的 2~6 倍。

管材的内外径应分别等于管芯的外径和口模的内径，但实际上从口模出来的管材由于牵引和冷却收缩等因素，将使管子的截面缩小一些；另一方面，在管材离开口模后，压力降低，塑料因弹性恢复而膨胀。挤出管子的收缩及膨胀的大小与塑料性质、离开口模前后的温度、压力及牵引速度有关，管材最终的尺寸必须通过定径套冷却定型和牵引速度的调节而确定。

管材挤出后，温度仍然很高，为了得到正确的尺寸和几何形状以及表面光洁的管子，应立即进行定径和冷却，以使其定型。

硬聚氯乙烯管的定径可用定径套来定型，定型方式有定外径和定内径两种。本实验采用抽真空的方法进行外进径定型真空定径装置，定型时在定径套上抽真空使挤出管子的外壁与定径套的内壁紧密贴合。

经过定径后的管子进入喷淋水箱进一步冷却。冷却装置应有足够的长度，一般在 1.5~6m 之间。

牵引的作用是均匀地引出管子并适当地调节管子的厚度。为克服管材挤出胀大及控制管径，生产上一般使牵引速度比挤管速度大 1%~10%，并要求牵引装置能在较大范围内无级调速，且要求牵引速度均匀平稳，无跳动，否则会引起管子表面出现波纹、管壁厚度不均匀的现象。

当管子递送到预定长度后，即可用切割装置将管子切断。

三、实验仪器和试剂

SJ-45-25E 单螺杆挤出机，直通式管材机头口模（如图 1 所示），外径定径装置，真空泵，喷淋水箱，牵引装置，切割装置，卡尺、秒表等。Zwick/Z020 万能材料试验机。

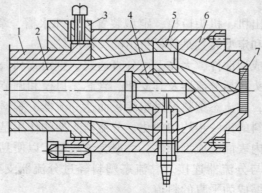

图 1　直通式管材机头
1—口模；2—芯模；3—调节螺栓；4—分流器；5—芯模支架；6—模体；7—栅板

下列指导性实验配方，学生可自行设计配方。

PVC 树脂（SW-1000）	100
邻苯二甲酸二辛酯（DOP）	0~5
三盐基性硫酸铅	3
二盐基亚磷酸铅	2
硬脂酸钡	1.5
硬脂酸钙	1.0
石蜡	0.5
轻质碳酸钙	5
着色剂	适量

此配方为制备 PVC 硬管。

四、实验步骤

（1）原材料准备。按配方参看实验 5 "硬聚氯乙烯的成型加工"制成 PVC 粒状塑料。

（2）详细观察、了解挤出机和挤管辅机的结构，工作原理，操作规程等。

（3）根据实验原料硬 PVC 的特性，初步拟定挤出机各段加热温度及螺杆转速。

（4）安装磨具及管材辅机。

（5）测量挤出口模的内径和管芯的外径及定径装置尺寸。

（6）按照挤出机的操作规程，接通电源，对挤出机和机头口模加热。

（7）当挤出机各部分达到设定温度后，再保温 30min。检查机头各部分的衔接、螺栓，并趁热拧紧。机头口模环形间隙中心要求严格调正。

（8）开动挤出机，由料斗加入硬 PVC 塑料粒子，同时注意主机电流表、温度表和螺杆转速是否稳定。

（9）待熔体挤出口模后，用一根同种材料、相同尺寸的管材与挤出的管坯黏结在一起，经拉伸使管坯变细引入定径装置。

（10）启动定径装置的真空泵，调节真空度在 -0.045~-0.08MPa。

（11）开启喷淋水箱的冷却水，将管材通过喷淋水箱。

（12）开动牵引装置，将管材引入履带夹持器。调节牵引速度使之与挤出速度相配合。

（13）根据对挤出管材的规格要求，对各工艺参数进行相应的调整，直至管材正常挤出。

（14）待正常挤出并稳定 10~20min 后，用切割装置截取一段 50mm 的管材。间隔 10min，重复截取两段同样尺寸的管材。

（15）实验完毕，挤出内存料，趁热清理机头和多孔板的残留塑料。

（16）测量所截取管材的外径和内径、同一截面的最大壁厚和最小壁厚，计算管材拉伸比 L、管材壁厚偏差 δ。

（17）取截取的 50mm 管材，要求两端截面与轴线垂直，在 20℃的环境中放置 4h 以上，在材料试验机上进行扁平试验。

五、数据处理

（1）塑料管材拉伸比计算：

$$L = \frac{(D_2 - D_1)^2}{(d_2 - d_1)^2}$$

式中　L——塑料管拉伸比；

　　D_2——口模的内径，mm；

　　D_1——管芯的外径，mm；

　　d_2——塑料管外径，mm；

　　d_1——塑料管内径，mm。

（2）塑料管材壁厚偏差计算：

$$\delta = \frac{(\delta_1 - \delta_2)^2}{\delta_1} \times 100$$

式中　δ——管材壁厚度偏差，%；

　　δ_1——管材同一截面最大壁厚，mm；

　　δ_2——管材同一截面最小壁厚，mm。

（3）扁平试验

将管材试样水平放入试验机的两个平行压板间，以 10~25mm/min 的速度压缩试样，试样被压缩至外径的 1/2 距离时停止，用肉眼观察试样有无裂缝及破裂现象，无此类现象为合格。

六、注意事项

（1）开动挤出机时，螺杆转速要逐步上升，进料后密切注意主机电流，若发现电流突增应立即停机检查原因。

（2）PVC 是热敏性塑料，若停机时间长，必须将料筒内的物料全部挤出，以免物料在高温下停留时间过长发生热降解。

（3）清理机头口模时，只能用铜刀或压缩空气，多孔板可火烧清理。

（4）本实验辅机较多，实验时可数人合作操作。操作时分工负责，协调配合。

实验四　塑料洛氏硬度实验

一、实验目的

（1）学会测量塑料硬度。

（2）掌握洛氏硬度计的使用方法。

二、实验原理

塑料材料抵抗其他较硬物体压入的性能，称为塑料硬度。硬度之大小是塑料软硬程度的有条件性的定量反应。

洛氏硬度计是由 S. P. 洛克威尔（Stanley P. Rockwell）于 1919 年发明。他是一位新英格兰冶金学家。

洛氏硬度试验是以初负荷作用于钢球压头或贝雷尔金刚石压头所呈现的压入深度为基准，测量再经总负荷作用并卸出到只剩有初负荷的状态下钢球所产生的附加深度。见下图。

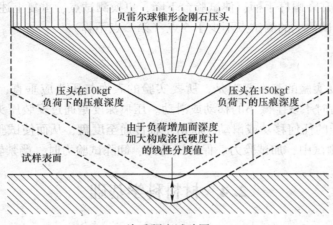

洛氏硬度试验图

首先施加初负荷，并在洛氏硬度计的度盘上确定参考点或规定位置，然后施加总负荷，在不移动被测的试样情况下，卸去主负荷后，洛氏硬度值就会自动地在度盘上示出，每压入 0.002mm 为一个塑料洛氏硬度单位。

洛氏硬度试验公式：

$$HRE(L,M,R) = 130 - \frac{e}{0.002}$$

三、实验仪器

洛氏硬度计，聚丙烯标准试样一块（40mm×40mm×4mm）。

四、实验步骤

（1）将硬度计接上电源，打开船形开关，指示灯亮。

（2）选择好负荷、保荷时间，安装球压头。

（3）将试样平稳地放在工作台上。

（4）转动手轮使工作台缓缓上升，试样与压头接触，直至硬度计百分表小指针从黑点移到红点，与此同时长指针转过三圈垂直指向"30"处，此时以施加了 98.07N 初试验力，长指针偏移不得超过 5 个分度值，若超过此范围不得倒转，改换测点位置重做。

（5）转动硬度计表盘，是指针对准"30"位置。

（6）按启动按钮，电机开始运转，自动加主试验力，指示照明灯熄灭。

（7）当总试验力保持时，蜂鸣器发出"嘟""嘟"声响，塑料洛氏硬度测试的总试验力保持时间为 15s。

（8）总试验力保持时间到，电机转动，自动卸除主试验力，指示照明灯亮。

（9）再等 15s，蜂鸣器声响，立即读取长指针指向的数值。

（10）塑料洛氏硬度示值的读数，应分别记录加主试验力后长指针通过"0"点的次数及卸除主试验力后长指针通过"0"点的次数并加减，按下面方法读取硬度示值：1）差值是零，标尺读数加 100 为硬度值；2）差值是 1，标尺读数即为硬度值；3）差值是 2，标尺读数减 100 为硬度值。

（11）复旋转升降螺杆手柄，使试验台下降，更换测试点，重复上述操作。

（12）在每个试件上的测试点不少于 5 点（第一点不算）。

五、注意事项

（1）洛氏硬度实验的基本要求是，所要实验的表面与压头应垂直，同时所要试验的试样在施加主负荷时不发生微小的移动或滑动。压痕深度是通过安装压头的主轴位移来测量的。因此，试样的任何移功或滑动，将由主轴传递至度盘，从而使试验产生误差。

（2）在硬度测试中，加试验力、保持试验力、卸除试验力时，严禁转动变荷手轮。

2.4　材料科学基础

实验一　固相反应

一、实验目的

固相反应是材料制备中一个重要的高温动力学过程，固体之间能否进行反应、反应完成的程度、反应过程的控制等直接影响材料的显微结构，并最终决定材料的性质，因此，研究固体之间反应的机理及动力学规律，对传统和新型无机非金属材料的生产有重要的意义。

本实验的目的：

（1）掌握 TG 法的原理，熟悉采用 TG 法研究固相反应的方法。

（2）通过 Na_2CO_3-SiO_2 系统的反应验证固相反应的动力学规律：杨德方程。

（3）通过作图计算出反应的速度常数和反应的表观活化能。

二、实验原理

固体材料在高温下加热时，因其中的某些组分分解逸出或固体与周围介质中的某些物质作用使固体物系的重量发生变化，如盐类的分解、含水矿物的脱水、有机质的燃烧等会使物系重量减轻，高温氧化、反应烧结等则会使物系重量增加。热重分析法（thermogravimetry，简称 TG 法）及微商热重法（derivative thermogravimetry，简称 DTG 法）就是在程序控制温度下测量物质的重量（质量）与温度关系的一种分析技术。所得到的曲线称为 TG 曲线（即热重曲线），TG 曲线以质量为纵坐标，以温度或时间为横坐标。微商热重法所记录的是 TG 曲线对温度或时间的一阶导数，所得的曲线称为 DTG 曲线。现在的热重分析仪常与微分装置联用，可同时得到 TG-DTG 曲线。通过测量物系质量随温度或时间的变化来揭示或间接揭示固体物系反应的机理和/或反应动力学规律。

固体物质中的质点，在高于绝对零度的温度下总是在其平衡位置附近作谐振动。温度升高时，振幅增大。当温度足够高时，晶格中的质点就会脱离晶格平衡位置，与周围其他质点产生换位作用，在单元系统中表现为烧结，在二元或多元系统则可能有新的化合物出现。这种没有液相或气相参与，由固体物质之间直接作用所发生的反应称为纯固相反应。实际生产过程中所发生的固相反应，往往有液相和/或气相参与，这就是所谓的广义固相反应，即由固体反应物出发，在高温下经过一系列物理化学变化而生成固体产物的过程。

固相反应属于非均相反应，描述其动力学规律的方程通常采用转化率 G（已反应的反应物量与反应物原始重量的比值）与反应时间 t 之间的积分或微分关系来表示。

测量固相反应速率，可以通过 TG 法（适应于反应中有重量变化的系统）、量气法（适应于有气体产物逸出的系统）等方法来实现。本实验通过失重法来考察 Na_2CO_3-SiO_2 系统的固相反应，并对其动力学规律进行验证。

Na_2CO_3-SiO_2 系统固相反应按下式进行：

$$Na_2CO_3 + SiO_2 \longrightarrow Na_2SiO_3 + CO_2 \uparrow$$

恒温下通过测量不同时间 t 时失去的 CO_2 的重量，可计算出 Na_2CO_3 的反应量，进而计算出其对应的转化率 G，来验证杨德方程：

$$[1 - (1 - G)^{1/3}]^2 = K_j t$$

的正确性。式中，$K_j = A\exp(-Q/RT)$ 为杨德方程的速度常数；Q 为反应的表观活化能。改变反应温度，则可通过杨德方程计算出不同温度下的 K_j 和 Q。

三、实验仪器

（一）设备仪器

（1）普通热天平（PRT-1 型热天平）。普通热天平由四个单元构成，即天平单元，加热单元，气路单元，温度控制单元。

（2）微量热天平（WRT-2 型热天平）。微量热天平由五个单元构成，即天平单元，加热单元，气路单元，温度控制单元，自动记录单元。

热天平原理见下图。

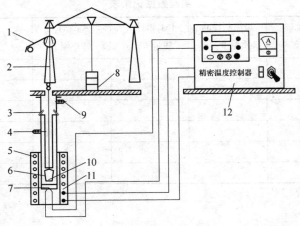

热天平原理图

1—机械减码；2—吊丝系统；3—密封管；4—进气口；5—加热丝；6—样品盘；7—热电偶；
8—光学读数；9—出气口；10—样品；11—管状电阻炉；12—温度控制与显示单元

（3）铂金坩埚一只。

（4）不锈钢镊子两把。

（二）实验原料

（1）化学纯 Na_2CO_3 一瓶。

（2）SiO_2 一瓶。

四、实验步骤

（1）样品制备。将 Na_2CO_3（化学纯）和 SiO_2（含量 99.9%）分别在玛瑙研钵中研细，过 250 目筛。

1）SiO_2 的筛下料在空气中加热至 800℃，保温 5h，Na_2CO_3 筛下料在 200℃烘箱中保温 4h。

2）把上述处理好的原料按 $Na_2CO_3:SiO_2=1:1$ 摩尔比配料，混合均匀，烘干，放入干燥器内备用。

（2）测试步骤。

1）将研磨好的样品放入坩埚中分别称量。

2）将装有样品的坩埚放入炉内，升温至 650℃（分三个组，分别在 650℃，700℃，750℃下进行固相反应）。

3）以后每隔 10min 取出样品，记录时间和重量，记录 5~10 次数据。

4）实验完毕，取出坩埚，将实验工作台物品复原。

五、数据处理与分析

以下表的方式记录实验数据，做 $[1-(1-G)^{1/3}]^2$-t 图，通过直线斜率求出反应的速度常数 K_j。通过 K_j 求出反应的表观活化能 Q。

实验数据记录表

反应时间 t/min	坩埚质量 W_1/g	坩埚与样品质量 W_2/g	CO_2 累计失质量 W_3/g	Na_2CO_3 转化率 G	$[1-(1-G)^{1/3}]^2$	K_j

六、思考题

（1）温度对固相反应速率有何影响？其他影响因素有哪些？

（2）本实验中失重规律怎样？请给予解释。

（3）影响本实验准确性的因素有哪些？

实验二 烧结温度测定

一、实验目的

（1）了解烧结的概念，烧结过程与机理以及影响烧结的因素。
（2）掌握一种测定材料烧结温度的方法。

二、实验原理

粉末材料经过机械压制、手工成型，在受热过程中坯体产生物理、化学反应，同时排出水分和气体，坯体的体积不断缩小，这种现象被称为烧结。在烧结过程中，坯体的体积不断缩小，气孔率开始不断下降，坯体的密度和机械强度逐渐上升。当坯体的气孔率达到最小，坯体的体积密度达到最大时该温度被称为该坯体的烧结温度。坯体继续受热，炉温进一步提高，则坯体开始逐渐软化，坯体中液相开始出现，这种现象被称为过烧，所对应的温度被称为过烧温度。此温度又被称为耐火度，也被称为熔融温度或软化温度。烧结温度与过烧温度之间的温度范围被称为烧结温度范围。在一定的温度下烧制时间对坯体的烧结会产生重大影响。

测定坯体烧结温度和烧结范围的方法有：高微显微镜法、高温透射投影法（SCN 型造型材料耐火性能测定仪），及将试样置于各种不同的温度下进行焙烧，根据在各个不同温度下焙烧试样的外观特征，体积变化（体积密度和吸水率）等来确定烧结温度。

高温显微镜法及高温透射投影仪法快速，准确。但设备较贵。后一种方法繁杂费时长。

本实验采用将试样置于不同的温度下进行焙烧的方法。将试样于不同温度下进行焙烧。然后根据各试样的外貌特征，气孔率，体积密度和体积收缩等数据绘制吸水率，气孔率，体收缩—温度曲线。并从曲线上找出气孔率最小值，收缩率最大值（密度最大值）的温度称为烧结温度。自气孔率最小值，收缩率最大值至气孔率开始上升，收缩从最大值开始下降之间的一般温度区间称为烧结温度范围。

三、实验仪器

箱式高温电阻炉，硅钼棒发热体（1600℃），双铂热电偶测温；温度测控器；天平及测体积密度仪器一套；干燥器、取样钳等。

四、实验步骤

（1）试样制备。利用干后成型试样，阴干后放入烧箱干燥（105~110℃）至恒重。在干燥室内冷却至室温。

（2）步骤。

1）按编号顺序将试样装入高温炉中。装炉时，炉底及试样之间撒一层氧化铝粉，试样之间间隔大约 1cm。装好后开始加热，并按升温加热，并按升温曲线升温，按预定的温度取样。一般在 800℃ 以前按 120~150℃/h 的温度升温。800℃ 以后功率升温。本实验的取样温度为 1100（1120）℃、1150（1170）℃、1200（1220）℃、1250（1270）℃、1300

（1320）℃。每个温度取 1 个样品后，迅速加入预先加热的空炉之中或埋入预先加热的石英粉中，以保证试样在冷却过程中不爆炸。待其接近室温后，将试样编号取样温度记录表中。

2）将焙烧过的试样，用刷子刷去表面石英粉等。检查试样外观，有无粘砂开裂等缺陷。然后放入 105～110℃烘箱中烘干至恒重。测定样品的线收缩率。填入记录表中。

3）测量结束后关闭电源，打扫实验室卫生。

五、数据记录与处理

数据记录。

数据记录表

样品编号	初始直径	烧后直径	线收缩率

数据分析：绘制温度–收缩率曲线。

六、思考题

（1）烧结温度和软化温度在无机材料实际生产过程中的应用。

（2）影响烧结的因素有哪些。

2.5　材料物理性能

实验一　不良导体导热系数的测定

一、实验目的

（1）学习用稳态法测定不良导体导热系数的原理和方法。

（2）掌握热电偶测温原理及导热系数测定仪的使用方法。

（3）掌握一种用热电转换方式进行温度测量的方法。

（4）学习用作图法求冷却速率。

二、实验原理

早在 1882 年，法国科学家 J. 傅里叶就提出了热传导定律，目前各种测量导热系数的方法都建立在傅里叶热传导定律基础上。

热传导定律指出：如果热量是沿着 z 方向传导，那么在 z 轴上任一位置 z_0 处取一个垂直截面积 ds，以 $\dfrac{dT}{dz}$ 表示在 z 处的温度梯度，以 $\dfrac{dQ}{dt}$ 表示该处的传热速率（单位时间内通过截面积 ds 的热量），那么热传导定律可表示成：

$$dQ = -\lambda \left(\frac{dT}{dz}\right)_{z_0} ds \cdot dt \tag{1}$$

式中的负号表示热量从高温区向低温区传导（即热传导的方向与温度梯度的方向相反），比例数 λ 即为导热系数，可见导热系数的物理意义：在温度梯度为一个单位的情况下，单位时间内垂直通过截面单位面积的热量。利用式（1）测量材料的导热系数 λ，需解决两个关键的问题：一个是如何在材料内造成一个温度梯度 $\dfrac{dT}{dz}$ 并确定其数值；另一个是如何测量材料内由高温区向低温区的传热速率 $\dfrac{dQ}{dt}$。

（1）关于温度梯度 $\dfrac{dT}{dz}$。为了在样品内造成一个温度的梯度分布，可以把样品加工成平板状，并把它夹在两块良导体——铜板之间，见图 1，使两块铜板分别保持在恒定温度 T_1 和 T_2，就可能在垂直于样品表面的方向上形成温度的梯度分布。若样品厚度远小于样品直径（$h \ll D$），由于样品侧面积比平板面积小得多，由侧面散去的热量可以忽略不计，

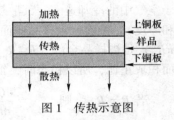

图 1　传热示意图

可以认为热量是沿垂直于样品平面的方向上传导，即只在此方向上有温度梯度。由于铜是热的良导体，在达到平衡时，可以认为同一铜板各处的温度相同，样品内同一平行平面上各处的温度也相同。这样只要测出样品的厚度 h 和两块铜板的温度 T_1、T_2，就可以确定样品内的温度梯度 $\dfrac{T_1 - T_2}{h}$。当然这需要铜板与样品表面紧密接触无缝隙，否则中间的空气层将产生热阻，使得温度梯度测量不准确。

为了保证样品中温度场的分布具有良好的对称性，把样品及两块铜板都加工成等大的圆形。

（2）关于传热速率 $\dfrac{dQ}{dt}$。单位时间内通过某一截面积的热量 $\dfrac{dQ}{dt}$ 是一个无法直接测定的量，我们设法将这个量转化为较容易测量的量。为了维持一个恒定的温度梯度分布，必须不断地给高温侧铜板加热，热量通过样品传到低温侧铜板，低温侧铜板则要将热量不断地向周围环境散出。当加热速率、传热速率与散热速率相等时，系统就达到一个动态平衡，称之为稳态，此时低温侧铜板的散热速率就是样品内的传热速率。这样，只要测量低温侧铜板在稳态温度 T_2 下散热的速率，也就间接测量出了样品内的传热速率。但是，铜

板的散热速率也不易测量，还需要进一步作参量转换，我们知道，铜板的散热速率与冷却速率（温度变化率）$\dfrac{\mathrm{d}T}{\mathrm{d}t}$ 有关，其表达式为

$$\left.\frac{\mathrm{d}Q}{\mathrm{d}t}\right|_{T_2} = -mC\left.\frac{\mathrm{d}T}{\mathrm{d}t}\right|_{T_2} \tag{2}$$

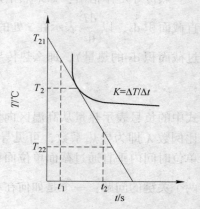

图 2 散热盘的冷却曲线图

式中，m 为铜板的质量，C 为铜板的比热容，负号表示热量向低温方向传递。由于质量容易直接测量，C 为常量，这样对铜板的散热速率的测量又转化为对低温侧铜板冷却速率的测量。铜板的冷却速率可以这样测量：在达到稳态后，移去样品，用加热铜板直接对下铜板加热，使其温度高于稳态温度 T_2（大约高出 $10\,℃$ 左右），再让其在环境中自然冷却，直到温度低于 T_2，测出温度在大于 T_2 到小于 T_2 区间中随时间的变化关系，描绘出 T-t 曲线（见图 2），曲线在 T_2 处的斜率就是铜板在稳态温度时 T_2 下的冷却速率。

    应该注意的是，这样得出的 $\dfrac{\mathrm{d}T}{\mathrm{d}t}$ 是铜板全部表面暴露于空气中的冷却速率，其散热面积为 $2\pi R_p^2 + 2\pi R_p h_p$（其中 R_p 和 h_p 分别是下铜板的半径和厚度），然而，设样品截面半径为 R，在实验中稳态传热时，铜板的上表面（面积为 πR_p^2）是被样品全部（$R = R_p$）或部分（$R < R_p$）覆盖的，由于物体的散热速率与它们的面积成正比，所以稳态时，铜板散热速率的表达式应修正为：

若 $R = R_p$，则
$$\frac{\mathrm{d}Q}{\mathrm{d}t} = -mC\frac{\mathrm{d}T}{\mathrm{d}t}\cdot\frac{\pi R_p^2 + 2\pi R_p h_p}{2\pi R_p^2 + 2\pi R_p h_p} \tag{3}$$

若 $R < R_p$，则
$$\frac{\mathrm{d}Q}{\mathrm{d}t} = -mC\frac{\mathrm{d}T}{\mathrm{d}t}\cdot\frac{2\pi R_p^2 - \pi R^2 + 2\pi R_p h_p}{2\pi R_p^2 + 2\pi R_p h_p} \tag{3'}$$

将式（3）或式（3'）代入热传导定律表达式，考虑到 $\mathrm{d}s = \pi R^2$，可以得到导热系数：

$$\lambda = -mC\frac{2h_p + R_p}{2h_p + 2R_p}\cdot\frac{1}{\pi R^2}\cdot\frac{h}{T_1 - T_2}\cdot\left.\frac{\mathrm{d}T}{\mathrm{d}t}\right|_{T=T_2} \tag{4}$$

或
$$\lambda = -mC\frac{2R_p^2 - R^2 + 2R_p h_p}{2R_p^2 + 2R_p h_p}\cdot\frac{1}{\pi R^2}\cdot\frac{h}{T_1 - T_2}\cdot\left.\frac{\mathrm{d}T}{\mathrm{d}t}\right|_{T=T_2} \tag{4'}$$

式中，R 为样品的半径、h 为样品的高度、m 为下铜板的质量、c 为铜的比热容、R_p 和 h_p 分别是下铜板的半径和厚度。各项均为常量或直接测量。

    （3）用温差电偶将温度测量转化为电压测量。本实验选用铜-康铜热电偶测温度，温差为 $100\,℃$ 时，其温差电动势约为 $4.0\,mV$。由于热电偶冷端浸在冰水中，温度为 $0\,℃$，当温度变化范围不大时，热电偶的温差电动势 $\varepsilon(mV)$ 与待测温度 $T(℃)$ 的比值是一个常数。因此，在用式（4）或式（4'）计算时，也可以直接用电动势 ε 代表温度 T。

三、实验步骤

手动测量：

（1）用游标卡尺测量样品、下铜盘的几何尺寸，多次测量取平均值。其中铜板的比热容 $C = 0.385\mathrm{kJ/(K \cdot kg)}$。

（2）设定加热温度：

1）按一下温控器面板上设定键（S），此时设定值（SV）显示屏一位数码管开始闪烁。

2）根据实验所需温度的大小，再按设定键（S）左右移动到所需设定的位置，然后通过加数键（▲）、减数键（▼）来设定好所需的加热温度。

3）设定好加热温度后，等待 8s 后返回至正常显示状态。

（3）先放置好待测样品及下铜盘（散热盘），调节下圆盘托架上的三个微调螺丝，使待测样品与上、下铜盘接触良好。安置圆筒、圆盘时须使放置热电偶的洞孔与杜瓦瓶在同一侧。热电偶插入铜盘上的小孔时，要抹些硅脂，并插到洞孔底部，使热电偶测温端与铜盘接触良好，热电偶冷端插在杜瓦瓶中的冰水混合物中。

手动控温测量导热系数时，控制方式开关打到"手动"。将手动选择开关打到"高"档，根据目标温度的高低，加热一定时间后再打至"低"档。根据温度的变化情况要手动去控制"高"档或"低"档加热。然后，每隔 5min 读一下温度示值（具体时间因被测物和温度而异），如在一段时间内样品上、下表面温度 T_1、T_2 示值都不变，即可认为已达到稳定状态。

自动 PID 控温测量时，控制方式开关打到"自动"，手动选择开关打到中间一档，PID 控温表将会使发热盘的温度自动达到设定值。每隔 5min 读一下温度示值，如在一段时间内样品上、下表面温度 T_1、T_2 示值都不变，即可认为已达到稳定状态。

（4）记录稳态时 T_1、T_2 值后，移去样品，继续对下铜盘加热，当下铜盘温度比 T_2（对金属样品应为 T_3）高出 10℃ 左右时，移去圆筒，让下铜盘所有表面均暴露于空气中，使下铜盘自然冷却，每隔 30 秒读一次下铜盘的温度示值并记录，直到温度下降到 T_2（或 T_3）以下一定值。作铜盘的 T-t 冷却速率曲线，选取邻近 T_2（或 T_3）的测量数据来求出冷却速率。

（5）根据式（4）或式（4'）计算样品的导热系数 λ。

（6）本实验选用铜-康铜热电偶测温度，温差 100℃ 时，其温差电动势约 4.0mV，故应配用量程 0~20mV，并能读到 0.01mV 的数字电压表（数字电压表前端采用自稳零放大器，故无须调零）。由于热电偶冷端温度为 0℃，对一定材料的热电偶而言，当温度变化范围不大时，其温差电动势（mV）与待测温度（0℃）的比值是一个常数。由此，在用式（4）或式（4'）计算时，可以直接以电动势值代表温度值。

四、注意事项

（1）使用前将加热盘与散热盘的表面擦干净，样品两端面擦净，可涂上少量硅油，以保证接触良好。

（2）稳态法测量时，要使温度稳定约要 40min 左右。手动测量时，为缩短时间，可先将热板电源电压打在高档，一定时间后，毫伏表读数接近目标温度对应的热电偶读数，即可将开关拨至低档，通过调节手动开关的高档、低档及断电档，使上铜盘的热电偶输出的毫伏值在 ±0.03mV 范围内。同时每隔 30s 记下上、下圆盘 A 和 P 对应的毫伏读数，待下圆盘的毫伏读数在 3min 内不变即可认为已达到稳定状态，记下此时的 V_{T1} 和 V_{T2} 值。

（3）实验过程中，若移开加热盘，应先关闭电源，移开热圆筒时，手应拿住固定轴转动，以免烫伤手。

（4）不要使样品两端划伤，以免影响实验的精度。

（5）数字电压表出现不稳定或加热时数值不变化，应先检查热电偶及各个环节的接触是否良好。

五、数据记录与处理

见表1~表3。

表1

测试项目		测试次序					平均值
		1	2	3	4	5	
试样盘 B	厚度 h/mm						
	直径 d/mm						
散热铜盘 P	厚度 h_p/mm						
	直径 d_p/mm						
	质量/g						

表2　稳态时试样上下表面的温度

试样两表面温度状态	上表面温度 T_1	下表面温度 T_2
温度单位/℃		

表3　散热铜盘在 T_2 附近自然冷却时的温度示值

测量次序	1	2	3	4	5	6	7	8	9	10
冷却时间/s										
温度值/℃										

六、思考题

（1）测导热系数 λ 要满足哪些条件？在实验中如何保证？

（2）测冷却速率时，为什么要在稳态温度 T_2（或 T_3）附近选值？如何计算冷却速率？

（3）讨论本实验的误差因素，并说明导热系数可能偏小的原因。

实验二　铁磁材料的磁滞回线和基本磁化曲线

一、实验目的

（1）了解磁性材料的磁滞回线和磁化曲线的概念，加深对铁磁材料的重要物理量矫顽力、剩磁和磁导率的理解。

（2）用示波器测量软磁材料（软磁铁氧体）的磁滞回线和基本磁化曲线，求该材料的饱和磁感应强度 B_m、剩磁 B_r 和矫顽力 H_c。

（3）用示波器显示硬铁磁材料（模具钢 Cr12）的交流磁滞回线，并与软磁材料进行比较。

二、实验原理

（1）铁磁物质的磁滞现象。

铁磁性物质的磁化过程很复杂，这主要是由于它具有磁性的原因。一般都是通过测量磁化场的磁场强度 H 和磁感应强度 B 之间关系来研究其磁化规律的。

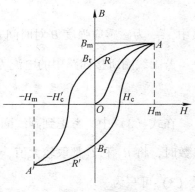

如图1所示，当铁磁物质中不存在磁化场时，H 和 B 均为零，在 $B-H$ 图中则相当于坐标原点 O。随着磁化场 H 的增加，B 也随之增加，但两者之间不是线性关系。当 H 增加到一定值时，B 不再增加或增加的十分缓慢，这说明该物质的磁化已达到饱和状态。H_m 和 B_m 分别为饱和时的磁场强度和磁感应强度（对应于图中 A 点）。如果再使 H 逐步退到零，则与此同时 B 也逐渐减小。然而，其轨迹并不沿原曲线 AO，而是沿另一曲线 AR 下降到 B_r，这说明当 H 下降为零时，铁磁物质中仍保留一定的磁性。将磁化场反向，再逐渐增加其强度，直到 $H=-H_m$，这时曲线达到 A' 点

图1 磁化规律

（即反向饱和点），然后，先使磁化场退回到 $H=0$；再使正向磁化场逐渐增大，直到饱和值 H_m 为止。如此就得到一条与 ARA' 对称的曲线 $A'R'A$，而自 A 点出发又回到 A 点的轨迹为一闭合曲线，称为铁磁物质的磁滞回线，此属于饱和磁滞回线。其中，回线和 H 轴的交点 H_c 和 H_c' 称为矫顽力，回线与 B 轴的交点 B_r 和 B_r'，称为剩余磁感应强度。

（2）利用示波器观测铁磁材料动态磁滞回线。

电路原理图如图2所示。

将样品制成闭合环状，其上均匀地绕以磁化线圈 N_1 及副线圈 N_2。交流电压 u 加在磁化线圈上，线路中串联了一取样电阻 R_1，将 R_1 两端的电压 u_1 加到示波器的 X 轴输入端上。副线圈 N_2 与电阻 R_2 和电容 C 串联成一回路，将电容 C 两端的电压 u_2 加到示波器的 Y 轴输入端，这样的电路，在示波器上可以显示和测量铁磁材料的磁滞回线。

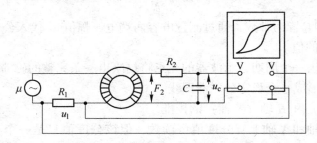

图2 用示波器测动态磁滞回线的电路图

1）磁场强度 H 的测量。

设环状样品的平均周长为 l，磁化线圈的匝数为 N_1，磁化电流为交流正弦波电流 i_1，由安培回路定律 $Hl=N_1 i_1$，而 $u_1=R_1 i_1$，所以可得

$$H = \frac{N_1 \cdot u_1}{l \cdot R_1} \tag{1}$$

式中，u_1 为取样电阻 R_1 上的电压。由式（1）可知，在已知 R_1、l、N_1 的情况下，测得 u_1 的值，即可用式（1）计算磁场强度 H 的值。

2）磁感应强度 B 的测量。

设样品的截面积为 S，根据电磁感应定律，在匝数为 N_2 的副线圈中感生电动势 E_2 为

$$E_2 = -N_2 S \frac{dB}{dt} \tag{2}$$

式中，$\dfrac{dB}{dt}$ 为磁感应强度 B 对时间 t 的导数。

若副线圈所接回路中的电流为 i_2，且电容 C 上的电量为 Q，则有

$$E_2 = R_2 i_2 + \frac{Q}{C} \tag{3}$$

在式（3）中，考虑到副线圈匝数不太多，因此自感电动势可忽略不计。在选定线路参数时，将 R_2 和 C 都取较大值，使电容 C 上电压降 $u_C = \dfrac{Q}{C} \ll R_2 i_2$，可忽略不计，于是式（3）可写为

$$E_2 = R_2 i_2 \tag{4}$$

把电流 $i_2 = \dfrac{dQ}{dt} = C \dfrac{du_C}{dt}$ 代入式（4）得

$$E_2 = R_2 C \frac{du_C}{dt} \tag{5}$$

把式（5）代入式（2）得 S

$$-N_2 S \frac{dB}{dt} = R_2 C \frac{du_C}{dt}$$

在将此式两边对时间积分时，由于 B 和 u_C 都是交变的，积分常数项为零。于是，在不考虑负号（在这里仅仅指相位差 $\pm\pi$）的情况下，磁感应强度

$$B = \frac{R_2 C u_C}{N_2 S} \tag{6}$$

式中，N_2、S、R_2 和 C 皆为常数，通过测量电容两端电压幅值 u_C 代入公式（6），可以求得材料磁感应强度 B 的值。

当磁化电流变化一个周期，示波器的光点将描绘出一条完整的磁滞回线，以后每个周期都重复此过程，形成一个稳定的磁滞回线。

3）B 轴（Y 轴）和 H 轴（X 轴）的校准。

虽然示波器 Y 轴和 X 轴上有分度值可读数，但该分度值只是一个参考值，存在一定误差，且 X 轴和 Y 轴增益可微调会改变分度值。所以，用数字交流电压表测量正弦信号电压，并且将正弦波输入 X 轴或 Y 轴进行分度值校准是必要的。

将被测样品（铁氧体）用电阻替代，从 R_1 上将正弦信号输入 X 轴，用交流数字电压表测量 R_1 两端电压 $U_{有效}$，从而可以计算示波器该档的分度值（单位 V/cm），见图 3。须

注意：

（1）数字电压表测量交流正弦信号，测得的值为有效值 $U_{有效}$。而示波器显示的该正弦信号值为正弦波电压峰–峰值 $U_{峰-峰}$。两者关系是

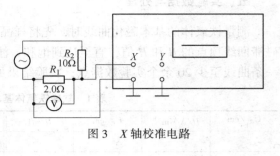

图 3　X 轴校准电路

$$U_{峰-峰} = 2\sqrt{2}\, U_{有效} \qquad (7)$$

（2）用于校准示波器 X 轴档和 Y 轴档分度值的波形必须为正弦波，不可用失真波形。

用上述方法可以对示波器 Y 轴和 X 轴的分度值进行校准。

三、实验仪器

动态磁滞回线实验仪由可调正弦信号发生器、交流数字电压表、示波器、待测样品（软磁铁氧体、硬磁 Cr12 模具钢）、电阻、电容、导线等组成。

四、实验步骤

（1）观察和测量软磁铁氧体的动态磁滞回线。

1）按图 2 要求接好电路图。

2）把示波器光点调至荧光屏中心。磁化电流从零开始，逐渐增大磁化电流，直至磁滞回线上的磁感应强度 B 达到饱和（即 H 值达到足够高时，曲线有变平坦的趋势，这一状态属饱和）。磁化电流的频率 f 取 50Hz 左右。示波器的 X 轴和 Y 轴分度值调整至适当位置，使磁滞回线的 B_m 和 H_m 值尽可能充满整个荧光屏，且图形为不失真的磁滞回线图形。

3）记录磁滞回线的顶点 B_m 和 H_m，剩磁 B_r 和矫顽力 H_c 三个读数值（以长度为单位），在作图纸上画出软磁铁氧体的近似磁滞回线。

4）对 X 轴和 Y 轴进行校准。计算软磁铁氧体的饱和磁感应强度 B_m 和相应的磁场强度 H_m、剩磁 B_r 和矫顽力 H_c。磁感应强度以 T 为单位，磁场强度以 A/m 为单位。

5）测量软磁铁氧体的基本磁化曲线。现将磁化电流慢慢从大至小，退磁至零。从零开始，由小到大测量不同磁滞回线顶点的读数值 B_i 和 H_i，用作图纸作铁氧体的基本磁化曲线（$B-H$ 关系）及磁导率与磁感应强度关系曲线（$\mu-H$ 曲线），其中 $\mu = \dfrac{B}{H}$。

（2）观测硬磁 Cr12 模具钢（铬钢）材料的动态磁滞回线。

1）将样品换成 Cr12 模具钢硬磁材料，经退磁后，从零开始电流由小到大增加磁化电流，直至磁滞回线达到磁感应强度饱和状态。磁化电流频率约为 $f=50$Hz 左右。调节 X 轴和 Y 轴分度值使磁滞回线为不失真图形。（注意硬磁材料交流磁滞回线与软磁材料有明显区别，硬磁材料在磁场强度较小时，交流磁滞回线为椭圆形回线，而达到饱和时为近似矩形图形，硬磁材料的直流磁滞回线和交流磁滞回线也有很大区别）。

2）对 X 轴和 Y 轴进行校准，并记录相应的 B_m 和 H_m，B_r 和 H_c 值，在作图纸上近似画出硬磁材料在达到饱和状态时的交流磁滞回线。

五、实验数据与处理

测量铁氧体的基本磁化曲线时，先将样品退磁，然后从零开始不断增大电流，记录各磁滞回线顶点的 B 和 H 值，直至达到饱和。注意由于基本磁化曲线各段的斜率并不相同，一条曲线至少 20 余个实验数据点，实验结果见表 1。

表 1　软磁铁氧体基本磁化曲线的测量

U_{R_1}/cm	H/A·m^{-1}	U_C/cm	B/mT	U_{R_1}/cm	H/A·m^{-1}	U_C/cm	B/mT

根据记录数据可以描画出样品的磁化曲线。计算得到：矫顽力、剩磁、饱和磁感应强度。

六、思考题

（1）在测量 B – H 曲线过程，为何不能改变 X 轴和 Y 轴的分度值？

（2）硬磁材料的交流磁滞回线与软磁材料的交流磁滞回线有何区别？

实验三　白度的测定

一、实验目的

（1）了解白度的概念。

（2）了解造成白度测量误差的原因。

（3）了解影响白度的因素。

（4）掌握白度的测定原理及测定方法。

二、实验原理

各种物体对于投射在它上面的光，进行选择性反射和选择性吸收。不同的物体对各种不同波长的光的反射、吸收及透过的程度不同，反射方向也不同，就产生了各种物体不同的颜色（不同的白度）。

（一）白度的基本理论

"白"具有光反射比（明度）高和色饱和度（彩度）低的特殊颜色属性。基于目视感知而判断反射物体所能"显白的程度"，术语上称之为白度。与其他颜色一样，白色也是三维空间的量，大多数色觉正常的观察者可以将一定范围内的光反射比、色饱和度和主波长不同的白色，按其白度的高低排成一维的白度序列，从而进行定量的评价。理想标准白板是对一切波长的辐射都是无吸收地完全漫射体，是反射比对任何波长都等于1的一种纯白物体。白雪或许是唯一的具有世界一致性的纯白色代表。但它无法长期保存亦无法随时随地取得。故现代的标准白板只能以反射比非常接近1的一些化学品作为代表——标准白。

（二）关于白度的定量评价

（1）现行的基本原则。CIE色度技术委员会在1986年制定了白度测量应遵循的共同规范：1）应该使用同样的标准光源（或照明体）来进行视觉的仪器的白度测量，推荐用D65照明体为近似的CIE标准光源；2）在与1）条不一致的条件下得到的实验数据不能确立或检验白度公式；3）推荐使用白度$W = 100$的完全反射体（在可见波段光谱反射比都等于1的理想漫射体。简称PRD）作为白度公式的参照标准。确立或检验白度公式时都必须归一或PRD的白度值等于100。根据以上规范，任何白色物体的白度是表示它对于PRD白色程度的相对值。因此，以PRD为参照基准而标定的标准白板的标准反射比标准以及由此而确定的三刺激值 X，Y，Z，或者由此而确定的三刺激值反射比因数 R_X，R_Y，R_Z。

（2）评定的公式。我国现行白度评定一般分甘茨白度和蓝光白度两种评定。按CIE正式推荐的在D65标准光源下，以完全反射漫射体作为参照标准白，白度定量评价公式如下：

1）甘茨白度。甘茨白度是CIE白度委员会在1986年正式公布出版的白度公式。可以写为WGANZ，其特点是：以物体颜色的三刺激值为依据作为计算，颜色的三刺激值性质决定了对白度的贡献，它们的等白度表面是等间距的平行面，其白度可以用 Y，x，y 的线性公式表示：

$$W = Y + 800(x_n - x) + 1700(y_n - y)$$
$$W_{10} = Y_{10} + 800(x_n - x_{10}) + 1700(y_n - y_{10})$$
$$T_W = 900(x_n - x) - 650(y_n - y)$$
$$T_{W_{10}} = 900(x_n - x_{10}) - 650(y_n - y_{10})$$

W_{10} 为白度值；T_W，$T_{W_{10}}$ 为淡色调指数；Y，x_{10}，y_{10} 为在10°视场下，测得试样值；x_n，y_n 为在10°视场下D65标准光源的坐标值，$x_n = 0.3138$，$y_n = 0.3309$。从公式可以看出，对于任何光谱中性的白度样品，其白度值 W 都等于三刺激值 Y，W 值越大，表示白度越高。

该公式结果与目视的相关性较好，但其级差与目视级差差别较大，对明显带颜色的样品没有意义。

2）蓝光白度（又称R457白度）。R457白度是一种简易的测量方法，在国际标准ISO2470纸张漫反射比的测量，以及我国造纸、塑料、建材等一些行业中都使用了R457白度。它规定利用近似的A光源照明，白度仪器的总体有效光谱响应曲线的峰值波长在457nm处，半宽度44nm。

定义蓝光白度为：$W_r = K_r \sum \beta(\lambda) F(\lambda) \Delta\lambda$

式中　$K_r = 100 / \sum F(\lambda) \Delta\lambda$；

$\beta(\lambda)$——与标准白板的蓝光白度仪器相同照明观察条件下的光谱亮度因数。

ISO关于纸张板白度的最新标准也使用了三刺激值反射比因数的概念和定义。这样一般三刺激值色度测量仪在D65/10条件下，利用测量 Z 值获得R457白度值，其转换方程为：$W_r = 0.925 \times Z + 1.16$。

三、实验仪器

ADCI-60-W 型全自动白度仪（成套）。

白度仪工作原理：白度仪是利用积分球实现绝对光谱漫反射率的测量，由卤钨灯发出光线，经聚光镜和滤色片成蓝紫色光线，进入积分球，光线在积分球内壁漫反射后，照射在测试口的试样上，由试样反射的光线经聚光镜、光栏滤色片组后由硅光电池接收，转换成电信号。另有一路硅光电池接收球体内的基底信号。两路电信号分别放大，混合处理，测定结果数码显示。

四、实验步骤

白度测定：

（1）使用连接：将电源线与测试探头线按要求分别连接到主机的后面板上，接通电源。此时按下主机后方的电源开关键，液晶显示测量主界面，探头灯点亮，表明仪器电源接通。

（2）预热：仪器开机后最好预热 30min，可使测试探头的光源相对稳定。

（3）测量方法：

1）开机后默认选项为"调黑"，将探头置于黑盒，按"确定"键，听到报警音后，自动返回主界面，调黑结束。

2）调黑后系统默认选项为"调白"，将探头置于白板，按"确定"键，听到报警音后，自动返回主界面，调白结束。

3）调白后系统进入"测量"选项，将探头置于待测试样，按"确定"键，测量结果自动显示为亨特白度，每一块瓷砖分五个不同位置记录数据。按下方选择键选择表示方式为日用陶瓷白度，每一块瓷砖分五个不同位置记录数据。

4）测量结束后，关闭仪器。

五、数据处理与分析

数据处理与分析见下表。

数据记录表

编号	次数	1	2	3	4	5	6
1 号	亨特白度						
	日用瓷白度						
2 号	亨特白度						
	日用瓷白度						
3 号	亨特白度						
	日用瓷白度						
4 号	亨特白度						
	日用瓷白度						
5 号	亨特白度						
	日用瓷白度						

实验四 光泽度的测定

一、实验目的

（1）了解光泽度的概念。

（2）了解造成光泽度测量误差的原因。

（3）了解影响光泽度的因素。

（4）掌握光泽度的测定原理及测定方法。

二、实验原理

各种物体对于投射在它上面的光，进行选择性反射和选择性吸收。不同的物体对各种不同波长的光的反射、吸收及透过的程度不同，反射方向也不同，就产生了各种物体不同的光泽度。

光泽度的评价可采用多种方法（或仪器）。它主要取决于光源照明和观察的角度，仪器测量通常采用20°、45°、60°或85°角度照明和检出信号。不同行业往往采用不同角度测量的仪器。如使用Ingersoll光泽计所测得的是对比光泽度（contrast gloss），主要用于白纸或接近于白纸光泽度的测定，高光泽纸（超过75%光泽度）和色泽光泽度的测定宜采用镜面光泽度测定法。塑料制品的表面粗糙度可用光泽计测出并能定量地表示出来，同时这些制品表面若经一定磨损后，还可以用其磨损前后的光泽度变化来表征。

光泽度是在一组几何规定条件下对材料表面反射光的能力进行评价的物理量。因此，它表述的是具有方向选择的反射性质。根据光泽的特征，可将光泽分成几类，我们通常说的光泽是指"镜向光泽"，所以光泽度计，有时也叫镜向光泽度计。

光泽度与机械加工行业的"光洁度"或"粗糙度"的概念完全不同，后者是对材料表面微小不平度的评定。

三、实验仪器

JKGZ型光泽度仪（成套），若干待测样品，瓷砖，玻璃，纸张等。

光泽度计的测量原理见下图。

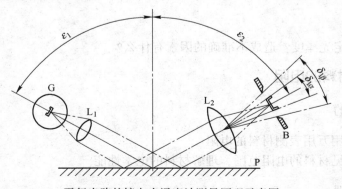

平行光路的镜向光泽度计测量原理示意图

光源G发射一束光经过透镜L_1到达被测面P，被测面P将光反射到透镜L_2，透镜L_2

将光束会聚到位于光栏 B 处的光电池，光电池进行光电转换后将电信号送往处理电路进行处理，然后仪器显示测量结果。

四、实验步骤

（1）定标：将黑玻璃标准板亮面向上放在平坦的桌面上，将仪器中心部位压在标准板上，调整调节旋钮，使仪器读数为 92.3。

（2）校准：用定标好的仪器测量白陶瓷板，指数为 23.3，其值不应大于 ±1 光泽单位。

（3）测量：用定标好的仪器去测量被测试样。

（4）测量结束后，记录数据，关闭仪器。

五、数据处理与分析

数据处理与分析见下表。

数据记录表

编号	1	2	3	4	5	6
1 号光泽度						
2 号光泽度						
3 号光泽度						
4 号光泽度						
5 号光泽度						

六、注意事项

（1）测定光泽度的标准板每年至少校正一次，如达不到规定的参数，则应选用新的标准板。

（2）光泽度的透镜和标准板上的灰尘只能用擦镜纸或洁净的软纸来擦，以防擦毛损伤影响读数。

七、思考题

如何准确测定光泽度？造成不准确的因素有什么？

实验五　材料的电阻

一、实验目的

（1）学会使用万用表测材料的电阻。
（2）了解常见材料的电阻范围，理解材料的电学性能。

二、实验原理

电阻是材料的基本电学性质之一，与温度，长度，还有横截面积有关。电阻的主要物理特征是变电能为热能，是一个耗能元件，电流经过它就产生内能。电阻在电路中通常起分压、分流的作用。

电阻的测定通常利用欧姆定律（同一电路中，通过某一导体的电流与这段导体两端的电压成正比，与这段导体的电阻成反比）。通过测材料两端的电压和通过材料的电流来计算。

三、实验仪器

各种待测材料（包括木块、铜丝、橡胶、水泥板、石墨）数字式万用表。

四、实验步骤

（1）机械调零。两只表笔分开时，用螺丝刀转动机械调零螺丝带动指针转动使指针指向无穷大欧姆刻度处。

（2）将转换开关调至"×100Ω"挡位上。

（3）欧姆调零。将两表笔短接并同时转动零欧姆调零旋钮使指针指向欧姆标度尺的零点上。如果无法调零，说明表内电池电压不足，应更换电池。并且每次更换档位都要再次进行欧姆调零以保证测量准确。

（4）选择合适的档位。利用万用电表测电阻，为了便于准确地读数，要尽可能使表针指在表盘中间部位，所以需要恰当地选择挡位。换挡位之前一定要将表笔从被测点移开，防止损坏万用表；例如，在测 $R_1 = 50\Omega$ 的电阻时，应选"×1"挡，使表针在表盘中部附近偏转。如果选用"×10"挡，则表盘读数扩大 10 倍，这将使表针偏到表盘靠右的部位，读数就难以准确。一般情况下，可以这样选择合适的挡，将待测电阻 R_X 值的数量级除以 10，所得的商就是应选的挡。例如测 $R_X = 510k\Omega$ 的电阻，R_X 的数量级是 100k，（$R_X = 5.1 \times 100k$），所以宜选"×10k"的倍率。如果万用电表无×10k 挡位，则可选最接近的挡。

如果事先不知道电阻的阻值，可以试探着选择挡位，什么时候使表针能指在表盘的中部附近，此时的档位就是比较合适的。

（5）计算电阻阻值。用两表笔分别接触被测电阻两引脚进行测量。电阻的阻值=指针读数×挡位（$R \times 100$ 挡应乘 100，$R \times 1k$ 挡应乘 1000……）。例如我们测量电阻时候，用的是×100 档，指针读数为 15，则这个电阻的阻值为 $15 \times 100 = 1500\Omega$。

五、注意事项

（1）被测电阻不能带电，最好就从电路中拆下后再测量。

（2）放置时两只表笔不要碰在一起。调零的过程要快；也不要长时间连续测量电阻，特别是测小电阻时，极度容易损坏电池。

（3）两只手不能同时接触被测电阻两根引脚或两根表笔的金属部分，最好左手拿元件，右手同时持两根表笔来测量。

（4）换挡位之前一定要将表笔从被测点移开，防止损坏万用表。

（5）长时间不使用万用表，应将表中电池取出。

六、实验结果

将实验过程中所得数据填入下表。

数据记录表

材料	电阻	材料	电阻

实验六　介电常数的频率特性/温度特性测试

一、实验目的

（1）学会介电陶瓷介电常数的测试方法。

（2）了解介电常数的温度以及频率依赖关系。

（3）了解精密阻抗测试仪的操作方法。

二、实验原理

（1）$BaTiO_3$ 的结构与自发极化。$r_{Ba}^{2+} = 0.135nm$，$r_{Ti}^{4+} = 0.068nm$，$r_O^{2-} = 0.140nm$。$BaTiO_3$ 为钙钛矿结构，由 Ba^{2+} 与 O^{2-} 一起立方堆积，Ti^{4+} 处于八个八面体之间。

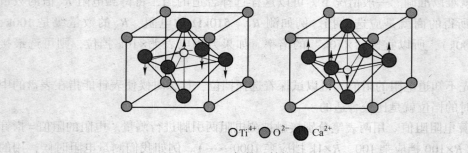

○Ti^{4+}　○O^{2-}　●Ca^{2+}

钙钛矿结构图

$BaTiO_3$ 的相变：三方—斜方—四方—立方—六方。

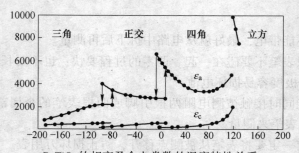

$BaTiO_3$ 的相变及介电常数的温度特性关系

自发极化产生的原因：$r_0^{2-} + r_{Ti}^{4+} = 1.33 + 0.64 = 1.97$Å，而 r_{Ba}^{2+} 大，故氧八面体间隙大，Ti^{4+}–O^{2-} 间距大（2.005Å），因而 Ti^{4+} 离子能在氧八面体中震动。$T > 120$℃，Ti^{4+} 处在各方几率相同（偏离中心，几率为零），对称性高，顺电相。$T < 120$℃，Ti^{4+} 由于热涨落，偏离一方，形成偶极矩，按氧八面体三组方向相互传递，偶合，形成自发极化电畴。在铁电体中 ε 的大小正比于单位电场所转向的自发极化矢量也就是说，自发极化强度 P_s 愈大，电畴愈容易为外电场所定向，其 ε 愈大。$BaTiO_3$ 陶瓷的 ε 与材料的温度，外电场，频率有关，不论 90°畴 180°畴与外加电场，温度的高低有关。

在居里点附近纯 $BaTiO_3$ 瓷的介电常数有急剧变化的特性，其变化率甚至可达 4~5 个数量级，而当温度高于居里点 T_c 后，随着温度升高，介电系数下降，介电系数随温度的变化遵从居里-外斯定律：

$$\varepsilon = \frac{k}{T - t_0} + \varepsilon_0 \tag{1}$$

式中　t_0——特性温度，它一般低于居里温度（对 $BaTiO_3$ 来说约低 10~11℃）；

　　　k——居里常数（对 $BaTiO_3$ 来说，$k = (1.6 \sim 1.7) \times 10^5$℃）；

　　　ε_0——表示电子极化对介电常数的贡献，一般情况下，ε_0 所占比重很小，可忽略。

从上式可以看出在居里点以上，随温度 T 的升高，介电系数 ε 迅速下降；距离居里温度愈近，下降的程度就愈大。造成这种现象的原因主要是 $BaTiO_3$ 晶体结构所引起的：以 $BaTiO_3$ 为代表的铁电晶体是一种 ABO_3 型钙钛矿结构。A 位为低价、半径较大的 Ba 离子，它和氧离子一起按面心立方密堆；B 位为高价、半径较小的 Ti 离子，处于氧八面体的体心位置。

（2）铁电体的介电性能。铁电体中 ε 的大小，可以简约地认为是：正比于能为单位电场所反转（或所定向）的自发极化矢量，即：

$$\varepsilon = 1 + 4\pi P_s / E \tag{2}$$

式中，P_s 为自发极化矢量；E 为所加外电场强度。

所以，只要自发极化强度大，而且又容易为外电场所转向时，其 ε 才大。在居里点附近的相变区域，由于晶格结构的不稳定，其自发极化强度 P_s 定向激活能和畴壁运动激活能最小，很容易被外电场所定向，因而在居里点出现 ε 的峰值；而 0~120℃之间 ε 的下陷，则是由于结构相对稳定，畴壁难于运动的缘故。这就导致居里点附近 ε 值有十分强烈的变化。

针对实际电路的使用要求并利用陶瓷的不同介电特性，可以制备不同比容特性、温度特性、频率特性、功率特性的电容器。电容器容量 C 与陶瓷介电常数之间的基本关系为

$$C = \varepsilon_0 \varepsilon_\gamma \frac{S}{d}$$

式中　ε_0——真空下的介电常数；

　　　S——电极面积；

　　　d——介质厚度。

三、实验仪器

电热恒温烘箱、精密阻抗测试仪 4294A、测量夹具、介电容器样品。

四、实验步骤

（1）将被测样品安放在测试夹具上，然后将夹具放入烘箱中。

（2）将4294A仪通上电源，按start键（设置起始频率）——按Stop键（设置截止频率），设置频率在1kHz-1MHz、0.5V电压下，准备测试；Trigger（运行）——保存数据。

（3）利用Lan口数据采集和保存：打开电脑桌面4294 data transfer程序，点击get data或get image获得测试数据及图片，另存。

（4）将烘箱从室温加热到135℃，在50℃，测一次电容值，然后每升高3℃测一次电容值随频率的变化曲线。

（5）做好实验数据记录，按照实验指导老师要求，整理仪器、电源。

五、数据处理与分析

实验数据记录：

（1）介电常数、介电损耗与频率的关系

频率/kHz										
介电常数										
介电损耗										

（2）特定频率下，介电常数、介电损耗与温度的关系

温度/℃										
介电常数										
介电损耗										

六、思考题

（1）介电损耗与什么因素有关？

（2）介电常数为什么在居里温度下出现一个极值？

实验七　材料激发和发射光谱的测量

一、实验目的

（1）了解光谱仪的基本结构和测量原理。

（2）了解材料激发和发射光谱的测量方法。

二、实验原理

激发光谱是指材料发射某一种特定谱线的发光强度随激发光的波长而变化的曲线。通过激发光谱的分析，可以找出使材料发光采用什么波长进行光激励最为有效。激发光谱反映材料中从基态始发的向上跃迁的通道，因此能给出有关材料能级和能带结构的有用信息。

发射光谱是指在一定的激发条件下发射光强按波长的分布。发射光谱的形状与材料的

能量结构有关。从发射光谱可以很清楚的知道材料能够发出什么波长的光，以及相对的强弱。

三、实验仪器

北京卓立汉光 SENS-9000 荧光光谱仪，待测样品。

四、实验步骤

（一）光谱仪的构造

光谱仪主要由光源、激发和发射光谱仪、样品室和检测系统组成。其中光源由氙灯光源和电源组成。激发和发射光谱仪由滤光片、单色仪和光栅组成。检测系统由光电倍增管和数据采集器以及电脑组成。

（二）光谱仪工作原理

光从光源发出后，经过斩波器斩波后进入激发光谱仪后经过单色仪分光后进入样品室打在样品上，样品发出的光进入发射光谱仪，同样进行分光后通过光电倍增管探测器后传输到数据采集器，然后由数据采集器输入电脑，得到所需要的激发或发射光谱。

光谱测量：

（1）发射光谱测试：

1）开机。打开各个部件的电源。

2）打开光谱分析软件，进入测量界面。

3）仪器进行自检，观察光谱仪各个端口连接是否正常。

4）打开样品室，放入待测样品，并调整好样品架位置，使得激发光能经过透镜刚好聚焦在样品上，同时使得发射光能进入探测方向的透镜上。

5）在软件主界面选择"em"选项，在"激发波长"选项填写所用的激发光波长。狭缝"bandpass"处先选择 1，并根据预扫描结果进行调整。

6）在"扫描设置"选项中根据所需测量的发射光谱的范围选择相应的光栅并填写扫描范围，扫描狭缝"bandpass"处同样先选择 1，并根据预扫描结果进行调整。

7）参数设定完后，点击"apply"进行信号调整，根据信号值调整样品架位置和狭缝宽度，使得信号值光子数不超过 50 万。

8）点击"start"按钮进行扫描测试。

9）扫描完毕，点击工具栏上的"data"图标，根据需要保存不同格式的图片和数据。

10）实验结束，关闭计算机，关闭所有的电源。

（2）激发光谱测试：

1）开机。打开各个部件的电源。

2）打开光谱分析软件，进入测量界面。

3）仪器进行自检，观察光谱仪各个端口连接是否正常。

4）打开样品室，放入待测样品，并调整好样品架位置，使得激发光能经过透镜刚好聚焦在样品上，同时使得发射光能进入探测方向的透镜上。

5）在软件主界面选择"ex"选项，在"发射波长"选项填写所用的发射波长。狭缝"bandpass"处先选择 1，并根据预扫描结果进行调整。

6）在"扫描设置"选项中根据所需测量的激发光谱的范围选择相应的光栅并填写扫描范围，扫描狭缝"bandpass"处同样先选择1，并根据预扫描结果进行调整。

7）参数设定完后，点击"apply"进行信号调整，根据信号值调整样品架位置和狭缝宽度，使得信号值光子数不超过50万。

8）点击"start"按钮进行扫描测试。

9）扫描完毕，点击工具栏上的"data"图标，根据需要保存不同格式的图片和数据。

10）实验结束，关闭计算机，关闭所有的电源。

五、数据处理与分析

（1）根据原始数据绘出待测材料的激发和发射光谱。

（2）根据材料中所掺杂的激活剂确定谱线中相应的谱线是属于哪两个能级之间的跃迁。

（3）根据光谱上发光谱线或谱带的强弱，分析材料的发光特点，并做相应的评价和分析。

六、注意事项

（1）在开机时，必须先启动仪器，再打开软件，保证仪器自检能顺利进行。

（2）在测试过程中，不能打开样品室盖板。

（3）所有配件的参数设置和调整必须在指导教师的指导下操作，以免损坏仪器。

七、思考题

激发光谱和发射光谱的区别是什么？

2.6　材料测试技术

实验一　X射线多晶衍射

一、实验目的

（1）了解X射线衍射仪的构造与操作原理。

（2）了解X射线衍射仪分析的过程与步骤。

（3）掌握使用X射线衍射仪进行物相分析的基本原理和实验方法。

（4）掌握使用X射线衍射仪进行物相分析的衍射数据的处理方法。

二、实验原理

（1）传统的衍射仪由X射线发生器、测角仪、记录仪等几部分组成。

图1是目前常用的热电子密封式X射线管的示意图。阴极由钨丝绕成螺线形，工作时通电至白热状态。由于阴阳极间有几十千伏的电压，故热电子以高速撞击阳极靶面。为防止灯丝氧化并保证电子流稳定，管内抽成 $1.33 \times 10^{-9} \sim 1.33 \times 10^{-11}$ 的高真空。为使电子

束集中，在灯丝外设有聚焦罩。阳极靶由熔点高、导热性好的铜制成，靶面上被一层纯金属。常用的金属材料有 Cr，Fe，Co，Ni，Cu，MO，W 等。当高速电子撞击阳极靶面时，便有部分动能转化为 X 射线，但其中约有 99%将转变为热。为了保护阳极靶面，管子工作时需强制冷却。为了使用流水冷却，也为了操作者的安全，应使 X 射线管的阳极接地，而阴极则由高压电缆加上负高压。X 射线管有相当厚的金属管套，使 X 射线只能从窗口射出。窗口由吸收系数较低的 Be 片制成。结构分析用 X 射线管通常有四个对称的窗口，靶面上被电子袭击的范围称为焦点，它是发射 X 射线的源泉。用螺线形灯丝时，焦点的形状为长方形（面积常为 1mm×10mm），此称为实际焦点。窗口位置的设计，使得射出的 X 射线与靶面成 6°（图2），从长方形的短边上的窗口所看到的焦点为 1mm² 正方形，称点焦点，在长边方向看则得到线焦点。一般的照相多采用点焦点，而线焦点则多用在衍射仪上。

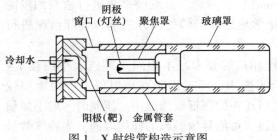

图1　X 射线管构造示意图

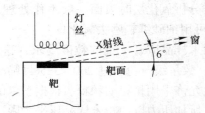

图2　在与靶面成 6°的方向上接收
X 射线束的示意图

自动化衍射仪是近年才面世的新产品，它采用微计算机进行程序的自动控制。图3 为日本理光光学电机公司生产的 D／max-B 型自动化衍射仪工作原理方框图。入射 X 射线经狭缝照射到多晶试样上，衍射线的单色化可借助于滤波片或单色器。衍射线被探测器所接收，电脉冲经放大后进入脉冲高度分析器。信号脉冲可送至计数率仪，并在记录仪上画出衍射图。脉冲亦可送至计数器（以往称为定标器），经微处理机进行寻峰、计算峰积分强度或宽度、扣除背底等处理，并在屏幕上显示或通过打印机将所需的图形或数据输出。控制衍射仪的专用微机可通过带编码器的步进电机控制试样（θ）及探测器（2θ）进行连续扫描、阶梯扫描，连动或分别动作等等。目前，衍射仪都配备计算机数据处理系统，使衍射仪的功能进一步扩展，自动化水平更加提高。衍射仪目前已具有采集衍射资料，处理图形数据，查找管理文件以及自动进行物相定性分析等功能。

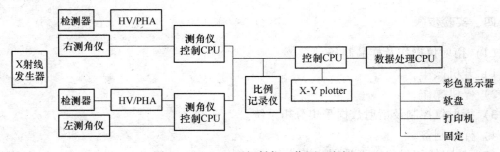

图3　D／max-B 型衍射仪工作原理方框

物相定性分析是 X 射线衍射分析中最常用的一项测试，衍射仪可自动完成这一过程。首先，仪器按所给定的条件进行衍射数据自动采集，接着进行寻峰处理并自动启动程序。当检索开始时，操作者要选择输出级别（扼要输出、标准输出或详细输出），选择所检索的数据库（在计算机硬盘上，存贮着物相数据库，约有物相 176000 种，并设有无机、有机、合金、矿物等多个分库），指出测试时所使用的靶，扫描范围，实验误差范围估计，并输入试样的元素信息等。此后，系统将进行自动检索匹配，并将检索结果打印输出。

（2）用衍射仪进行物相分析。物相分析的原理及方法在教材中已有较详细的介绍，此处仅就实验及分析过程中的某些具体问题作一简介。为适应初学者的基础训练，下面的描述仍多以手工衍射仪和人工检索为基础。

1）试样。

衍射仪一般采用块状平面试样，它可以是整块的多晶体，亦可用粉末压制。金属样可从大块中切割出合适的大小（例如 20mm×15mm），经砂轮、砂纸磨平再进行适当的浸蚀而得。分析氧化层时表面一般不作处理，而化学热处理层的处理方法须视实际情况进行（例如可用细砂纸轻磨去氧化皮）。

粉末样品应有一定的粒度要求，这与德拜相机的要求基本相同（颗粒大小约在 1～10μm）数量级。粉末过 200～325 目筛子即合乎要求，不过由于在衍射仪上摄照面积较大，故允许采用稍粗的颗粒。根据粉末的数量可压在的深框或浅框中。压制时一般不加粘结剂，所加压力以使粉末样品压平为限，压力过大可能导致颗粒的择优取向。当粉末数量很少时，可在平玻璃片上抹上一层凡士林，再将粉末均匀撒上。

2）测试参数的选择。

描画衍射图之前，须考虑确定的实验参数很多，如 X 射线管阳极的种类、滤片、管压、管流等，其选择原则在教材有所介绍。有关测角仪上的参数，如发散狭缝、防散射狭缝、接收狭缝的选择等，可参考教材。对于自动化衍射仪，很多工作参数可由微机上的键盘输入或通过程序输入。衍射仪需设置的主要参数有：狭缝宽度选择，测角仪连续扫描速度，如 0.010/s；0.030/s 或 0.050/s 等；步长；扫描的起始角和终止角探测器选择，扫描方式等。此外，还可以设置寻峰扫描、阶梯扫描等其他方式。

三、实验仪器与耗材

主要仪器：日本理学 Miniflex 衍射仪。

主要耗材：石英粉晶或金属铜块。

四、实验步骤

（1）衍射仪操作及样品制备。

1）开机操作。

2）停机操作。

3）衍射仪控制及衍射数据采集分析系统。

4）样品制备。

（2）X 射线衍射仪进行物相分析。

1）记录每次实验条件及其对实验的影响。

2）标注各衍射线的相应 d 值。

3）根据实验数据查找卡片。

4）分析鉴定物相。

五、数据处理与分析

先将衍射图上比较明显的衍射峰的 2θ 值量度出来。测量可借助于三角板和米尺。将米尺的刻度与衍射图的角标对齐，令三角板一直角边沿米尺移动，另一直角边与衍射峰的对称（平分）线重合，并以此作为峰的位置。借助米尺，可以估计出百分之一度（或十分之一度）的 2θ 值，并通过工具书查出对应的 d 值。又按衍射峰的高度估计出各衍射线的相对强度。有了 d 系列与 θ 系列之后，取前反射区三根最强线为依据，查阅索引，用尝试法找到可能的卡片，再进行详细对照。如果对试样中的物相已有初步估计，亦可借助字母索引来检索。确定一个物相之后，将余下线条进行强度的归一处理，再寻找第二相。有时亦可根据试样的实际情况作出推断，直至所有的衍射均有着落为止。

举例：球墨铸铁试片经 570℃ 气体软氮化 4h，用 $CrK\alpha$，照射，所得的衍射图如图 4 所示。

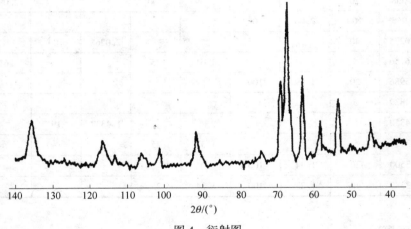

图 4　衍射图

将各衍射峰对应的 2θ，d 及 I/I_1 列成表格，即是下表中左边的数据。根据文献资料，知渗氮层中可能有各种铁的氮化物，于是按英文名称"Iron Nitride"翻阅字母索引，找出 Fe_3N，ζ-FaiN，εFe_3N-Fe_2N 及 γ-Fe_4N 等物相的卡片。与实验数据相对照后，确定"εFe_3N-Fe_2N"及"Fe_3N"两个物相，并有部分残留线条。根据试样的具体情况，猜测可能出现基体相有铁的氧化物的线条。经与这些卡片相对照，确定了物相 α-Fe_3O_4 衍射峰的存在。各物相线条与实验数据对应的情况，已列于表中。

根据具体情况判断，各物相可能处于距试样表面不同深度处。其中 Fe_3O_4 应在最表层，但因数量少，且衍射图背底波动较大，致某些弱线未能出现。离表面稍远的应是 εFe_3N-Fe_2N 相，这一物相的数量较多，因它占据了衍射图中比较强的线。再往里应是 Fe_3N，其数量比较少。α-Fe 应在离表面较深处，它在被照射的体积中所占分量较大，因为它的线条亦比较强。从这一点，又可判断出氮化层并不太厚。

衍射线的强度跟卡片对应尚不够理想，特别是 $d=2.065\text{A}$ 这根线比其他线条强度大得多。本次分析对线条强度只进行了大致的估计，实验条件跟制作卡片时的亦不尽相同，这些都是造成强度差别的原因。至于各物相是否存在择优取向，则尚未进行审查。

实验数据表

实验数据			卡 片 数 据								
			3-0925 $\varepsilon Fe_3N\text{-}Fe_2N$		1-1236 Fe_3N		6-0696 $\alpha\text{-}Fe$		16-629 Fe_3O_4	
$2\theta/(°)$	$d/\text{Å}$	I/I_1	$d/\text{Å}$	I/I_1	$d/\text{Å}$	I/I_1	$d/\text{Å}$	I/I_1	$d/\text{Å}$	I/I_1
27.30	4.856	2							4.85	8
45.43	2.968	15							2.967	30
53.89	2.529	30							2.532	100
57.35	2.387	2			2.38	20				
58.62	2.338	20	2.34	100						
63.11	2.189	45	2.19	100	2.19	25				
62.20	2.098	20			2.09	100			2.099	20
67.4	2.065	100	2.06	100						
68.80	2.0275	40					2.0268	100		
90.30	1.6156	5			1.61	25			1.616	30
91.54	1.5986	20	1.59	100						
101.18	1.4829	5							1.485	40
105.90	1.4350	5					1.4332	19		
112.50	1.3776	5			1.37	25				
116.10	1.3500	20	1.34	100						
135.27	1.2385	40	1.23	100	1.24	25				

六、注意事项

（1）开机前检查冷却水是否正常，正常后方能开机。

（2）样品制备过程中，对粉末样品要过筛，一般过 200~300 目筛为宜。

（3）对金属样品的制备要防止形成应力。

（4）测试速度以 2°~5° 为宜。

（5）数据处理过程中要慎重对衍射线的取舍。

七、思考题

（1）样品中含有非晶态物质，非晶态的含量能否进行定性判断。

（2）衍射线强度能否通过衍射仪知道绝对强度，其相对强度是怎么表示的。

（3）扫描速度对数据分析有何影响。

（4）用 X 射线衍射仪能进行哪些材料性质的测试。

实验二 扫描电子显微镜实验

一、实验目的

（1）了解扫描电镜的基本结构和原理。

（2）掌握扫描电镜的操作方法。

（3）掌握扫描电镜样品的制备方法。

（4）选用合适的样品，通过对表面形貌衬度和原子序数衬度的观察，了解扫描电镜图像衬底原理及其应用。

二、实验原理

扫描电子显微镜利用细聚焦电子束在样品表面逐点扫描，与样品相互作用产生各种物理信号，这些信号经检测器接收、放大并转换成调制信号，最后在荧光屏上显示反映样品表面各种特征的图像。扫描电镜具有景深大、图像立体感强、放大倍数范围大、连续可调、分辨率高、样品室空间大且样品制备简单等特点，是进行样品表面研究的有效分析工具。

扫描电镜所需的加速电压比透射电镜要低得多，一般约在 1~30kV，实验时可根据被分析样品的性质适当地选择，最常用的加速电压约在 20kV 左右。扫描电镜的图像放大倍数在一定范围内（几十倍到几十万倍）可以实现连续调整，放大倍数等于荧光屏上显示的图像横向长度与电子束在样品上横向扫描的实际长度之比。扫描电镜的电子光学系统与透射电镜有所不同，其作用仅仅是为了提供扫描电子束，作为使样品产生各种物理信号的激发源。扫描电镜最常使用的是二次电子信号和背散射电子信号，前者用于显示表面形貌衬度，后者用于显示原子序数衬度。

扫描电镜的基本结构可分为电子光学系统、扫描系统、信号检测放大系统、图像显示和记录系统、真空系统和电源及控制系统六大部分。这一部分的实验内容可参照教材第十二章，并结合实验室现有的扫描电镜进行，在此不作详细介绍。

扫描电镜图像衬度观察：

（一）样品制备

扫描电镜的优点之一是样品制备简单，对于新鲜的金属断口样品不需要做任何处理，可以直接进行观察。但在有些情况下需对样品进行必要的处理。

（1）样品表面附着有灰尘和油污，可用有机溶剂（乙醇或丙酮）在超声波清洗器中清洗。

（2）样品表面锈蚀或严重氧化，采用化学清洗或电解的方法处理。清洗时可能会失去一些表面形貌特征的细节，操作过程中应该注意。

（3）对于不导电的样品，观察前需在表面喷镀一层导电金属或碳，镀膜厚度控制在 5~10nm 为宜。

（二）表面形貌衬度观察

二次电子信号来自于样品表面层 5~10nm，信号的强度对样品微区表面相对于入射束的取向非常敏感，随着样品表面相对于入射束的倾角增大，二次电子的产额增多。因此，二次电子像适合于显示表面形貌衬度。

二次电子像的分辨率较高，一般约在 3~6nm。其分辨率的高低主要取决于束斑直径，而实际上真正达到的分辨率与样品本身的性质、制备方法，以及电镜的操作条件如高匝、扫描速度、光强度、工作距离、样品的倾斜角等因素有关，在最理想的状态下，目前可达的最佳分辨率为 1nm。

扫描电镜图像表面形貌衬度几乎可以用于显示任何样品表面的超微信息，其应用已渗透到许多科学研究领域，在失效分析、刑事案件侦破、病理诊断等技术部门也得到广泛应用。在材料科学研究领域，表面形貌衬度在断口分析等方面显示有突出的优越性。下面就以断口分析等方面的研究为例说明表面形貌衬度的应用。

利用试样或构件断口的二次电子像所显示的表面形貌特征，可以获得有关裂纹的起源、裂纹扩展的途径以及断裂方式等信息，根据断口的微观形貌特征可以分析裂纹萌生的原因、裂纹的扩展途径以及断裂机制。图 1 是比较常见的金属断口形貌二次电子像。较典型的解理断口形貌如图 1a 所示，在解理断口上存在有许多台阶。在解理裂纹扩展过程中，台阶相互汇合形成河流花样，这是解理断裂的重要特征。准解理断口的形貌特征见图 1b，准解理断口与解理断口有所不同，其断口中有许多弯曲的撕裂棱，河流花样由点状裂纹源向四周放射。沿晶断口特征是晶粒表面形貌组成的冰糖状花样，见图 1c。图 1d 显示的是韧窝断口的形貌，在断口上分布着许多微坑，在一些微坑的底部可以观察到夹杂物或第二相粒子。疲劳裂纹扩展区断口存在一系列大致相互平行、略有弯曲的条纹，称为疲劳条纹，这是疲劳断口在扩展区的主要形貌特征。图 1 示出的具有不同形貌特征的断口，若按裂纹扩展途径分类，其中解理、准解理和韧窝型属于穿晶断裂，显然沿晶断口的裂纹扩展是沿晶粒表面进行的。

图 2 是显示灰铸铁显微组织的二次电子像，基体为珠光体加少量铁素体，在基体上分布着较粗大的片状石墨。与光学显微镜相比，利用扫描电镜表面形貌衬度显示材料的微观组织，具有分辨率高和放大倍数大的优点，适合于观察光学显微镜无法分辨的显微组织。为了提高表面形貌衬度，在腐蚀试样时，腐蚀程度要比光学显微镜使用的金相试样适当地深一些。

表面形貌衬度还可用于显示表面外延生长层（如氧化膜、镀膜、磷化膜等）的结晶形态。这类样品一般不需进行任何处理，可直接观察。图 3 是低碳钢板表面磷化膜的二次电子像，它清晰地显示了磷化膜的结晶形态。

（三）原子序数衬度观察

原子序数衬度是利用对样品表层微区原子序数或化学成分变化敏感的物理信号，如背散射电子、吸收电子等作为调制信号而形成的一种能反映微区化学成分差别的像衬度。实验证明，在实验条件相同的情况下，背散射电子信号的强度随原子序数增大而增大。在样品表层平均原子序数较大的区域，产生的背散射信号强度较高，背散射电子像中相应的区域显示较亮的衬度；而样品表层平均原子序数较小的区域则显示较暗的衬度。由此可见，背散射电子像中不同区域衬度的差别，实际上反映了样品相应不同区域平均原子序数的差异，据此可定性分析样品微区的化学成分分布。吸收电子像显示的原子序数衬度与背散射电子像相反，平均原子序数较大的区域图像衬度较暗，平均原子序数较小的区域显示较亮的图像衬度。原子序数衬度适合于研究钢与合金的共晶组织，以及各种界面附近的元素扩散。

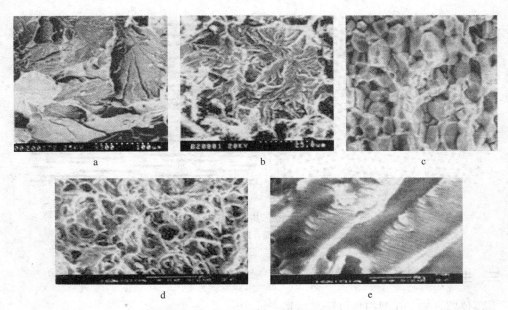

图 1 几种具有典型形貌特征的断口二次电子像

a—解理断口；b—准解理断口；c—沿晶断口；d—韧窝断口；e—疲劳断口

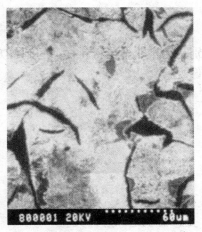

图 2 灰铸铁显微组织二次电子像

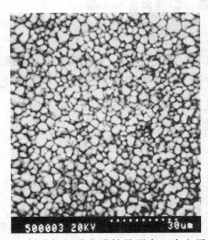

图 3 低碳钢板磷化膜结晶形态二次电子像

图 4 是 Al-Li 合金铸态共晶组织的背散射电子像。由图可见，基体 α-Al 固溶体由于其平均原子序数较大，产生背散射电子信号强度较高，显示较亮的图像衬度。在基体中平行分布的针状相为铝锂化合物，因其平均原子序数小于基体而显示较暗的衬度。

在此顺便指出，由于背散射电子是被样品原子反射回来的入射电子，其能量较高，离开样品表面后沿直线轨迹运动，因此信号探测器只能检测到直接射向探头的背散射电子，有效收集立体角小，信号强度较低。尤其是样品中背向探测器的那些区域产生的背散射电子，因无法到达探测器而不能被接收。所以利用闪烁体计数器接收背散射电子信号时，只适合于表面平整的样品，实验前样品表面必须抛光而不需腐蚀。

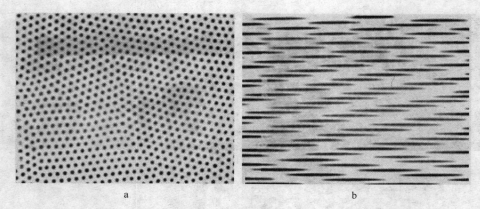

a   b

图 4　Al-Li 合金铸态共晶组织背散射电子像
a—横截面；b—纵横面

三、主要仪器及耗材

主要仪器：XL-30 型扫描电子显微镜。

主要耗材：金属样品和陶瓷样品。

四、实验内容和步骤

（一）实验内容

（1）掌握扫描电子显微镜的样品制备方法，特别是无机非金属材料样品的制备方法。

（2）掌握二次电子成像和背散射电子成像的图像观察。

（二）实验步骤

样品制备：

（1）对金属质导电样品。

（2）对陶瓷基非导电样品。

扫描电子显微镜的操作及样品测试：

（1）真空系统部分操作方法：

1）开电源，扩散泵冷却水，机械泵、压缩机、变压器及电源总开关。

2）开真空电源，系统会自动进行抽样品室、镜筒低真空和高真空。

3）四个最主要的操作步骤：灯丝的对中，灯丝饱和点的调节，物镜光阑的对中，消像散。

（2）放置、调换样品操作步骤：

样品制作简介：

1）清洁样品表面。

2）样品粘贴在样品杯上。

3）非导电样品用溅射易镀金属膜。

（3）样品放入电镜样品室。

（4）图像获得操作步骤：

1）根据试样性质，选择加速电压。

2）平移、倾转样品台，先低倍率，后高倍率观察。

3）通过改变物镜电流，改变物镜焦距。

（5）关机操作步骤：记录每次实验条件及其对实验的影响。

五、实验注意事项

（1）真空室的真空度。

（2）样品制备过程中，主要样品的选择。

（3）样品要用导电胶进行粘合。

（4）根据观察所需，选择合适的信号源。

六、思考题

（1）原子序数衬度和形貌衬度主要由哪些信号产生？

（2）通过断口形貌观察可以研究材料的哪些性质？

（3）形貌观察镀膜是否会产生假像？

实验三　热分析实验

一、实验目的

（1）了解 TG/DTA 热分析仪的原理及仪器装置。

（2）学习使用热分析方法鉴定矿物。

二、实验原理

1977 年在日本京都召开的国际热分析协会（ICTA，International Conference on Thermal Analysis）第七次会议所下的定义：热分析是在程序控制温度下，测量物质的物理性质与温度之间关系的一类技术。这里所说的"程序控制温度"一般指线性升温或线性降温，也包括恒温、循环或非线性升温、降温。这里的"物质"指试样本身和（或）试样的反应产物，包括中间产物。

上述物理性质主要包括质量、温度、能量、尺寸、力学、声、光、热、电等。根据物理性质的不同，建立了相对应的热分析技术，例如：

热重分析（Thermogravimetry，TG）；

差热分析（Differential Thermal Analysis，DTA）；

差示扫描量热分析（Differential Scanning Calorimetry，DSC）；

热机械分析（Thermomechanical Analysis，TMA）；

逸出气体分析（Evolved Gas Analysis，EGA）；

热电学分析（Thermoelectrometry）；

热光学分析（Thermophotometry）等。

热分析的主要优点：

（1）可在宽广的温度范围内对样品进行研究。

（2）可使用各种温度程序（不同的升降温速率）。

（3）对样品的物理状态无特殊要求。

（4）所需样品量可以很少（0.1μg～10mg）。

（5）仪器灵敏度高。

（6）可与其他技术联用。

（7）可获取多种信息。

热重分析（TG）：样品在热环境中发生化学变化、分解、成分改变时可能伴随着质量的变化。热重分析就是在不同的热条件（在恒定速度升温或等温条件下延长时间）下对样品的质量变化加以测量的动态技术。

热重法（Thermogravimetry，TG）是在程序控温下，测量物质的质量与温度或时间的关系的方法，通常是测量试样的质量变化与温度的关系。热重分析的结果用热重曲线（Curve）或微分热重曲线表示。

差热分析（DTA）：差热分析是在程序控制温度下，测量物质与参比物之间的温度差与温度关系的一种技术。差热分析曲线描述了样品与参比物之间的温差（ΔT）随温度或时间的变化关系。

三、实验仪器和耗材

主要仪器：Diamond TG/DTA 热分析仪。

主要耗材：$CuSO_4 \cdot 5H_2O$ 晶体或草酸钙晶体。

四、实验内容和步骤

（1）样品制备。

（2）热分析仪的操作：

1）开机操作。

2）仪器的调试。

3）测试结果的分析。

五、数据处理与分析

（1）热重实验曲线解析：在热重试验中，试样质量 W 作为温度 T 或时间 t 的函数被连续地记录下来，TG 曲线表示加热过程中样品失重累积量，为积分型曲线；DTG 曲线是 TG 曲线对温度或时间的一阶导数，即质量变化率，dW/dT 或 dW/dt。

DTG 曲线上出现的峰指示质量发生变化，峰的面积与试样的质量变化成正比，峰顶与失重变化速率最大处相对应。

TG 曲线上质量基本不变的部分称为平台，两平台之间的部分称为台阶。B 点所对应的温度 T_i 是指累积质量变化达到能被热天平检测出的温度，称之为反应起始温度。C 点所对应的温度 T_f 是指累积质量变化达到最大的温度（TG 已检测不出质量的继续变化），称之为反应终了温度。

反应起始温度 T_i 和反应终了温度 T_f 之间的温度区间称反应区间。亦可将 G 点取作 T_i 或以失重达到某一预定值（5%、10%等）时的温度作为 T_i，将 H 点取作 T_f。T_p 表示最大失重速率温度，对应 DTG 曲线的峰顶温度。

（2）差热曲线解析：下图为实际的放热峰。反应起始点为 A，温度为 T_i；B 为峰顶，温度为 T_m，主要反应结束于此，但反应全部终止实际是 C，温度为 T_f。

BD 为峰高，表示试样与参比物之间最大温差。ABC 所包围的面积称为峰面积。

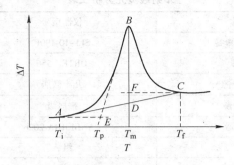

实际放热峰

六、注意事项

（1）据样品性质选择合适的保护气体和气流。

（2）根据样品性质选择合适的升温区间和升温速率。

（3）选择合适的样品粒度。

（4）根据样品性质选择合适的坩埚，对硫酸盐，高氯酸盐等不能用铂金坩埚。

（5）如果需要准确的 DTA 数据，最好用 Pt 坩埚而不要用陶瓷坩埚。

（6）样品用量不能太多，一般为 $3 \sim 5mg$。

七、思考题

（1）升温速率对测试结果有何影响？

（2）气流大小对测试结果有何影响？

（3）样品粒度对测试结果有何影响？

（4）如何准确地判读曲线？

实验四　X 射线荧光光谱仪测试技术

一、实验目的

（1）了解 X 射线荧光光谱仪的结构和工作原理。

（2）掌握 X 射线荧光分析法用于物质成分分析方法和步骤。

（3）用 X 荧光分析方法确定样品中的主要成分。

二、实验原理

利用初级 X 射线光子或其他微观离子激发待测物质中的原子，使之产生荧光（次级 X 射线）而进行物质成分分析和化学态研究的方法。按激发、色散和探测方法的不同，分为 X 射线光谱法（波长色散）和 X 射线能谱法（能量色散）。

三、实验仪器

X 射线荧光分析仪见下表。

X 射线荧光分析仪表

序号	仪器名称	仪器型号	件数
1	Si（Li）探测器	SLP-10-190P	1
2	高压电源	ORTEC 556	1
3	^{55}FeX 射线源	几十微居	1
4	^{238}Pu 激发源	毫居级	1
5	能谱放大器	CANBERRA 2026	1
6	微机	组装	1
7	多功能多道卡	ORTEC　8K	1
8	测量架	加工	1 套
9	分析用标准样品	配置	1 套
10	二维步进电机控制器	SC-2B	1
11	超薄电控平移台	TAS30C	1

四、实验步骤

（1）实验参数选择。

1）阳极靶的选择。选择阳极靶的基本要求：尽可能避免靶材产生的特征 X 射线激发样品的荧光辐射，以降低衍射花样的背底，使图样清晰。不同靶材的使用范围见下表。

不同靶材的使用范围表

靶的材料	经常使用的条件
Cu	除了黑色金属试样以外的一般无机物、有机物
Co	黑色金属试样（强度高，但背底也高，最好计数器和单色器联用）
Fe	黑色金属试样（缺点是靶的允许负荷小）
Cr	黑色金属试样（用于应力测定）
Mo	测定钢铁试样或利用透射法测定吸收系数大的试样
W	单晶的劳厄照相

必须根据试样所含元素的种类来选择最适宜的特征 X 射线波长（靶）。当 X 射线的波长稍短于试样成分元素的吸收限时，试样强烈地吸收 X 射线，并激发产生成分元素的荧光 X 射线，背底增高。其结果是峰背比（信噪比）P/B 低（P 为峰强度，B 为背底强度），衍射图谱难以分清。

X 射线衍射所能测定的 d 值范围，取决于所使用的特征 X 射线的波长。X 射线衍射所需测定的 d 值范围大都在 0.1~1nm 之间。为了使这一范围内的衍射峰易于分离而被检测，需要选择合适波长的特征 X 射线。详见下表。一般测试使用铜靶，但因 X 射线的波长与试样的吸收有关，可根据试样物质的种类分别选用 Co、Fe，或 Cr 靶。此外还可选用钼靶，这是由于钼靶的特征 X 射线波长较短，穿透能力强，如果希望在低角处得到高指数晶面衍射峰，或为了减少吸收的影响等，均可选用钼靶。

不同靶材的特征 X 射线波长

元素	原子序数	波长/Å				激发电压/kV
		K_{α_1}	K_{α_2}	K_α	K_β	
Cu	29	1.54050	1.54434	1.5418	1.39217	8.68
Co	27	1.78890	1.79279	1.7902	1.62076	7.71
Fe	26	1.93597	1.93991	1.9373	1.75654	7.10
Cr	24	2.28971	2.29361	2.2910	2.08487	5.98
Ni	28	1.65783	1.66168	1.6591	1.39217	3.29

2）管电压和管电流的选择。工作电压设定为 3~5 倍的靶材临界激发电压。选择管电流时功率不能超过 X 射线管额定功率，较低的管电流可以延长 X 射线管的寿命。

X 射线管经常使用的负荷（管压和管流的乘积）选为最大允许负荷的 80% 左右。但是，当管压超过激发电压 5 倍以上时，强度的增加率将下降。所以，在相同负荷下产生 X 射线时，在管压约为激发电压 5 倍以内时要优先考虑管压，在更高的管压下其负荷可用管流来调节。靶元素的原子序数越大，激发电压就越高。由于连续 X 射线的强度与管压的平方呈正比，特征 X 射线与连续 X 射线的强度之比，随着管压的增加接近一个常数，当管压超过激发电压的 4~5 倍时反而变小，所以，管压过高，信噪比 P/B 将降低，这是不可取得的。具体数据见下表。

衍射仪测试条件参数选择表

条件＼目的	未知试样的简单相分析	铁化合物的相分析	有机高分子测定	微量项分析	定量	点阵参数确定
靶	Cu	Cr, Fe, Co	Cu	Cu	Cu	Cu, Co
K_β 滤波片	Ni	V, Mn, Fe	Ni	Ni	Ni	Ni, Fe
管压/kV	35~45	30~40	35~45	35~45	35~45	35~45
管流/mA	30~40	20~40	30~40	30~40	30~40	30~40
扫描速度/(°)·min⁻¹	2, 4	2, 4	1, 2	1/2, 1	1/4, 1/2	1/8~1/2
发散狭缝 DS/(°)	1	1	1/2, 1	1	1/2, 1, 2	1
接受狭缝/mm	0.3	0.3	0.15, 0.3	0.3, 0.6	0.15, 0.3, 0.6	0.15, 0.3
扫描范围/(°)	90（70）~2	120~10	60~2（50~10）	90（70）~2	需要的衍射线	尽可能高角的衍射线

3）滤波片的选择。

$$Z_滤 < Z_靶 - (1 \sim 2)$$

当 $Z_靶 < 40$，$Z_滤 = Z_靶 - 1$；

当 $Z_靶 > 40$，$Z_滤 = Z_靶 - 2$。

4）扫描范围的确定。不同的测定目的，其扫描范围也不同。当选用 Cu 靶进行无机化合物的相分析时，扫描范围（2θ）一般为 2°~90°；对于高分子，有机化合物的相分析，其扫描范围一般为 2°~60°；在定量分析、点阵参数测定时，一般只对欲测衍射峰扫描几度。

5）扫描速度的确定。常规物相定性分析常采用每分钟 2°或 4°的扫描速度，在进行点阵参数测定，微量分析或物相定量分析时，常采用每分钟 1/2°或 1/4°的扫描速度。

（2）样品制备。X 射线衍射分析的样品主要有粉末样品、块状样品、薄膜样品、纤维样品等。样品不同，分析目的不同（定性分析或定量分析），则样品制备方法也不同。

1）粉末样品。X 射线衍射分析的粉末试样必须满足这样两个条件：晶粒要细小，试样无择优取向（取向排列混乱）。所以，通常将试样研细后使用，可用玛瑙研钵研细。定性分析时粒度应小于 40μm（350 目），定量分析时应将试样研细至 10μm 左右。较方便地确定 10μm 粒度的方法是，用拇指和中指捏住少量粉末，并碾动，两手指间没有颗粒感觉的粒度大致为 10μm。

常用的粉末样品架为玻璃试样架，在玻璃板上蚀刻出试样填充区为 20mm×18mm。玻璃样品架主要用于粉末试样较少时（约少于 500mm³）使用。充填时，将试样粉末一点一点地放进试样填充区，重复这种操作，使粉末试样在试样架里均匀分布并用玻璃板压平实，要求试样面与玻璃表面齐平。如果试样的量少到不能充分填满试样填充区，可在玻璃试样架凹槽里先滴一薄层用醋酸戊酯稀释的火棉胶溶液，然后将粉末试样撒在上面，待干燥后测试。

2）块状样品。先将块状样品表面研磨抛光，大小不超过 20mm×18mm，然后用橡皮泥将样品粘在铝样品支架上，要求样品表面与铝样品支架表面平齐。

3）微量样品。取微量样品放入玛瑙研钵中将其研细，然后将研细的样品放在单晶硅样品支架上（切割单晶硅样品支架时使其表面不满足衍射条件），滴数滴无水乙醇使微量样品在单晶硅片上分散均匀，待乙醇完全挥发后即可测试。

4）薄膜样品制备。将薄膜样品剪成合适大小，用胶带纸粘在玻璃样品支架上即可。

（3）样品测试

1）开机前的准备和检查。将制备好的试样插入衍射仪样品台，盖上顶盖关闭防护罩；开启水龙头，使冷却水流通；X 光管窗口应关闭，管电流管电压表指示应在最小位置；接通总电源。

2）开机操作。开启衍射仪总电源，启动循环水泵；待数分钟后，打开计算机 X 射线衍射仪应用软件，设置管电压、管电流至需要值，设置合适的衍射条件及参数，开始样品测试。

3）停机操作。测量完毕，关闭 X 射线衍射仪应用软件；取出试样；15min 后关闭循环水泵，关闭水源；关闭衍射仪总电源及线路总电源。

五、数据处理与分析

测试完毕后，可将样品测试数据存入磁盘供随时调出处理。原始数据需经过曲线平滑，谱峰寻找等数据处理步骤，最后打印出待分析试样衍射曲线和 d 值、2θ、强度、衍射峰宽等数据供分析鉴定。

2.7　材料热力学

实验一　二元合金相图的绘制与应用

一、实验目的

（1）测绘二元合金相图。
（2）了解热分析的测量方法。
（3）掌握步冷曲线与相图绘制的关系。

二、实验原理

热分析法是物理化学中的一种分析法，它是基于物质发生相变时伴有热效应。熔炉（金属、合金或化合物）在均匀冷却时，若不发生任何相变则体系温度是均匀下降的，如果在冷却过程中发生了相变，体系的温度变化就显出不均衡，而使得冷却（或加热）曲线（温度—时间关系曲线）上会出现水平线段或转折点。

冷却曲线的斜率，即温度变化的速度决定于体系与环境的温差、体系的热容、热导率和相变等因素，若冷却时体系的热容、散热情况等基本相同，体系温度下降的速度可表示为

$$\frac{\mathrm{d}T}{\mathrm{d}t} = K(T_{体} - T_{环})$$

式中　T——温度；

　　　t——时间；

　　　K——一个与热容、散热情况等有关的常数。

当有固体析出时，放出凝固热，因而步冷曲线出线转折，折变是否明显，决定于放出的凝固热能抵消散失热量的多少，若物质的凝固热大，放出的凝固热能抵消大部分散失的热量，则这边明显，否则折变就不明显。

为控制适当的冷却速率，可提高冷却环境的温度和缩短读数的时间间隔，热容大的间隔读数时间可长些，热容小的间隔时间短些，力求能准确判断相变点。

但是，在实际工作中，体系温度分布不均，测量点的变化、环境温度的改变，都会使在没有相变的情况下，温度变化速率也会改变，当相比热较小，不能抵消散失热时，即使f（自由度）为0，温度也会随时间而改变，再由于相变时，往往需要一定的诱发，在没有诱发的情况下，也会产生该变而不变的可能，即过冷，而一旦发生相变时，就会有较多的相变热释放出来，反而使体系温度回升，见图1、图2。

此时，冷却曲线上就会出现一个起伏，由于上述原因，所得的结果，仅是真实平衡状态的近似，为了更好的反映真实平衡状态，就要克服上述因素和具有处理这类数据的能力，为此，要尽量保证测量点不变，环境温度不变（温差要小），测量前要使体系均匀，测量中要经常搅拌（指在还流动时），工作要特别仔细。

用热分析法绘制锡-铋相图是测量一系列组成不同的 Sn-Bi 合金体系，例如，纯 Bi、

纯 Sn 及含锡 20%、40%、61.9%、80%等的步冷曲线（注意，要缓慢地均匀冷却，连续记录冷却过程中温度随时间的变化关系），从各冷却曲线出现的水平线段或转折点，可确定相应的相变温度，依照相变温度及冷却曲线所代表的组成，便可绘制相图。

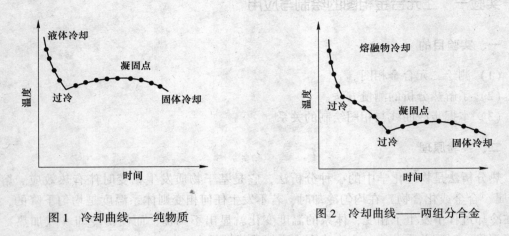

图 1　冷却曲线——纯物质　　　　　图 2　冷却曲线——两组分合金

Sn-Bi 体系是含有低共熔物的二元体系，其低共熔物的组成可用曲线延长相交或塔曼法帮助确定。

三、实验仪器和试剂

纯铋、纯锡、铋-锡混合试样（含锡 20%、40%、61.9%、80%）、液态石蜡（或石墨粉）、热电偶（铜-康铜）、毫伏计、秒表（或电钟）、台秤、坩埚电炉、恒温冷却箱。

四、实验步骤

（1）了解热电偶的性能和使用方法。

（2）将冷的或温的热电偶插入沸水中，测出水沸腾时的毫伏值。

（3）分别测定 0、1、2、3、4、5 号试样的冷却曲线，0 号（纯锡），1 号（含锡80%，含铋 20%），2 号（含锡 61.9%），3 号（含锡 40%），4 号（含锡 20%），5号（纯 Bi）。把装有试样的硬质试管放在坩埚炉中（炉温 400～500℃）熔化。插入预热了的热电偶（包玻璃套），并用热电偶搅拌均匀试样，继续加热数分钟，将试样置于恒温冷却箱中，缓慢冷却，热电偶仍插在试样中，在此冷却过程中，每隔一定时间（纯铋样 5s，纯锡样 15s，其他 10s），读取温差电势一次，直至全部冷凝，即可得到完整的冷却曲线。

五、注意事项

（1）热电偶的热端必须固定在其套管底部，用它时只能拿其套管，不能拉动金属丝，以免导热不良，影响测定结果。

（2）全套数据要用一只电热偶测定，否则要再做校正。

（3）步冷曲线测完后，热电偶必须取出，若其上粘有试样时，需趁热时用干抹布擦净，以免污染试样。

（4）试样加热和插热电偶时，都要预热，切勿急剧加热和冷却。冷的热电偶决不能直接插入热的试样中，避免冷热试样的突然接触，否则极易破损。

（5）由于金属蒸气有毒，故实验时室内空气要流通，试管一旦破损，必须立即切断电炉电源，清除留在炉内的试样。

六、数据处理

（1）根据冷却过程中温度与时间的对应关系，绘出各样品的冷却曲线。

（2）依据纯铋、纯锡和沸水的相变温度及其温差电势绘制热电偶的校正曲线。

（3）在坐标纸上分别画出 0~5 号试样的冷却曲线，根据这 6 条冷却曲线，画出 Sn-Bi 二元相图。

（4）画相图要根据自己实验数据来画，然后与标准相图比较，进行误差计算找出误差的原因。

七、思考题

（1）热电偶测量温度的原理是什么，为什么要求保持冷端温度恒定，如何保持恒定？

（2）为什么热电偶、温度计必须校正？

（3）试用相律分析低共熔点、熔点、曲线及各区域内的相及自由度。

（4）金属共熔体冷却曲线上为什么会出现转折点，纯金属、低共熔金属及合金等的转折点各有几个，曲线的形状为何不同？

（5）通常认为体系发生的热效应很小时，用热分析法很难获得准确的相图，为什么？在含锡量 20%及 80%的二样品的步冷曲线中的第一个转折点哪个明显？为什么？

（6）熔点较高的含 Bi 量 20%的 Bi-Sn 合金变为最低共熔点时的合金，应加入多少克 Bi 或多少克 Sn？

（7）若要求温度测准到 1℃，所需毫伏表的规格如何？

2.8　涂料工艺学

实验一　水性内墙涂料的制备

一、实验原理

建筑内墙乳胶漆的基本原料分为基料、颜填料、溶剂（水）和各种助剂。原材料的质量品种的选择直接关系到最终涂料产品的质量，因而对原材料的选择是必须优先解决的问题。

（1）乳胶漆基料。基料是乳胶漆成膜的主要物质，其性能品质的优劣在本质上决定了乳胶漆产品的最终质量。目前在国内外墙乳胶漆的生产中使用的乳液品种主要有苯丙乳液、纯丙乳液、乙丙乳液、氯偏乳液、VAE；EVA 乳液以及硅丙乳液等，还有少量的改性聚氨酯乳液和氟树脂乳液等。其中纯丙溶液、改性聚氨酯和氟树脂二种基料性能较其他乳液高得多，但价格也比较昂贵，在实际生产中使用量很少，而且同我们改性中低档产品的思路不符，因而这里不予考虑。其他各乳液综合性能以纯丙乳液为最佳，醋酸乙烯和乙丙乳液性能较差。苯丙乳液的耐碱和耐水性优良，但同纯丙乳液相比，耐色变性较差。这是因为苯丙乳液中因为含有芳香环，容易在紫外光照射下发生黄变，导致耐候性较差。

考虑到苯丙乳液较好的性能，选择苯丙乳液作为主要改性内墙乳胶漆的主要基料。另外，作为参比，也部分采用纯丙乳液。

（2）颜填料。颜料赋予涂膜色彩，颜料的质量对涂膜的外观有重要的影响。实验用乳胶漆一般只考虑白色和浅色，白色外墙涂料的颜料，一般选用耐候性较好的金红石型（R 型）钛白粉。由于室内乳胶漆对耐候性的要求比外墙低，可选用价格更便宜的锐钛型（A 型）。金红石型钛白粉耐候性和遮盖力远远高于锐钛型钛白粉，因此也可选择金红石型（CR 型），这样能获得更高的综合性能。填料一般对性能影响不大，考虑选择一般工业生产中采用的填料。

（3）助剂。助剂赋予涂料各种性能，主要分为三类：1）满足涂料的使用性能，如流变、外观状态、涂刷性能等；2）增加涂料的内在质量，如分散、消泡、防腐、制备及贮存稳定性等；3）促进涂料成膜和提高涂膜质量，如成膜、疏水、消光、抗老化等。除了有上述作用之外，大部分可溶又不能挥发的助剂残留在涂层中，会对涂膜质量产生不良影响。内墙涂料选择助剂时必须综合考虑助剂的作用及其对涂膜质量的影响。

（4）基本配方。乳胶漆是一种复合材料，在施工成膜之前其为一复杂的混合体系。涂料中的各种成分的配比必然关系到该体系相容性、分散性、稳定性等性能，并进一步影响乳胶漆成膜后的性能，因而乳胶漆配方的选择很重要。在一般的乳胶漆配方设计中，首要考虑的因素是颜料体积浓度 PVC，或者为求计算简单用颜基比 P/B 代替。因为颜料和基料的配比直接决定了涂膜成分，也就最终决定涂膜的各种性能。颜料体积浓度有一个临界值 CPVC，在临界值左右，涂料的性能会发生急剧变化。CPVC 的值由特定配方—本身的性质所决定，从许多成功涂料系统的 CPVC 值来看，乳胶漆的临界颜料体积浓度在 50%～60%之间。

涂料配方中另一个重要的配比是助剂的比例，因为助剂的目的是赋予涂料各种性能，而且其添加量很少，微量的变化对涂膜性能将产生较大的影响。根据工业化生产实际，并综合上述配方设计原则。我们选择了有代表性中档苯丙乳胶漆配方，见下表。

乳胶漆配方表

组　分	W_t/g	组　分	W_t/g
水	66	氨水	1.5
分散剂 5040	2	立德粉	68
PE100 润湿剂	1	乙二醇	14
消泡剂	1.5	成膜助剂	4.5
钛白粉	46	乳液	91.5
轻钙	46	HEC	91.5
重钙	45.5	防腐剂	0.5
滑石粉	22.5	总计	511.75

二、实验仪器和耗材

主要仪器见下表。

主要仪器表

设备名称	技术参数	生产厂家
搅拌器	直流电机，100W	江苏省金坛市医疗仪器厂
球磨机	370W	四川省轻工业研究设计院
超声波细胞粉碎机		宁波新艺科器研究所
老化试验机	6000W	重庆银河
色差计	CR-10	日本美能达
光泽度测量仪	0~120±0.4（光泽度）	上海精密科学仪器厂
紫外加速老化箱	320nm，60W	自制

主要耗材：见乳胶漆配方表。

三、实验步骤

下面以生产500mL乳胶漆为例介绍一下其生产过程见下图。

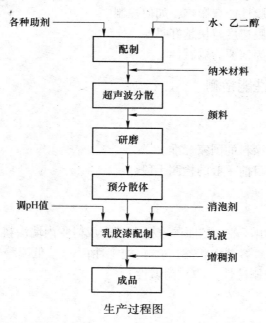

生产过程图

（1）配料与分散。于100mL烧杯中，称取乙二醇14g，成膜助剂4.5g，润湿剂1g，摇晃杯子，使其初步混合，取500mL大烧杯，称水66g，依次加入分散剂2.25g、消泡剂0.75g、防腐剂0.5g和氨水1.5g，调节体系的pH值为8~10左右，用直流电机搅拌，搅拌过程中加入 100mL 烧杯中的混合体。全部加到一起后，高速搅拌，然后加入纳米材料，高速搅拌一段时间后，大约 5~10min，进行超声波分散 10min。

（2）研磨。在上个步骤中加入各种填料，轻钙 46g，滑石粉 22.5g，钛白粉 46g，重钙 45.5g，立德粉 68g 在加各种填料的过程中，逐渐提高搅拌速度，在体系过稠时，可加入适量分散剂，待全部颜料加入后，继续搅拌 10min 左右。将搅拌均匀的颜料浆经球磨机研磨分散 30min，得到预分散体。

（3）配漆。在上述乳胶漆半成品中加入 0.75g 消泡剂和 91.5g 苯丙乳液，在加入过程中进行搅拌。乳液加完后，继续搅拌过程中，加入配置好的增稠剂（IBC）91.5g，将乳胶漆调至一合适黏稠度，即用玻璃棒沾后，乳胶漆不会成流淌下，也不会因为过稠不流，再经分搅拌均匀后，经过滤即成产品。

（4）调色。调色过程可以与配漆过程同步，将色浆作为颜填料浆的一部分；也可以在成品中直接调色。

四、注意事项

（1）各种配比可以适当未调，各种助剂要严格加入次序。
（2）对粉末样品要过筛，一般为过 200 目筛为宜。
（3）料浆 pH 为弱碱性。

五、思考题

（1）简述各种助剂对涂料性能的影响。
（2）哪种助剂对成膜性能有影响，如何控制？
（3）水性涂料是成膜速度越快越好吗？
（4）水性涂料料浆为何要为弱碱性？

实验二　涂料的性能检测

一、实验目的

（1）了解目前水性涂料的国家标准。
（2）了解水性涂料目前一般的检测手段。

二、实验原理

一般的内墙涂料在出厂前，按照国家标准《合成树脂内墙涂料》（GB/T 9756—2001）需要检测如下项目：（1）容器中状态；（2）施工性；（3）低温稳定性；（4）表干时间；（5）涂膜外观；（6）耐刷洗性；（7）耐碱性。

三、实验仪器

刮板细度计，涂膜干燥试验机，耐刷洗性能测试仪，涂膜柔韧性测试仪，涂膜粘结强度测试仪，涂膜耐冲击性测试仪，钢结构防火涂料小样试验炉，涂料防水性能测试仪。

四、实验步骤

（1）容器中状态。用上次合成的涂料，打开包装容器，用搅拌棒搅拌时无硬块，易于混合均匀，则视为合格。

（2）施工性。用刷子在试样平滑面上刷涂试样，涂布量为湿膜厚度约 100μm，放置 6h 后再用同样方式涂刷第二道试样，在第二道涂刷时，刷子运行无困难，则视为"刷涂二道无障碍"。

（3）表干时间测定。按照《漆膜、腻子膜干燥时间测定法》（GB/T 1728—1989）规定了吹棉球和指触两种表干时间测定方法。《涂料表面干燥试验小玻璃球法》（GB/T 6753.2—1986）规定了用小玻璃球测定自干型涂料表干时间的测定方法，该标准等效采用国际标准。

1）吹棉球法：在漆膜表面上轻放 1 个约 1cm³ 的疏松脱脂棉球，用嘴距棉球 10 ~ 15cm 沿水平方向轻吹棉球。如能吹走棉球，漆膜表面不留棉丝，即为表面干燥。

2）指触法：用手指轻触漆膜表面，如感到有点发黏，但无漆粘到手指上，即为表面干燥。

3）小玻璃球法：将在温度（23±2）℃ 或（25±1）℃、相对湿度（50±5）% 或（65±5)% 的条件下干燥后的样板，每隔一定时间或达到涂料产品规定的时间后水平放置，从不小于 50mm、不大于 150mm 的高度上，将约 0.5g 小玻璃球（φ125 ~ 250μm）倒在漆膜表面上。10s 后将样板倾斜 20°，用软毛刷轻刷漆膜，目视检查，若能将全部的小玻璃球刷掉而不损伤表面，则为表面干燥。为避免小玻璃球过于分散，可通过内径 φ25mm 的适当长度的玻璃管倒下小玻璃球（注意不要让玻璃管口接触漆膜）。

（4）刮板细度计使用方法。

1）将符合产品标准黏度的试样，用小调漆刀充分搅匀，取出数滴，滴入沟槽最深部位，即刻度值最大部位。

2）以双手持刮刀，横置于刻度值最大部位（在试样边缘处）使刮刀与刮板表面垂直接触。在 3s 内，将刮刀由最大刻度部位向刻度最小部位拉过。

3）立即（不得超过 5s）使视线与沟槽平面成 15° ~ 30°，对光观察沟槽中颗粒均匀显露处，并记下相应的刻度值。在楔形槽较深的一端倒入足够的测试物料，小心不要产生气泡，手持刮板，垂直于细度板与槽，将物料平滑地刮向槽较窄的一端，该行程需 1 ~ 2s 内完成。评估应该在刮完后 3s 内进行，观察时视线要垂直于槽，视角为 20° ~ 30°，找出颗粒聚集或划痕出现的位置，该位置相对应的槽深即为该测试材料的细度。

（5）耐刷洗性能测试仪。

1）预先将毛刷放在 20℃ 的水中浸泡 30min，浸泡深度为 12mm。然后取出用力压干，再在 0.5% 的皂液中浸泡 10min。2）将试板放在工作盘内，用端试板压角将其固定。3）在停机的情况下，提起刷子连接提扭便可更换刷子体开机即可。4）接通电源，计数器显示"0"，按预置键，使达到所需次数，使机器处于等待状态。5）将 0.5% 浓度的皂液放入储水筒，打开嘴旋塞向试板滴注皂液，一切工作就绪，按启动开关，刷子开始运动，计数器自动记数，洗刷过程中不断地滴注皂液，保持试板湿润。6）观察试板中间 10cm 处有无磨损及露底现象，中途欲停机，则按下停止开关，停止洗刷。7）当试件未露底，计数器已达到预定值而停机时，如想继续进行试验，只要按计数器复位开关，使计数器回零（否则启动不了），再按启动开关，计数器重新开始计数。8）如果用于检验产品，只将预置值拨到合格值上，启动机器，达到预定值自动停机，检查试板是否露底，以此判断产品是否合格。

五、注意事项

（1）试验完后，关掉电源，以免计数器长时间通电造成不必要的损坏。

（2）如长时间不用，将水槽内皂液擦干净，将毛刷甩干，防止长时间浸泡，使鬃毛软化影响下一次试验。

（3）罩好仪器罩，防止尘土，仪器必须接地。

（4）了解各种测试仪器的使用方法及基本原理。

2.9　电池理论与制备工艺学

实验一　锂离子纽扣电池的制作与性能测试

一、实验目的

（1）初步了解锂离子电池的结构。

（2）具体掌握锂离子电池的制作工艺过程。

（3）了解相关设备的使用。

（4）纽扣电池的组装与性能测试。

二、实验原理

（1）锂离子电池的结构。无论何种锂离子电池，锂离子电池的基本结构都是由正极片，负极片，正负极集流体，隔膜，电解液，外壳，密封圈及盖板等组成。此外，电池外壳，密封圈及盖板可根据电池的外形变化所变化。

其中，常用的正极材料有 $LiCoO_2$，$LiNiO_2$，$LiMn_2O_4$，常用的负极材料有石墨，MCMB 等。

（2）锂离子电池的制作。本实验采用正极材料 $LiMn_2O_4$ 与导电剂和黏结剂按照正极材料：导电剂：黏结剂＝90：4：6的比例混合，用 N-甲基吡咯烷酮调制成料浆，采用拉浆涂布的方法涂布到铝箔上得到正极极带。

以 MCMB 为负极材料，按照 MCMB：导电剂：黏结剂＝108：3.6：7的比例混合，用 N-甲基吡咯烷酮调制成料浆，涂布到铜箔上得到负极极带。

采用卷绕式（或叠片式）得到锂离子电池电芯，用 $LiPF6^+$ 添加剂作为电解液得到锂离子电池。

（3）锂离子电池的化成。由于锂的嵌入，溶剂在碳材料表面不可逆还原形成固体电解质中间相，即形成 SEI 膜，生成 Li_2CO_3 和 CH_2OCO_2Li，这层膜规则地覆盖在负极表面，完全将电解质和负极隔开，阻止了电解液与负极的进一步的分解，同时 SEI 膜又是良好的锂离子导体，锂离子通过不带溶剂分子，使负极更加稳定可逆采用阶段性低电流对组装好的电池进行充放电，能很好的形成 SEI 膜，改善电池的存放性能和使用性能。

三、实验仪器

干燥塔，涂布机，对辊机，卷绕机，辊槽机，点焊机，电池注液手套箱，封口机，干燥箱等。电池化成仪器主要是电池综合性能测试仪。

四、实验步骤

（1）配料。正极按照正极材料（$LiMn_2O_4$）：导电剂（乙炔黑）：粘接剂（PVDF）= 90：4：6 比例放入球磨罐中混料配置正极料浆，其中 PVDF 用 N–甲基吡咯烷酮溶解后加入，并用 N—甲基吡咯烷酮调节料浆浓度。

（2）涂布。启动电热烘箱，升温到 140℃。

清洁刀口，归零，调节左右旋钮至刀口间隙 280μm。穿上铝箔粘好引带，启动电机，开始涂布，起始位置做标记，保持上料速度和缠绕速度的均匀，量取单面厚度并记录。（注意开抽风机往外排 NMP）涂完单面长度，清洁刀口，归零。

（3）对辊。将对辊机反转，用卫生纸吸取酒精擦拭双辊表面，干净后用卫生纸擦干；正转，将正极片看好编号按顺序放入压一次，将其反过来再压一次，保证正极片不扭曲。

（4）冲片。用刀片冲片及将辊压好的正极冲成直径为 12mm 的圆片。

（5）烘干极片。将正极片放入真空烘箱，120℃，–0.8mPa 下烘干。

（6）称重。将辊压好的极片称重，并做好记录。

（7）组装纽扣电池。在手套箱中进行，先取负极壳，然后将金属锂片对中放入负极壳中，滴加电解液，准确垫好隔膜，再在隔膜中心滴加电解液，将正极圆片放置于中心，垫加钢片和弹片，最后将正极外壳扣住，在封口机上封口，编号后取出待测量。

（8）电池的化成对电池进行阶段性充电，充电制度为，0.05mA 充电至 4.2V，再 4.2V 充电 30min，再 0.05mA 放电至 2.75V，如此循环 3 次，完成电池的化成。

五、注意事项

（1）遵守实验室操作规程，正确使用实验的仪器和设备，对仪器设备有损坏应及时报告实验指导老师。

（2）在电池制作过程中，由于涂布过程使用 N–甲基吡咯烷酮和 PVDF 做粘结剂，对环境水分要求比较高，如果在除湿不够的情况下，不能进行涂布，否则将导致料浆变成果冻状，粘附涂布刀口，影响涂布效果，影响电池的后期制作和性能测试。另外，由于电解液遇到水分会分解产生 HF，对正极材料有腐蚀作用，同时也会影响到电池电性能，因此必须在无水或水分含量极低的情况下进行操作。

（3）在纽扣电池制作过程中，要正确掌握手套箱的使用，电池组装过程中应避免短路。

六、思考题

（1）简述锂离子电池的结构及性能特点。

（2）为什么锂离子电池在使用前需要进行化成处理。

实验二   锂离子电池性能测试

一、实验目的

（1）学习和掌握电化学工作站的性能测试方法，如开路电位、恒电位极化等。

（2）掌握电池的性能的分析方法和对比方法。

二、实验原理

（1）锂电池的电极反应。

（2）二次锂电池的电极反应。

正极　　　　　　　　$LiCoO_2 \rightleftharpoons Li_{1-x}CoO_2 + xLi^+ + xe$

负极　　　　　　$6C + xLi^+ + xe \rightleftharpoons Li_xC_6$

电池　　　　　　$6C + LiCoO_2 \rightleftharpoons Li_xC_6 + Li_{1-x}CoO_2$

三、实验仪器

（1）仪器 CorreTest CS350 电化学工作站：电化学测试系统由 CS 系列电化学工作站（恒电位/电流仪）和控制与数据分析软件组成。可以进行稳态电化学方法测试，如开路电压、恒电位极化、动电位扫描等；暂态电化学测试，如恒电位（流）阶跃、恒电位（流）方波；可以进行电分析化学方法，如线性扫描伏安分析、循环伏安分析以及各种方波、差分伏安分析等；以及交流阻抗测试等。它在电极过程研究、化学电源、电镀、电解、相分析、金属腐蚀研究、电化学保护参数测定等方面具有广泛用途。

（2）一次性纽扣锂电池（CR2032）及 CR2032 纽扣锂电池座。

四、实验步骤

（1）开路电位。菜单位置："测试方法" → "稳态测试" → "开路电位"。

根据图示界面分别设置恒电位仪、电解池和测量时间等参数。（电化学工作站说明书）把测量电池正确接入测试系统，点击开始按钮，开始进行测量，记录电位、电流-时间曲线。

（2）恒电位极化。菜单位置："测试方法" → "稳态测试" → "恒电位极化"。

根据图示界面分别设置恒电位仪、电解池、极化电位（±0.1~0.3V vsVOC）和极化时间等参数。点击开始按钮，开始进行测量，记录电流-时间曲线。

（3）恒电位阶越。恒电位阶跃也可用来测量溶液电阻 R_s 和工作电极的极化电阻 R_p，还可以计算双电层电容 C_d。

菜单位置："测试方法" → "暂态测试" → "恒电位阶跃"。

根据图示界面分别设置恒电位仪、电解池、阶越电位（小于 10mV）和极化电位选择 VOC 等参数。点击开始按钮，开始进行测量，记录电流—时间曲线。

（4）线性扫描伏安法。线性扫描伏安法是以线性扫描方式将激发电位施加于工作电极上。从起始电位开始线性扫描至终止电位后即终止，其扫描历程相当于循环伏安法的半个循环。

菜单位置："测试方法"→"伏安分析"→"线性扫描伏安"。

根据图示界面分别设置恒电位仪、电解池、电压扫描速率和扫描初始和终止电位（电压扫描范围<1 V vsVOC）等参数。点击开始按钮，开始进行测量，记录电位、电流—时间曲线。点击开始按钮，开始进行测量，记录电流—电压曲线。

（5）循环伏安法。循环伏安法是以快速线性扫描的方式将激发电位施加于极化池上，循环伏安法的激发信号是一个等腰三角波电位。从起始电位 E_i 开始，电位沿某一方向线性变化至终止电位 E_m，立即换向回扫至起始电位。

根据图示界面分别设置恒电位仪、电解池、电压扫描速率和初始电位→高电位→低电位→初始电位，并往复循环，电压扫描范围：<1VvsVOC。点击开始按钮，开始进行测量，记录电流—电压曲线。

（6）交流阻抗。电化学阻抗谱方法是一种以小振幅的正弦波电位（或电流）为扰动信号，来测量电极体系的各种阻抗的电化学测量方法。

菜单位置："测试方法"→"交流阻抗"→"阻抗~频率扫描"。

分别设置恒电位仪、电解池参数、极化交流幅值（小于10mV）、初始和终止频率等，点击开始按钮，开始进行测量，记录 Nyquist 和 Bode 图。

（7）撞击实验。电池充满电后，将一个 15.8mm 直径的硬质棒横放于电池上，用一个 20 磅（1 磅=0.4536kg）的重物从610mm 的高度掉下来砸在硬质棒上，电池不应爆炸起火或漏液。

（8）穿刺实验。电池充满电后，用一个直径为 2.0~25mm 的钉子穿过电池的中心，并把钉子留在电池内，电池不应该爆炸起火。

（9）高温高湿测试。镍镉和镍氢电池高温高湿测试为：

电池以 0.2C 放电至 1.0V 后，1C 充电 75min 后将其置于温度 66℃，85%湿度条件下储存192h（8 天），于常温常湿下搁置 2h，电池不应变形或漏液，容量恢复应在标称容量的 80%以上。

锂电池高温高湿测试（国家标准）为：

将电池 1C 恒流恒压充电到 4.2V，截止电流 10mA，然后放入（40±2）℃，相对湿度为 90%~95%的恒温恒湿箱中搁置 48h 后，将电池取出在（20±5）℃的条件下搁置 2h，观测电池外观应该无异常现象，再以 1C 恒流放电到 2.75V，然后在（20±5）℃的条件下，进行 1C 充电，1C 放电循环直至放电容量不少于初始容量的 85%，但循环次数不多于 3 次。

五、注意事项

遵守实验室操作规程，正确使用实验的仪器和设备，对仪器设备有损坏应及时报告实验指导老师。

六、思考题

电池电性能测试包括哪些方面，分别测试哪些性能？

无机非金属材料工程专业专题实验

3.1 陶瓷坯料（釉料）配方初步设计

实验一 陶瓷坯料（釉料）配方初步设计

一、实验原理

制定坯料配方，尚缺乏完善方法，主要原因是原料成分多变，而且工艺制作不稳，影响因素太多，以致对预期效果的预测没有把握。根据理论计算或凭经验摸索，经过多次试验，在既定的各种条件下，均能找到成功配方，但条件一变则配方的性能也随之而变。根据产品性能要求，选用原料，确定配方及成形方法是常用配料方法之一。而坯料的化学性质和烧成温度、对釉料的性能要求和釉料所用原料的化学成分工艺性能等是釉料配方的依据。釉层是附着在坯体上的，釉层的酸碱性质、膨胀系数和成熟温度必须与坯体的酸碱性质、膨胀系数和烧成温度相适应。

二、实验仪器及原料

（1）仪器：干燥箱，WT-2216C 高温箱式电炉，光泽度计，色差检测仪器。

（2）原料：抛光砖坯料，黑泥，长石，滑石，磷酸钙，石灰石，石英，氧化锌，氧化铬。

三、实验步骤

（一）坯料的制备

坯料的示性组成为：长石 20%～30%，高岭 40%～50%，石英 25%～35%（自己确定配方）。按配方表原料百分比称取投料量150g左右，并确定料球水比例为 1∶2∶0.6，称取料球水重量投入球磨滚筒中进行球磨；或用碾钵用人工碾磨。符合细度要求后出球磨、搅拌、除铁、脱水；过筛。

坯体原料采用可塑成型法，注浆成型法，每组共制备两块坯体。原料磨好后，首先注浆成型。多余原料的倒在石膏板上，吸部分水后，进行可塑成型。在干燥箱中干燥，烘干后，修饰坯体即磨平，坯体上做每组的记号，称重。第二周烧成后用排水法测密度，吸水率，抗折强度及断面情况，讨论成型方法对坯体质量的影响即哪种成型对陶瓷质量好。

（二）釉料的制备与烧成

按照下列釉式配制本实验所用的釉料：

$$\left.\begin{array}{l}0.3K_2O\\0.7CaO\end{array}\right\}\ 0.7 \sim 1.0Al_2O_3 \mid 6 \sim 10SiO_2$$

釉料配方表

序号	黑泥/g	长石/g	滑石/g	磷酸钙/g	石灰石/g	石英/g	氧化锌/g	Cr_2O_3/g
1	2.0	8.0	2.0	0.1	10.0	3.0	0.5	0.02
2	2.0	8.0	2.0	0.1	10.0	3.0	0.5	0.1
3	2.0	8.0	2.0	0.1	10.0	3.0	0.5	1

根据配方表配三种釉料，分别在另外三个压制成型坯体上上釉，烘干，烧成得出样品。烧成后讨论加入的氧化铬对颜色变化的影响。

四、数据处理与分析

（一）数据处理

（1）坯体原料的成形：利用可塑成型法制造的坯体，烧成后的陶瓷的吸水率为 6.52%，抗折强度为 4.4；利用注浆成型法制造的坯体，烧成后的陶瓷的吸水率为 7.47%，抗折强度为 3.8。

（2）釉料的釉面情况：釉面颜色情况见下表。

釉面颜色情况表

加入的氧化铬的质量/g	釉面颜色
0.02	绿色
0.1	绿色
1	黄绿色

（3）釉料色差：色差是指批量与批量之间、同一批量不同产品之间、同一块砖表面不同部位的颜色不均匀、深浅不一的现象。如果制品呈现不同于本身正常色调的异色，也视为色差。色差缺陷会影响装饰效果。釉料色差数据见下表。

釉料色差数据表

氧化铬/g	0.02	0.10	1.0
a*	−42.66	−69.48	−89.3
b*	29.69	28.04	123.2
L*	130.70	125.00	138.3

将试样的色品坐标值 a*、b* 标在色品图 1 上，这个点称为试样色品点。

（4）釉料光泽度：见下表。

氧化铬用量与釉料光泽度关系表

氧化铬	0.02	0.1	1
光泽度	3.6	9.1	19.8

（二）数据分析

（1）可塑成型法制造的坯体，烧成后的陶瓷的吸水率为 6.52%，抗折强度为 4.4，而注浆成型法制造的坯体，烧成后的陶瓷的吸水率为 7.47%，抗折强度为 3.8。由于可塑成型是利用不同外力对具有可塑性的坯料进行加工，使坯体颗粒收缩，颗粒之间接触较为紧密，坯中空气得以驱出，坯体高温烧制后气泡少；而注浆成型是利用石膏毛细管力的作用吸收泥浆中的水、溶于水中的溶质及小于微米级坯体颗粒，泥浆中的坯体颗粒相互靠近，颗粒之间接触较为不紧密，在高温烧制时水蒸气在坯体中形成气泡多。所以可塑成型法制造坯体的吸水率比注浆成型法制造坯体的少，而抗折强度比其强。

（2）由图 1 可知：釉料中氧化铬的用量分别为 0.02g、0.1g、1g 的颜色依次为绿色、绿色、黄绿色。

（3）由图 2 可知：随着氧化铬的用量的增加，釉面的光泽度逐渐增加。瓷器的光泽度与釉面表面的平整光滑程度和折射率有关，它取决于光线在釉面产生镜面反射的程度，是成瓷产品的重要表观质量指标之一，如果釉层表面光滑，反射效应强烈，则光泽度就好。本次实验釉层表面不光滑，所测出来的光泽度不好。

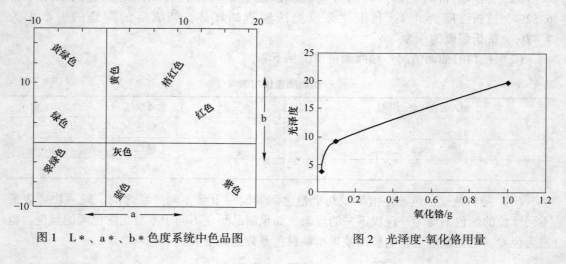

图 1 L＊、a＊、b＊色度系统中色品图   图 2 光泽度-氧化铬用量

五、实验结论

（1）可塑成型法制造陶瓷的吸水率比注浆成型法制造坯体的少，而抗折强度比其强。

（2）根据孤立变量法加入不同量的氧化铬的釉料配方，釉面呈现不同的颜色。加入量越多，颜色越深。

（3）随着氧化铬的用量的增加，釉面的光泽度逐渐增加。釉层表面的平整光滑程度越好，其光泽度越好。

六、体会及建议

通过本实验的操作，本人学会了坯料成型中注浆成型和可塑成型，懂得测釉层的光泽度和色度，更加理解了做实验有序性的重要性。

3.2 陶瓷坯料配方可行性研究

实验一 气孔率和吸水率的测定

一、实验目的

陶瓷材料内部是有气孔的，这些气孔对陶瓷的性能和质量有重要的影响。

陶瓷的体积密度是陶瓷最基本的属性之一，它是鉴定矿物的重要依据，也是进行其他许多物性测试如颗粒粒径测试的基础数据。陶瓷的吸水率、气孔率是陶瓷结构特征的标志。在陶瓷研究中，吸水率、气孔率的测定是对制品质量进行检定的最常用的方法之一。在陶瓷的生产中，测定这三个指标对生产控制具有重要意义。

本实验的目的：

（1）掌握显气孔率、闭口气孔率、真气孔率、吸水率和体积密度的概念、测定原理和测定方法。

（2）了解气孔率、吸水率、体积密度陶瓷制品理化性能的关系。

二、实验原理

陶瓷制品或多或少含有大小不同、形状不一的气孔。浸渍时能被液体填充的气孔或和大气相通的气孔称为开口气孔；浸渍时不能被液体填充的气孔或不和大气相通的气孔称为闭口气孔。陶瓷体中所有开口气孔的体积与其总体积之比值称为显气孔率或开口气孔率；陶瓷体中所有陶瓷体中固体材料、靠口气孔及闭口气孔的体积总和称为总体积。陶瓷体中所有靠口气孔所吸收是水的质量与其干燥材料的质量之比值称为吸水率。陶瓷体中固体材料的质量与其总体积之比值称为体积密度。陶瓷体中所有开口气孔和闭口气孔的体积与其总体积之比值称为真气孔率。

由于真气孔率的测定比较复杂，一般只测定显气孔率，在生产中通常用吸水率来反映陶瓷产品的显气孔率。

测定陶瓷原料与坯料烧成后的体积密度、气孔率与吸水率，是评价坯体是否成瓷和瓷体结构的致密程度的依据，可以确定其烧结温度与烧结范围，从而制定烧成曲线。陶瓷材料的机械强度、化学稳定性和热稳定性等与其气孔率有密切关系。要使陶瓷制品的气孔率等于零是比较困难的。但是从配料与工艺上可以采取措施提高陶瓷制品的致密度，从而使气孔率降到最低限度。

三、实验仪器

（1）液体静力天平；（2）普通天平（分度值0.01g）；（3）烘箱，干燥器；（4）抽真空装置（可用陶瓷吸水率测试仪如湘潭中山仪器厂的 TX 型陶瓷吸水率测试仪）；（5）毛刷、镊子、吊篮、小毛巾、三脚架、纱布等。

四、实验步骤

（1）刷净试样表面灰尘，编号，放入电热烘箱中于 105～110℃下烘干 2h，或在允许的更高温度下烘干至恒量。并于干燥器中自然冷却至室温。称量试样的质量（mL），精确至 0.01g。试样干燥至最后两次称量之差不大于其前一次的 0.1%即为恒量。

（2）试样浸渍：把试样放入容器内，并置于抽真空装置中，在相对真空度不低于 97%（残压 2.67kPa）的条件下，抽真空 5min，然后在 5min 内缓慢地注入供试样吸收的液体（工业用水或工业纯有机液体），直至试样完全淹没。再保持抽真空 5min，停止抽气，将容器取出在空气中静置 30min，使试样充分饱和。

（3）饱和试样表观质量测定：将饱和试样迅速移至带溢流管容器的浸液中，当浸液完全淹没试样后，将试样吊在天平的挂钩上称量，将饱和试样的表观质量 M_2，精确至 0.01g。

表观质量系指饱和试样的质量减去被排除的液体的质量。即相当于饱和试样悬挂在液体中的质量。

（4）饱和试样质量测定：从浸液中取出试样，用饱和了液体的毛巾，小心地擦去试样表面多余的液滴（但不能把气孔中的液体吸出）迅速称量饱和试样在空气中的质量 M_3，精确至 0.01g。每个样品的整个擦水和称量操作应在 1min 之内完成。

（5）浸渍液体密度测定：测定在试验温度下所用的浸渍液体的密度，可采用液体静力称量法、液体比重天平法或液体比重计法，精确至 0.001g/cm³。

五、数据处理与分析

数据记录见下表（无实验数据分析的实验可无此项目）。

记录表

试样名称			测定人			测定日期	
试样处理							

试样编号	干试样质量 M_1/g	饱和试样表观质量 M_2/g	饱和试样在空气中的质量 M_3/g	吸水率 /%	显气孔率 /%	真气孔率 /%	闭口气口率 /%	体积密度 /g·cm⁻³

（1）吸水率按下式计算

$$W_a = [(M_3 - M_1)/M_1] \times 100\%$$

（2）显气孔率按下式计算

$$P_a = [(M_3 - M_1)/(M_3 - M_2)] \times 100\%$$

（3）体积密度按下式计算

$$D_b = M_1 \times D_1/(M_3 - M_2)$$

（4）真气孔率按下式计算

$$P_t = [(D_t - D_b)/D_t] \times 100\%$$

（5）闭口气孔率按下式计算

$$P_c = P_t - P_a$$

式中　M_1——干燥试样的质量，g；

M_2——饱和试样的表观质量，g；

M_3——饱和试样在空气中的质量，g；

D_1——试验温度下，浸渍液体的密度，g/cm^3；

D_t——试样的真密度，g/cm^3。

式中（$D_t - D_b$）此差值为 1cm^3 的无孔物体比 1cm^3 的有孔物体重多少。为了将 1cm^3 物体中的气孔完全填满，而使它变为无孔气体，就需要密度为 D_1 的无孔气体（$D_t - D_b$）g。用 D_1 去除这个质量所得之商即为所需的无孔物体的体积，即 $[(D_t - D_b)/D_t]$ cm^3。而体积值（$D_t - D_b$）/D_t 就是开口气孔和闭口气孔的总体积，以百分数表示即为真气孔率。

（6）试验误差：

1）同一试验室、同一试验方法、同一块试样的复验误差不允许超过：显气孔率：0.5%；吸水率：0.3%；体积密度：0.02g/cm^3；真气孔率：0.5%。

2）不同试验室、同一块试样的复验误差不允许超过：显气孔率：1.0%；吸水率：0.6%；体积密度：0.04g/cm^3；真气孔率：1.0%。

六、实验注意事项

（1）制备试样时一定要检查试样有无裂纹等缺陷。

（2）称取饱吸液体试样在空气中的质量时，用毛巾抹去表面液体操作必须前后一致。

（3）要经常检查天平零点以保证称重准确。

七、思考题

（1）怎样描述陶瓷制品的烧成质量与吸水率气孔率的关系？

（2）真气孔率、开口气孔率、闭口气孔率、吸水率与体积密度的含义是什么？

（3）测定真气孔率、开口气孔率、闭口气孔率、吸水率与体积密度能反映陶瓷制品质量的哪几项指标？

（4）影响陶瓷制品气孔率的因素是什么？

实验二　烧结温度和烧结温度范围的测定

一、实验目的

烧结温度和烧结温度范围是坯料的重要性能之一，它对鉴定坯料在烧成时的安全程度、制定合理的烧成升温曲线以及选择窑炉等均有重要参考价值。为了决定最适宜的烧成制度，必须知道坯料的烧结温度与烧结温度范围这两个重要工艺特性。

本实验的目的：

（1）掌握烧结温度与烧结温度范围的测定原理和测定方法。

（2）了解影响烧结温度与烧结温度范围的复杂因素。

（3）明确烧结温度与烧结温度范围对陶瓷生产的实际意义。

二、实验原理

陶瓷坯体在烧结过程中，要发生一系列复杂的物理化学变化，如原料的脱水、氧化分解、易熔物的熔融、液相的组成、旧晶相的消失、新晶相的生成以及新生成化合物量的不断变化，液相的组成、数量和黏度的不断变化。与此同时，坯体的孔隙率逐渐降低，坯体的密度不断增大，最后达到坯体孔隙率最小，密度最大时的状态称为烧结。烧结时的温度称为烧结温度。若继续升温，升到一定温度时，坯体开始过烧，这可通过试样过烧膨胀出现气泡、角棱局部熔融等现象来确定。烧结温度和开始过烧温度之间的温度范围称为烧结温度范围。

坯料的烧成温度范围，与其配方组成、化学组成及颗粒组成密切相关。根据烧成温度范围的定义，可以有多种测定方法，如可以用高温显微镜，高温热膨胀仪或材料熔融温度测定仪等测定坯体在加热过程中的高温阶段及其收缩率在最大值时相应的温度范围。

本实验是将试样在各种不同温度下焙烧，然后根据不同温度焙烧的试样外貌特征、气孔率、体积密度、收缩率等数据绘制气孔率、收缩率-温度曲线。并从曲线上找出气孔率到最小值（收缩率最大值）时的温度称为烧结温度；自气孔率最小值（收缩率最大值）到气孔率开始上升（收缩率从最大值开始下降）之间的一段温度称为烧结温度范围。

烧结温度与烧结温度范围的测定可以在电炉中进行，在多次打开炉门取样时一方面影响升温，另一方面在高温下出炉时试样会炸裂，所以有的在梯度炉内进行此项测定。梯度炉是卧式管形炉，由于加热电阻线的功率不同，梯度炉内的温度可以从低温到高温，而且可以预先把此梯度炉分段温度测出来，绘成梯度炉温度曲线。测定烧结温度范围时把试样摆在高铝瓷托管上，然后把托管伸进梯度炉内，这时在整个梯度炉内都有试样。在梯度炉的中间的两端安装有几根热电偶，加热时一般以中间那根热电偶符合规定温度即可停电。自然冷却后，取出高铝瓷托管，按照试样编号，逐个测定吸水率、气孔率、收缩率，则可把烧结温度和烧结温度范围定下来。

三、实验仪器及耗材

（1）小型真空练泥机（立式或卧式）。

（2）高温电炉或梯度电炉（最高温度不低于1400℃）。

（3）取样铁钳、钢丝锯条、细砂纸。

（4）高铝瓷托管。

（5）抽真空装置。

（6）天平（感量0.0001g）。

（7）烘箱、干燥器。

（8）烧杯、煤油、金属网、纱布。

（9）石英粉或铝粉。

四、实验步骤

（1）试块的成型。先将黏土或坯料制成一定尺寸的试块，然后经过干燥煅烧，一般成型方法有可塑法和半干压法两种，本实验采用半干法压制。

半干压法成型，具体操作如下：

称取约700g破碎至0.5min的黏土或直接取用工厂坯料，用泥重7%～8%水调匀后，使之通过 1mm 孔径筛以进一步均匀调和水分然后称取约 8g 的湿泥，置金属模中，在油压机上成型，成型压力一般为 0.4kg/cm²。

（2）干燥试块的体积测定：

$$试块的烧成体积收缩 = \frac{V_1 - V_2}{V_1} \times 100\%$$

式中　V_1——干燥试块的体积；

　　　V_2——烧成的试块体积。

因此，欲求得烧成后的体积收缩，就必须首先测出试块在干燥和烧成后的体积，可采用液体静力称重法进行测定，为了防止生坯在水中分散，应采用煤油作为媒介液。

试块的体积收缩均为线收缩 3 倍，本实验测定试块的线收缩：

$$试块的烧成线收缩 S = \frac{L_1 - L_2}{L_1} \times 100\%$$

式中　L_1——干燥试块的刻线长；

　　　L_2——烧成后试块的刻线长。

（3）试块的煅烧。将经过干燥的试块，细心地检查，并在试块上刻线，按照试块上的编号，顺序地将试块排列在事先散有薄层石英或 Al_2O_3 粉的耐火托板上（每块板放置 3~5 块试块）或装入匣钵内，试块之间应保持一定的间隔，若试块在电炉中煅烧，间隔大小约 1cm，在试验窑中煅烧时，间隔大小不超过 4~5cm 为宜。

然后，用金属托杆将安放有试块的托板或盛有试块的匣钵送至高温电炉，或试验窑中进行煅烧。

为了确定实验基础，一般对温升速度能得良好结果：

室温~150℃	60min
150~500℃	30min
500~650℃	45min
650~1000℃	75min
室温~150℃	1h
150~800℃	3h
800~900℃	1h
900~1000℃	2h
1000~1400℃	4h

本实验的煅烧，可以按以下速度升温：

室温~150℃	25min
150~200℃	20min
200~500℃	1h30min
500~600℃	30min
600~900℃	1h30min
900~1200℃	1h30min

1200℃以上自由升温

试块在最终温度保持 30min，为了了解试块经不同温度煅烧后的体积，吸水率以及气孔率的变化情况，必须在不同煅烧温度下，取出一批试块（3~5 块）进行上述性能的测定，对于一般难溶黏土，取出试块的温度由 900℃ 开始，然后每隔 50~20℃ 取出一批，直至试块达到可变形温度为止。

取出后的试块不能直接在空气中冷却。否则会发生炸裂，应用大钳将其连同耐火托板一起放入预先保持 800~900℃ 的电炉内，令其逐渐冷却至室温。

冷却后的试块按照线收缩公式计算试块的线收缩 S，吸水率 W，湿气孔率 B，每一数据皆为 2~5 块试块的平均值，最后将这些数据制成曲线。根据试块的吸水率和线收缩找出烧结温度范围，再结合制品的具体技术要求，判定出合理的烧成制度。

五、数据处理与分析

数据按下表记录处理。

数据记录表

批次	编号	取样温度/℃	干燥试样刻线长度 L_1/mm	烧成试样刻线长度 L_2/mm	烧成试样空气中重量 G_1/g	烧成试样饱和吸水后空气中重量 G_2/g	吸水率/% 分值	吸水率/% 平均值	气孔率/% 分值	气孔率/% 平均值	显微收率/% 分值	显微收率/% 平均值

$$\text{吸水率 } W = \frac{G_2 - G_1}{G_1} \times 100\%, \quad \text{试块的烧成线收缩 } S = \frac{L_1 - L_2}{L_1} \times 100\%.$$

六、注意事项

（1）试条干燥后制作样品，一定要磨去棱角。在以后的整个试验过程中不允许碰损，烧后粘附的砂粒和其他物质应小心除去。否则影响测定结果的准确性。

（2）每次试验应按预定的取样温度点，制备好全部所需的样品并编好号。每次称量和在每个温度点取出的样品编号一定要记录好。由于样品多，切勿搞错。

（3）电炉中在装样品范围内的温度差，一般应不超过 5℃。每个取样温度点的保温时间，一般应为 30min。

（4）一般用体积密度、体积收缩、吸水率三者来确定烧结温度及烧结温度范围，有时也加失重百分率一项。

（5）坯料烧成温度的测定，也可简化进行，即不测定样品干坯时的气孔率和体积，不测定样品从低温到高温的体积收缩率、体积密度、气孔率的变化。从 1200℃ 开始取样，每隔 10℃ 取样一次，测定各温度点取出样品的吸水率、体积密度，进行相应的孔隙性试验，即可得出坯料的烧成温度范围。

（6）本试验也适应于黏土烧结温度范围的测定。在手工制备黏土样品时，应尽可能使样品致密、均匀一致。烧结温度范围的确定，以样品的体积密度和体积收缩率最大，气孔率最小，且变化不大的温度起点和最高点为黏土的烧结温度范围。使用烧结温度范围宽的黏土坯料，其坯料的烧成范围也宽。

七、思考题

（1）坯料在焙烧过程中的收缩曲线、气孔率曲线对拟定坯料的烧成温度曲线的重要性。

（2）如何根据收缩曲线和气孔率曲线来决定坯料的烧结温度范围？

（3）如何从外貌特征来判断坯料的烧结程度及原料的质量？

（4）烧结温度与烧结温度范围在陶瓷工艺上有何重大意义，影响黏土或坯料烧结温度与烧结温度范围的因素是什么？

材料化学专业专题实验

实验一 介电陶瓷制备与性能测试

一、实验目的

（1）掌握电容器陶瓷（介电陶瓷）材料的类型、性能、结构、制造工艺及其特点。

（2）了解低频高介型介电陶瓷的机理和工艺控制方法。

（3）掌握先进陶瓷粉体的制备工艺和设备，了解最近发展的粉体加工前沿技术与设备。

（4）掌握配料计算浆料，粉体的制备工艺，各种成型方法的特点和运用。

（5）了解新型陶瓷工艺过程中的干燥与排塑的目的、原理、方法、过程及其影响因素。

（6）掌握陶瓷金属化的方法，特别是被银法。

二、实验原理

（1）电容器陶瓷指主要用来制造电容器的陶瓷材料，就陶瓷材料适用频率来说，可分为微波介电陶瓷、高频电容器陶瓷和低频电容器陶瓷；从材料是否具有铁电性可分为铁电电容器和非铁电电容器陶瓷。$BaTiO_3$ 系是主要的高介材料，由于在某一温度范围内具有自发式极化，极化强度随电场反向而反向，具有与铁磁回线相仿的电滞回线，从而被称为"铁电体"或"铁电材料"。

出现自发极化的必要条件是晶体不具有对称中心。众所周知，晶体划分为 32 类晶型，其中 21 个不具有对称中心，但只有 10 种为极性晶体，具有自发极化现象。$BaTiO_3$ 在 1460℃ 以上为六方晶型，在 1460℃ 以下为立方晶型（钙钛矿 ABO_3 结构）。1460℃ 以下，$BaTiO_3$ 存在三次相变、四种不同的晶体结构。当 $T>120℃$ 时为对称性较高的立方晶系，属于顺电相，不具有铁电性。当 $T<120℃$ 时为四方晶系，其中 c 轴略有增长，a、b 轴略有缩短，该温度范围沿 c 轴出现自发极化并呈现铁电性。

（2）陶瓷的性能主要由其微观结构决定。如：$BaTiO_3$ 晶粒的异常长大会降低陶瓷的介电常数，而气孔和杂质相的增多会导致陶瓷介电损耗的增大。均匀地微观结构是保证陶瓷具有高可靠性能的重要因素，也是 MLCC 薄层化需要解决的基本问题。钛酸钡粉体的制备方法及掺杂方式对陶瓷的晶粒大小、均匀程度等性质有很大影响，进而强烈影响钛酸钡基陶瓷的电学性质。本实验就钛酸钡陶瓷的制备方法及其掺杂改性进行设计研究，用合成的钛酸钡粉体和几种稀土和过渡金属作为掺杂元素制备陶瓷电容器并测试它们的介电性能。

（3）如上所述，新型功能陶瓷在粉体制备的要求上要高于传统陶瓷粉体的要求，要求粉体平均粒度<1μm，且粒度分布均匀。所以在粉体制备过程中不能使用传统的滚筒式球磨机（其进料粒度为6mm，研细粒度为1.5～0.075mm）。在企业生产中常使用振动球磨机，其进料粒度不大于250μm，被研磨的物料在单位时间内受到研磨体的冲击与研磨作用次数极大，其作用次数成千倍于滚筒式球磨机。而在实验室内则普遍使用功能更好的行星式球磨机，其进料粒度为18目左右，出料粒度小于200目（最小粒度可达0.5μm）。球磨罐转速快（不为罐体尺寸所限制），球磨效率高，公转：±37～250r/min，自转：±78～527r/min；结构紧凑，操作方便，密封取样，安全可靠，噪声低，无污染，无损耗。此外在粉体制备过程中，还经常使用搅拌式球磨，气流粉碎的方式获得粒径均匀，细小的粉体。近几年又相继发展了一些先进的球磨技术，如：高能球磨法，等离子体法、激光法、电子束法等。

（4）在功能陶瓷制备过程中，会根据所要求的性能参数确定合适的配方，所有配料的计算就显得相当重要，它决定了所烧成陶瓷的性能好坏。坯料组成的表示方法有：原料百分比法，化学组成法，实验公式法。所以要根据需要首先确定合适的表示方法，然后计算出所需要原料的质量。将原料混合一般采用机械混合法，即采用球磨或搅拌的方法，在原料粉碎的同时进行混合，有时采用化学混合法，即将化合物粉末与添加组分的盐溶液进行混合或者各组分全部以盐溶液的方式进行混合。在混合中要注意：加料的次序，加料的方法，湿法混合时的分层，球磨筒的使用对陶瓷坯料的影响。

坯料混合均匀后，要采用合适的成型方法制成要烧结的坯体。目前常用的成型方法有：

1）注浆成型。对注浆成型所有的浆料，必须具备如下性能：料浆的流动性要好，料浆的稳定性要好，料浆的触变性要小，料浆的含水量尽可能少，渗透性好，料浆的脱模性要好，料浆中应尽可能不含气泡。其方法主要有石膏模注浆成型和热压铸成型。

2）可塑成型。可塑成型与注浆成型不同，注浆成型是利用浆料的流动性特点填充模具而制成一定形状的坯体，而可塑成型是利用泥料具有可塑成型的特点，经一定工艺处理泥料制成一定形状的坯体。在先进陶瓷生产中可塑成型主要包括挤压成型和轧模成型等。可塑成型适合生产管、棒和薄片状的制品。

3）模压成型（或称干压成型）是将经过造粒、流动性好、假颗粒级配合适的粉料，装入模具内，通过施加外压力，使粉料压制成一定形状的坯体的方法。

常用的造粒方法有：手工造粒法，加压造粒法，喷雾干燥造粒法，冻结干燥法；常用的加压方式有单向加压，双向加压。本实验采用干压成型法制备坯体，用手工造粒法，单向加压，采用四柱式液压成型机，用30MPa的压力成型。此外还有等静压成型法，流延成型法，注射成型法等方法。

（5）干燥是借助热能使坯料中的水分汽化，并由干燥介质带走的过程。这个过程是坯料和干燥介质之间的传质传热过程。对注浆成型的坯件来说，干燥过程尤显重要。本实验采用的是干压成型，所以只有排塑过程，由于新型陶瓷材料多为瘠性料，成型时多采用有机塑化剂或粘合剂，如本实验中就含有聚乙烯醇，在煅烧时，有机粘合剂在坯体中大量融化、分解、挥发，会导致坯体变形，开裂，机械强度也会降低。排除粘合剂的工艺称为排塑，其作用如下：排除坯体中的粘合剂，为下一步烧成创造条件；使坯体获得一定的机械强度；避免粘合剂在烧成时的还原作用。影响排塑过程的因素有：1）升温速率和保温时间；2）半成品的外形尺寸，壁厚和表面积；3）塑化剂的成分和数量；4）埋粉的性质；5）瓷料的组成与性质。

（6）陶瓷的金属化方法很多，在电容器、滤波器及印刷电路等技术中，常采用被银法，被银法又名烧渗银法。这种方法是在陶瓷表面烧渗一层金属银，作为电容器、滤波器的电极或集成电路基片的导电网络。银的导电能力强，抗氧化性能好，在银表面上可以直接焊接金属，烧渗的银层结合牢固，热膨胀系数与瓷坯接近，热稳定性好。此外烧渗的温度较低，对气氛的要求也不严格，烧渗工艺简单易行。但是被银法也有缺点，例如金属化表面上的银层往往不匀，甚至可能存在孤立的银粒，造成电极的缺陷，使电性能不稳定。

瓷件金属化前必须先进行净化处理，清洗的方法很多，通常可用 70~80℃的热肥皂水清洗，在用清水冲洗，也可用合成洗涤剂超声波振动清洗。小量生产可用酒精浸洗或蒸馏水煮洗。洗后在 100~110℃烘箱中烘干。涂银的方法很多，有手工、机械、浸涂、喷涂或丝网印刷等。涂覆前要将银浆搅拌均匀，必要时可以加入适量溶剂以调节银浆的稀稠。烧银前要在 60℃的烘箱内将银层烘干，使部分溶剂缓慢挥发，以免烧银时银层起鳞片，银的烧渗过程可分为四个阶段。第一阶段由室温至 350℃，主要是烧除银浆中的粘合剂。第二阶段的升温速率可稍快，但因仍有气体生成，也应适当控制。第三阶段由 500℃到最高烧渗温度，碳酸银及氧化银分解还原为金属银。第四阶段为冷却阶段。

三、实验仪器和试剂

实验仪器：电子天平（精确度为万分之一）；搅拌混合粉碎设备：行星球磨机；干燥设备：烘箱（额定温度 120℃）；成型设备：液压机；烧结设备：高温箱式电炉（最高温度 1600℃）；LCR 数字电桥。

实验试剂：碳酸钡、二氧化钛、碳酸钙、碳酸锰、氧化铋、氧化铌、氧化镁、氧化铝、氧化锆、稀土氧化物等。

四、实验步骤

（1）合成共 15g 钛酸钡粉体：称取适量碳酸钡和二氧化钛，将其研磨均匀后（在研钵中研磨 1.5h），放入坩埚中，振实后，放入中温炉中进行预烧，预烧制度如下：

$$室温 \xrightarrow{0.5h} 110℃ \xrightarrow{2h} 110℃ \xrightarrow{2h} 400℃ \xrightarrow{2h} 400℃ \xrightarrow{3h} 1000℃ \xrightarrow{3h} 1000℃$$

注：每三人一组，按照要求各自称重，力求准确。

（2）将预烧好的粉体在研钵中进行粉碎，要能过 200 目的筛子（即粉体最大粒径小于 0.5μm），在研磨过程中添加下列物质：

第一组：0.5% Bi_2O_3，0.1% La_2O_3，0.5% MgO，0.1% CeO_2；

第二组：0.4% Bi_2O_3，0.2% La_2O_3，0.5% MgO，0.1% CeO_2；

第三组：0.5% Bi_2O_3，0.1% La_2O_3，0.4% MgO，0.2% CeO_2；

第四组：0.3% Bi_2O_3，0.1% La_2O_3，0.3% MgO，0.2% CeO_2；

第五组：0.6% Bi_2O_3，0.1% La_2O_3，0.3% MgO，0.2% CeO_2；

第六组：0.6% Bi_2O_3，0.1% La_2O_3，0.2% MgO，0.1% CeO_2；

第七组：0.5% Bi_2O_3，0.2% La_2O_3，0.6% MgO，0.3% CeO_2；

第八组：$0.2\%\ Bi_2O_3$，$0.2\%\ La_2O_3$，$0.6\%\ MgO$，$0.5\%\ CeO_2$；

第九组：$0.5\%\ Bi_2O_3$，$0.3\%\ La_2O_3$，$0.6\%\ MgO$，$0.5\%\ CeO_2$；

第十组：$1\%\ Bi_2O_3$，$0.3\%\ La_2O_3$，$0.6\%\ MgO$。

（3）烘干后的粉体加入质量浓度为 5% 的 PVA 胶水 10%（胶水需要自配）进行造粒，造粒要均匀，混合均匀后在 60℃ 的烘箱中进行干燥（注：干燥要适当，不能太干）粉体应能够恰好过 70 目筛。

注：胶水的配置步骤：称取 5g 聚乙烯醇（PVA），加入到 95mL 二次蒸馏水中，加热使其完全溶解，放入 60℃ 的烘箱中陈化 12h，装入瓶中待用。

（4）将造粒好的粉体，放入模具中，在 30t 的成型压力机上压片成型。每组压制 6 片，要记录好每片的厚度，直径，质量，并编号。

（5）将编号后的坯体放入高温箱式电炉中加热，升温程序如下：

$$室温 \xrightarrow{0.5h} 110℃ \xrightarrow{2h} 110℃ \xrightarrow{3h} 400℃ \xrightarrow{2h} 400℃ \xrightarrow{5h} 800℃ \xrightarrow{2h} 800℃ \xrightarrow{2h} 1300℃ \xrightarrow{2h} 1300℃$$

注：1. 每组的升温程序可能不一样，要严格按照实验要求的升温程序，在 1300℃ 保温后，不要打开高温箱式电炉的炉门，要其缓慢降温，可能需要 20h 左右的时间，方可取出瓷片。2. 主要高温箱式电炉的使用要求，任何人要严格按照实验操作规程使用，一经发现有违反操作规程的行为将严肃处理。

（6）将烧结后的陶瓷片，称量计算失重比，然后测量每片的厚度与直径，计算收缩率和理论密度。

（7）重复第（4）步到第（6）步的操作，成型压力为 20t。

升温程序依次如下：

$$室温 \xrightarrow{0.5h} 110℃ \xrightarrow{2h} 110℃ \xrightarrow{3h} 400℃ \xrightarrow{2h} 400℃ \xrightarrow{5h} 800℃ \xrightarrow{2h} 800℃ \xrightarrow{2h} 1250℃ \xrightarrow{2h} 1250℃$$

（8）将银浆手工涂覆到陶瓷片上，涂覆厚度要适中，一般为 $10\mu m$，将涂银后的陶瓷片放入 60℃ 的烘箱中干燥 30min 后。放入高温箱式电炉中加热，升温程序如下：

$$室温 \xrightarrow{2h} 110℃ \xrightarrow{2h} 110℃ \xrightarrow{3h} 400℃ \xrightarrow{2h} 400℃ \xrightarrow{3h} 700℃ \xrightarrow{2h} 700℃ \xrightarrow{2h} 800℃ \xrightarrow{2h} 800℃$$

（9）用 LCR 数字电桥测量陶瓷烧结体的电容量和介质损耗 $\tan\delta$，测量频率为 1kHz 介电常数测试举例见下表。

实验记录表

因数　　　实验号	C	$\tan\delta$	ε
1			
2			
3			
4			

续表

因数 实验号	C	$\tan\delta$	ε
5			
6			

注：1. 上述数据为某组数据，仅做参考；

2. 相对介电常数 ε 的计算公式为：$\varepsilon = \dfrac{14.4 \times C \times h}{d^2}$（$h$ 为片的厚度，d 为直径，以厘米为单位）；

3. ε 需自己计算（到实验室测量自己的陶瓷片的厚度和直径），然后填入表中。

五、注意事项

（1）每人在开始实验前，要对实验原理全面掌握，参考书为《先进陶瓷工艺学》，掌握不熟者，严禁进行实验。

（2）严格按照实验操作规程进行实验，如有不按实验规程操作者，取消实验资格。

（3）损坏仪器设备，要按价赔偿，非人为损坏除外。

（4）在实验过程中，严禁离开实验室，不准在实验室内大声喧哗，打扑克，从事与实验无关的任何事情，一经发现取消实验资格。

六、思考题

（1）压出的片在烧结后会变形，思考是什么原因？

（2）烧结后的陶瓷片，颜色与坯体的颜色不一样，为什么？

（3）粉体造粒后为什么要干燥？

（4）在陶瓷烧结过程中，在各温度区保温的原因是什么？

（5）烧银后，经常起鳞皮，原因是什么，如何杜绝？

（6）钛酸钡陶瓷的制备中掺杂改性的依据是什么？

（7）压力对烧结温度的影响？

实验二　锂离子电池正极材料 $LiMn_2O_4$ 的制备与电性能测试

一、实验目的

（1）具体掌握 $LiMn_2O_4$ 的高温固相合成方法。

（2）了解高温固相合成方法所需设备的使用和合成条件的控制。

（3）掌握扣式锂离子电池制作的过程和设备的使用。

（4）掌握锂离子电池性能测试的方法及性能好坏的分析。

二、实验原理

（一）尖晶石结构的 $LiMn_2O_4$

$LiMn_2O_4$ 具有尖晶石结构，具有 Fd3m 对称性立方晶体，锂离子处于四面体 8a 位置，锰离子处于 16d 晶格，氧离子处于八面体的 32e，结构可以表示

[Li]8a[Mn$_2$]16d[O$_4$]32e，理论比容量为 148mA·h/g，实际比容量为 100~120mA·h/g。LiMn$_2$O$_4$结构可简单描述为 8 个四面体 8a 位置由锂离子占据，16 个八面体位置（16d）由锰离子占据，16d 位置的锰是 Mn^{3+}和 Mn^{4+}按 1:1 比例占据，八面体的 16c 位置全部空位，氧离子占据八面体 32e 位置。该结构中 MnO$_6$氧八面体采取共棱相联，形成了一个连续的三维立方排列，即[Mn$_2$]O$_4$尖晶石结构网络为锂离子的扩散提供了一个由四面体晶格 8a、48f 和八面体晶格 16c 共面形成的三维空道。当锂离子在该结构中扩散时，按 8a—16c—8a 顺序路径直线扩散（四面体 8a 位置的能垒低于氧八面体 16c 或 16d 位置的能垒），扩散路径的夹角为 107°，这是 LiMn$_2$O$_4$作为二次锂离子电池正极材料使用的理论基础。图 1 为 LiMn$_2$O$_4$的结构示意图。

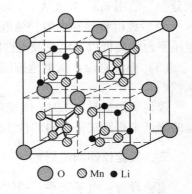

○ O　◎ Mn　● Li

图 1　LiMn$_2$O$_4$的晶体结构示意图

目前制备 LiMn$_2$O$_4$材料常用的方法可分为两大类：一类是利用固相反应的相互作用合成，即我们通常说的固相合成法，如高温固相反应法、微波烧结法、固相配位反应法；另一类则是溶液相合成方法即软化学合成法，如 Pechini 法、共沉淀法、溶胶凝胶法。尖晶石型的 LiMn$_2$O$_4$在充放电过程中因发生杨-泰勒效应、锰溶解及锰的高氧化性等，导致容量发生缓慢的衰减。

（二）锂离子电池正极材料 LiMn$_2$O$_4$的高温合成

按质量比例称取适量的 MnCO$_3$和 LiCO$_3$于研钵中混合均匀，再装入坩埚中，振实后，放到马弗炉中进行烧结，烧成制度为从室温以 3℃/min 升温速率上升到 850℃，再在 850℃下保温 12h。

（三）锂离子电池的制作

按质量比例分别称取正极材料、PVDF（聚偏四氟乙烯）、S-P（导电剂），以 N-甲基吡咯烷酮为溶剂，按照所需固含量，将 PVDF 完全溶解成透明胶状后，再加入正极材料与导电剂，搅拌均匀，将搅拌均匀的浆料经简易涂布机均匀地涂敷在铝箔上，烘干后得到正极极片，再将正极片在对辊机上辊压压制成平整的薄片。

对辊完后用手动冲片机将正极材料冲孔成直径约为 1 cm 的圆片并称重，将干燥好的正极材料圆片、电池正负极壳、隔膜等备用品用袋子装好放入有氩气保护的手套箱。将金属锂片作负极，微孔复合聚合物作隔膜，1mol/L LiPF$_6$的 EC+DMC（体积比为 1:1）作电解液，制成扣电。

（四）锂离子正极材料 LiMn$_2$O$_4$的电性能测试

锂离子电池的电化学表达式为

$$C_n \mid LiPF_6 \xrightarrow{\text{没条件}} EC + DMC \mid LiMn_2O_4(+)$$

正极反应　　　　　$LiMn_2O_4 \longrightarrow Li_{1-x}Mn_2O_4 + xLi^+ + xe$

负极反应　　$nC + xLi^+ + xe \longrightarrow Li_xC_n$

电池反应　　$LiMn_2O_4 + nC \longrightarrow Li_{1-x}Mn_2O_4 + Li_xC_n$

电池性能一般通过以下几个方面来评价：

（1）容量：容量是指在一定放电条件下，可以从电池获得的电量，即电流对时间的积分，一般用 mA·h 或 A·h 来表示，它直接影响电池的最大工作电流和工作时间。

（2）放电特性和内阻：放电特性是指电池在一定的放电制度下，其工作压的平稳性，电压平台的高低以及电流放电性能等，它表明电池带负载能力。

（3）循环寿命：指电池按照一定的制度进行充放电，性能衰减到某一程度时的循环次数。

锂离子正极材料 $LiMn_2O_4$ 的电性能测试借助于电池性能测试的结果。利用对电池电性能的测试来得到正极材料的性能好坏。

三、实验仪器和试剂

实验设备：电子天平，研钵，坩埚，马弗炉，300 目筛网，真空干燥箱，涂布机，对辊机，电池注液手套箱等。

实验原料：碳酸锰，碳酸锂，NMP，PVDF，导电剂，铝箔，电池壳，隔膜，电解液等。

四、实验步骤

（1）合成 15g $LiMn_2O_4$ 正极材料。按质量比例称取适量的 $MnCO_3$ 和 Li_2CO_3（锂配比1.05）于研钵中混合均匀（手工研磨 1.5h），再装入小坩埚中，振实后，放到马弗炉中进行烧结，烧成制度为从室温以 3℃/min 升温速率上升到 850℃，再在 850℃下保温 12h。

（2）将烧结好的块状粉体在研钵中磨细，过 300 目的筛子，称量计算产率及侧振实密度，并将 $LiMn_2O_4$ 正极材料在真空干燥箱下 120℃ 干燥 12h。

（3）扣式电池的制作。按 90：6：4 的质量比分别称取正极材料、PVDF（聚偏四氟乙烯）、S-P（导电剂），以 N-甲基吡咯烷酮为溶剂，按照所需固含量（固含量指所有固相粉末质量占整个浆料的比重），将 PVDF 完全溶解成透明胶状后，再加入正极材料与导电剂，搅拌均匀成油光闪状（看不到明显小颗粒为止），将搅拌均匀的浆料经简易涂布机均匀地涂敷在铝箔上，烘干后得到正极极片，再将正极片在对辊机上辊压压制成平整的薄片。

对辊完后用手动冲片机将正极材料冲孔成直径约为 1 cm 的圆片，每个极片分别称重包装编号放入 60℃ 真空干燥箱中真空干燥 12h，将干燥好的正极材料圆片、电池正负极壳、隔膜等备用品用袋子装好放入有氩气保护的手套箱。将金属锂片作负极，微孔复合聚合物作隔膜，1mol/L $LiPF_6$ 的碳酸乙烯酯（EC）+碳酸二甲酯（DMC）（体积比为 1：1）作电解液，制成扣电。

（4）电池电化学性能测试。将静置 8h 后的电池放到电池综合性能测定仪中进行循环性测试，并得到电池容量，电池材料比容量和循环特性等电池的常规性能。

（5）数据分析。将电池电性能综合测定仪测定的数据进行分析，得到所合成的正极材料的比容量和循环性能。

五、注意事项

（1）遵守实验室操作规程，正确使用实验的仪器和设备，对仪器设备有损坏应及时报告实验指导老师。

（2）在电池制作过程中，由于涂布过程使用 N-甲基吡咯烷酮和 PVDF 作黏结剂，对环境水分要求比较高，如果在除湿不够的情况下，不能进行涂布，否则将导致料浆变成果冻状，粘附涂布刀口，影响涂布效果，影响电池的后期制作和性能测试。另外，由于电解液遇到水分会分解产生 HF，对正极材料有腐蚀作用，同时也会影响到电池电性能，因此必须在无水或水分含量极低的情况下进行操作。

（3）在扣式电池组装过程中，应避免正负极之间短路。正负极间短路会导致制作电池的失败，无法测试电池的性能。

（4）电池电性能测试过程中，对正极材料性能的测试，必须正确计算出每个电池中正极活性物质的参数，否则没有办法正确把握正极材料的性能。另外，电池充放电过程应严格遵从锂离子电池充放电的电压范围和电流范围，以免造成电池的不安全性发生。

六、思考题

（1）简述锂离子正极材料 $LiMn_2O_4$ 的结构。

（2）简述导致锂离子。

5 无机非金属材料工程专业基本技能实验

一、试样的取样

取样的方法和分类：

从统计学观点出发，取样的方法可分为两种，无区别取样（随意取样）和按比例取样（代表式取样）。

无区别取样是将试样内可看到的组成成分都取出若干放入试样内，而不考虑互相"量"的关系，也不考虑各组分的特性，这种取样方式对均匀的物料来说是有代表性的，但对非均匀物料就不具有代表性，存在一定的人为因素的影响，而降低样品的代表性。

按比例取样是按一定规则和方法进行取样，使样品中的各个组分，能代表样品内的各相应组分，这种方法对那些在组成上有显著差别的试样能给出较大的代表性。

无区别取样中的认为因素的影响，可采用以下方法加以避免：

（1）如有可能，把样品分成若干小分，按一定顺序排列，然后按一定号码取出若干分，作为样品。

（2）可将样品制成浆料，在搅拌的情况下进行取样，或采用机械取样装置进行取样。

（3）取样前可将样品混合均匀后进行取样。

对于溶液的取样比较简单，可以用无区别取样，对于固体的取样，有两种情况：

（1）样品颗粒粒度均匀，成分均匀。

（2）样品中颗粒有粗有细，成分不均匀。

第一种情况可以采用无差别取样的方式，第二种情况下可先对样品进行分级处理后，每个粒级分别进行取样后再混合，或进行破碎后进行取样。

二、常见的测温方法

（1）热电阻测温法。电阻温度计通常可以测量 $-200 \sim 500\,℃$ 范围的温度，其测温原理是基于各种材料的电阻率随温度变化而变化，要忽略物体的长度和截面随温度的变化，则对在参比温度下的电阻值和电阻率的温度系数已知的物体，可以通过测量此物体的电阻来反映温度。

（2）热电偶测温。热电偶测温是基于两种不同性质的金属接触时，在接触点会发生自由电子的扩散，自由电子从密度大的金属扩散到密度小的金属，于是两种金属间就产生了电位差，该电位差的大小与金属丝的化学成分和接触点的温度有关，就一根均匀的金属丝而言，当两端点存在温差时，自由电子会从热端扩散向冷端扩散，则该丝的两端也会有电位差，此值与金属丝的成分和两端点的温差有关。通过对电位差的测量可以确定相应的温度。

（3）辐射高温计。依据热辐射原理测温的仪表统称为热辐射高温计，适用于所有波长的辐射温度计称为全辐射高温计，采用单色波或可见光的一个小波段进行亮度比较的温度计称为光学高温计。光学高温计有两种类型，一种是通过测量被测物体发射的某个波长的单色亮度来测温，称为亮度温度计，另一种是通过测量两个波长的辐射强度比值来测定，称为比色高温计。

三、常见的坩埚材料

（1）普通陶瓷坩埚，为硅酸盐材料烧结而成，含有一定的氧化铝，氧化硅以及形成的化合物等，一般适用温度在1300℃以下。

（2）石英玻璃坩埚，由高纯石英熔制而成，熔点为1710℃，常用温度在1110℃。

（3）莫来石坩埚，由72%氧化铝和28%的氧化硅烧结而成，熔点1810℃，常用温度在1750℃。

（4）氧化铝坩埚，由氧化铝烧结而成，分95瓷和99瓷，前者含氧化铝95%，后者含99%，氧化铝的熔点2030℃，一般适用温度前者在1500℃，后者为1900℃。

（5）氧化镁坩埚，有高纯氧化镁烧结而成，熔点2800℃，使用温度1900℃。

（6）氧化锆坩埚，由氧化锆加稳定剂烧结而成，熔点2550℃，适用温度2220℃。

（7）氧化钍坩埚，熔点3050℃，适用温度2500℃。

（8）石墨坩埚，熔点2350℃，具有高的导电性和热传导性，耐急冷急热性好，但主要在还原气氛下使用。

一般玻璃制品的温度不高，低于600℃使用。

塑料类制品在200℃下使用。

四、常见的耐火材料

普通黏土砖，耐火温度在1200℃左右，普通硅砖的耐火温度在1300℃左右，高铝砖的耐火温度在1500℃左右，莫来石砖耐火温度在1600℃左右，镁质砖的耐火温度一般在1500℃左右，碳化硅砖在1400℃左右使用。

实验一 干燥速率曲线测定实验及物料水分的测定

一、实验目的

（1）掌握干燥曲线和干燥速率曲线的测定方法。

（2）学习物料含水量的测定方法。

二、实验步骤

在某固定温度下测量一种物料干燥曲线、干燥速率曲线和临界含水量。

三、实验原理

当湿物料在干燥过程中，物料表面的水分开始气化，并向周围介质传递。根据干燥过程中不同期间的特点，干燥过程可分为两个阶段。

第一个阶段为恒速干燥阶段。在过程开始时，由于整个物料的湿含量较大，其内部的水分能迅速地达到物料表面。因此，干燥速率为物料表面上水分的气化速率所控制，故此阶段亦称为表面气化控制阶段。在此阶段，干燥介质传给物料的热量全部用于水分的气化，物料表面的温度维持恒定（等于热空气湿球温度），物料表面处的水蒸气分压也维持恒定，故干燥速率恒定不变。

　　第二个阶段为降速干燥阶段，当物料被干燥达到临界湿含量后，便进入降速干燥阶段。此时，物料中所含水分较少，水分自物料内部向表面传递的速率低于物料表面水分的气化速率，干燥速率为水分在物料内部的传递速率所控制。故此阶段亦称为内部迁移控制阶段。随着物料湿含量逐渐减少，物料内部水分的迁移速率也逐渐减少，故干燥速率不断下降。

　　恒速段的干燥速率和临界含水量的影响因素主要有：固体物料的种类和性质；固体物料层的厚度或颗粒大小；空气的温度、湿度和流速；空气与固体物料间的相对运动方式。

　　恒速段的干燥速率和临界含水量是干燥过程研究和干燥器设计的重要数据。本实验在恒定干燥条件下对粉体物料进行干燥，测定干燥曲线和干燥速率曲线，目的是掌握恒速段干燥速率和临界含水量的测定方法及其影响因素。

　　（1）干燥速率的测定

$$U = \frac{dW'}{Sd\tau} \approx \frac{\Delta W'}{S\Delta \tau}$$

式中　　U——干燥速率，$kg/(m^2 \cdot h)$；

　　　　S——干燥面积（实验室现场提供），m^2；

　　　　$\Delta \tau$——时间间隔，h；

　　　　$\Delta W'$——$\Delta \tau$时间间隔内干燥气化的水分量，kg。

　　（2）物料干基含水量

$$X = \frac{G' - Gc'}{Gc'}$$

式中　　X——物料干基含水量，$kg_水/\ kg_{绝干物料}$；

　　　　G'——固体湿物料的量，kg；

　　　　Gc'——绝干物料量，kg。

四、实验方法

　　（1）将待测物料分成若干份放入烧杯中，称量其质量 $M = M_总 - M_{烧杯}$。

　　（2）同时放入设定好温度的烘箱内。

　　（3）间隔一定时间（如每30min取一个样）取出样品进行称量，记录数据并计算样品失重。

　　（4）根据数据绘制时间-失重曲线。

　　（5）实验完毕，关闭加热电源，待干球温度降至常温后关闭风机电源和总电源，一切复原。

五、注意事项

　　（1）实验过程中温度较高，做好防护措施，以免烫伤。

　　（2）爱护好实验仪器和设备。

（3）在实验取样时间的设计上要把握一点，最后三个样品的失重趋近于零，也就是说实验最后样品中基本不含游离水分。

实验二　固体密度的测定

一、实验目的

（1）了解物理天平的构造原理，掌握其调整和使用方法。
（2）了解比重瓶测密度的原理，掌握其使用方法。
（3）学习用流体静力称衡法测定不规则固体的密度。
（4）学会用比重瓶法测定不规则固体的密度。

二、实验原理

（一）测规则固体的密度

设物体的质量为 m ，体积为 V ，其密度为

$$\rho = \frac{m}{V}$$

如果被测物体是一直径为 d ，高为 h 的圆柱体，则其密度为

$$\rho = \frac{4m}{\pi d^2 h}$$

只要直接测出 m 、 d 、 h ，就可以算出圆柱体的密度 ρ 。

由于被测圆柱体加工上的不均匀，其直径 d 和高度 h 各处不完全一样，因此要准确测定其体积，必须在它的不同部位测量多次，求出算术平均值。

（二）流体静力称衡法测不规则固体的密度

浸在液体中的物体要受到向上的浮力，根据阿基米德原理，物体在液体中受到的浮力，等于它所排开液体的重量

$$F = \rho_0 V g$$

式中，ρ_0 是液体的密度；在物体全部浸没在液体中时，排开液体的体积 V 就是物体的体积；g 为重力加速度。

如果将物体分别在空气中和全部浸没在液体中称衡，可得到两个重量 mg 和 $m_1 g$ ，此时物体在液体中受到的浮力为

$$F = mg - m_1 g = \rho_0 V g$$

由此可得，物体的密度

$$\rho = \frac{m}{m - m_1} \rho_0$$

式中，m 是物体在空气中称衡时相应的天平砝码质量；m_1 是物体全部浸没在液体中称衡时相应的天平砝码质量。

如果被测物体的密度小于液体的密度，为使被测物体全部浸没在液体中，可采用在被测物体下面拴一重物的方法。实验时，进行三次称衡。首先在空气中直接称衡被测物体的质量 m ，再将被测物体置于液面之上，而重物全部浸没在液体中称衡，此时天平砝码质

量为 m_2。最后把被测物体连同重物一起全部浸没在液体中，进行称衡，此时天平砝码质量为 m_3。则物体在液体中所受浮力为

$$F = (m_2 - m_3)g = \rho_0 Vg$$

因此，物体密度为

$$\rho = \frac{m}{m_2 - m_3}\rho_0$$

实验三　沉淀法制备氧化铁粉体

一、实验目的

(1) 熟悉化学沉淀法合成粉体的基本原理和基本过程。

(2) 了解沉淀反应需控制的主要参数。

(3) 熟悉水浴锅，高温炉等仪器设备的使用。

二、实验原理

沉淀法是由液相进行化学制取的最常用的方法，把沉淀剂加入到金属盐溶液中进行沉淀处理，再将沉淀物加热分解则可得到所需的产品。存在于溶液中的离子 A^+ 和 B^-，当它们的离子浓度积超过其溶度积 $[A^+] \cdot [B^-]$ 时，A^+ 和 B^- 之间就开始结合，进而形成晶格，于是，由晶格生长和在重力作用发生沉降，形成沉淀物。一般而言，当颗粒粒径成为 $1\mu m$ 以上就形成沉淀物。产生沉淀物过程中的颗粒成长有时在单个核上发生，但常常是靠细小的一次颗粒的二次凝集，一次颗粒粒径变大有利于过滤。沉淀物的粒径取决于核形成与核成长的相对速度。即如果核形成速度低于核成长速度，那么生成的单颗粒数就少，单个颗粒的粒径就变大。但是沉淀生成过程是复杂的，现在尚未发现能控制核形成和核成长速度的好方法。一般来说，沉淀物的溶解度越小，沉淀物的粒径也越小；而溶液的过饱和度越小则沉淀物的粒径越大。由于控制沉淀物生成反应不容易，所以，实际操作时，是通过使沉淀物颗粒长大来对粒径加以控制。通过将含有沉淀物的溶液加热，使沉淀物长大。

本实验是在氯化铁溶液中加入氢氧化钠或者碳酸钠，通过对溶液 pH 值，浓度，搅拌速率，温度等条件的控制合成粒度均一的氢氧化铁沉淀，再将所获得的氢氧化铁沉淀洗涤干燥后在高温炉中煅烧而获得粒径均一的氧化铁粉体。

三、实验仪器及试剂

本实验所需的设备有水浴锅，搅拌器，pH 计，蠕动泵，真空抽滤装置，干燥箱，高温炉，显微镜等设备。

本实验所需的药品主要有氯化铁，氢氧化钠，碳酸钠等。

四、实验步骤

(1) 按照 10g Fe_2O_3 的产量，计算所需的氯化铁用量和相应的沉淀剂用量。

(2) 将氯化铁溶解配制成 0.5mol/L 的溶液，相应的沉淀剂为 1mol/L。

（3）将水浴锅加热到一定温度，将反应烧杯固定好，加入100mL底液，调节好pH值。

（4）将所配制的溶液分别装入烧杯中，通过蠕动泵以一定的速率滴加到反应烧杯中。在加料过程中不断搅拌。

（5）反应结束后，陈化1h后过滤，洗涤，烘干。

（6）将干燥好的样品放入坩埚中于900℃下煅烧1h，自然冷却至室温。

（7）测量煅烧后样品的松装密度和振实密度，并在显微镜下观察其形貌。

五、数据处理及分析

记录所测量的样品的松装密度和振实密度以及显微镜的观测结果。

六、注意事项

（1）体系的pH值，加料速度和反应温度对所生成的沉淀颗粒的大小有较大的影响需要严格控制。

（2）在洗涤样品的过程中，一定要把生产的可溶性钠盐彻底洗干净，否则所得到的样品分散性不好，同时在烧成过程中对颗粒形貌造成影响。

实验四　共沉淀法制备氧化铁-氧化铝粉体

一、实验目的

（1）熟悉化学共沉淀法合成粉体的基本原理和基本过程。

（2）了解化学共沉淀反应需控制的主要参数。

（3）熟悉水浴锅，高温炉等仪器设备的使用。

二、实验原理

在微粉制备上，使混溶于某溶液中的所有离子完全沉淀的方法称之为共沉淀法。

共沉淀法中的沉淀生成情况，能够利用溶度积通过化学平衡理论来定量地讨论。沉淀多使用氢氧化物、碳酸盐、硫酸盐、草酸盐等。对于氢氧化物，显然pH值是重要的参数，像草酸之类，当 $[OH^-]$ 不直接进入沉淀的情况下，它的离解也受pH值强烈影响，所以，pH值仍然是重要的参数。

溶液中沉淀生成的条件因不同金属离子而异，这是分析化学中进行离子分离操作的根据，但在合成微粉上，这也成为共沉淀法的一个缺点。即同一条件下沉淀的金属离子的种类很少，一般来说，让组成材料的多种离子同时沉淀几乎是不可能的。溶液中金属离子随pH值的上升，按满足沉淀条件的顺序依次沉淀下去，形成单一的或几种金属离子构成的混合沉淀物。

为了避免共沉淀法本质上存在的分别沉淀倾向，可以提高作为沉淀剂的氢氧化钠或氨水溶液的浓度，再导入金属盐溶液，从而使溶液中所有的金属离子同时满足沉淀条件。

为了防止由于导入金属盐溶液产生沉淀而引起局部环境变化，还可以对溶液进行激烈地搅拌，同时让沉淀生成。这些操作虽然在某种程度上能防止沉淀，但是，在使沉淀物向产物化合物转变而进行加热反应时，就不能保证其组成的均匀性，要靠共沉淀方法来使微量成分均匀地分布在主成分中，参与沉淀的金属离子的沉淀 pH 值大致上应在 3 以内。对于共沉淀法来说，一般认为，当构成产物微粉的金属元素其原子数之比大致相等时，沉淀物组成的分布均匀性只能达到沉淀物微粒的粒径层次。但是，在利用共沉淀法添加微量成分的时候，由于所得到的沉淀物粒径无论是主成分、还是微量成分，几乎都是相同的。所以，在这种情况下，完全没有实现微观程度上的组成均匀性。即共沉淀法在本质上还是分别沉淀，其沉淀物是一种混合物。弥补共沉淀法的缺点并在原子尺度上实现成分原子的均匀混合方法之一是化合物沉淀法。

本实验是在氯化铝和氯化铁混合溶液中加入氢氧化钠或者碳酸钠，通过对溶液 pH 值，浓度，搅拌速率，温度等条件的控制合成成分均一的铁铝共沉淀化合物，再将所获得的铁铝共沉淀产物洗涤，干燥后在高温炉中煅烧而获得铁元素体相掺杂的氧化铝粉体。

三、实验仪器及试剂

本实验所需的设备有水浴锅，搅拌器，pH 计，蠕动泵，真空抽滤装置，干燥箱，高温炉，显微镜等。

本实验所需的药品主要有氯化铁，氯化铝，氢氧化钠，碳酸钠等。

四、实验步骤

（1）按照 10g $Al_{1.95}Fe_{0.05}O_3$ 的产量，计算所需的氯化铝，氯化铁用量和相应的沉淀剂用量。

（2）将所称取的盐溶解配制成 0.5mol/L 的溶液，相应的沉淀剂为 1mol/L。

（3）将水浴锅加热到一定温度，将反应烧杯固定好，加入 100mL 底液，调节好 pH 值。

（4）将所配制的溶液分别装入烧杯中，通过蠕动泵以一定的速率滴加到反应烧杯中。在加料过程中不断搅拌。

（5）反应结束后，陈化 1h 后过滤，洗涤，烘干。

（6）将干燥好的样品放入坩埚中于 1200℃ 下煅烧 1h，自然冷却至室温。

（7）测量煅烧后样品的松装密度和振实密度，并在显微镜下观察其形貌。

五、数据处理及分析

记录所测量的样品的松装密度和振实密度以及显微镜的观测结果。

六、注意事项

（1）体系的 pH 值，加料速度和反应温度对所生成的沉淀颗粒的大小有较大的影响需要严格控制。

（2）条件控制不好容易使离子分别沉淀，达不到成分均一的效果。

（3）在洗涤样品的过程中，一定要把生产的可溶性钠盐彻底洗干净，否则所得到的样品分散性不好，同时在烧成过程中对颗粒形貌造成影响。

实验五　溶胶-凝胶法制备氧化铝粉体

一、实验目的

（1）熟悉溶胶-凝胶法合成粉体的基本原理和基本过程。
（2）了解溶胶-凝胶法合成粉体需控制的主要参数。
（3）熟悉水浴锅，高温炉等仪器设备的使用。

二、实验原理

溶胶-凝胶技术是指金属有机或无机化合物经过溶液、溶胶、凝胶而固化，再经热处理而成氧化物或其他化合物固体的方法。目前采用溶胶–凝胶法制备超细材料的具体技术或工艺过程相当多，但按其产生溶胶凝胶过程的机制划分，不外乎三种类型：传统胶体型、无机聚合物型和络合物型，如下表所示。

各种溶胶-凝胶法特征及说明

类型	化学特征	说　　　明		用途
		凝　胶	前驱体	
传统胶体形成过程	调节 pH 值或加入电解质以中和粒子表面电荷，使得粒子之间通过蒸发溶剂得到凝胶缔合网络	高浓度粒子间通过范德华力形成缔合网，凝胶的固相含量增高，凝胶的强度弱，通常为不透明	金属无机化合物和试剂的反应生成前驱体溶液及高浓度粒子	粉体，制膜
无机聚合物型过程	水解、缩聚前驱体	前驱体衍生的聚合物形成胶体，新生的凝胶溶液与前驱体溶液具有相同的体积，有一个凝胶作用参数可以清楚地辨别凝胶的形成并且不同于凝胶过程中的其他参数，凝胶是透明的	金属的烷氧化合物	制膜，包覆，纤维，粉体
络合物型过程	络合反应生成有较大的或混合配体	络合体中通过氢键形成凝胶缔合体，凝胶易潮解，凝胶是透明的	金属的烷氧化物，硝酸盐或酯类	制膜，粉体，纤维

本实验所采用硝酸铝，柠檬酸等化学试剂，利用氨水对体系 pH 值进行控制合成络合型溶胶体系，再将所获得的溶胶干燥处理得到凝胶，并将干燥后的凝胶在高温炉中煅烧而获得氧化铝粉体。

三、实验仪器及试剂

本实验所需的设备有水浴锅，搅拌器，pH 计，蠕动泵，真空抽滤装置，干燥箱，高温炉，显微镜等。
本实验所需的药品主要有硝酸铝，柠檬酸，氨水，乙醇等。

四、实验步骤

（1）按照 5g Al_2O_3 的产量，计算所需的硝酸铝，溶解于水中。

（2）以 $Al(NO_3)_3$ ：柠檬酸＝1：3 的摩尔比计算柠檬酸的用量，并将柠檬酸溶于乙醇中。

（3）将上述两种溶液混合得到透明体系在磁力搅拌器上搅拌加热。

（4）用氨水控制体系 pH 值为 2~5。

（5）得到透明溶胶后静置 30min 后放入干燥箱进行干燥得到凝胶。

（6）将干燥好的凝胶转移至坩埚中于 1200℃ 下煅烧 1h，自然冷却至室温得到氧化铝粉体。

（7）将得到的氧化铝粉体研磨后包装，在显微镜下观察其形貌。

五、数据处理及分析

记录显微镜的观测结果。

六、注意事项

（1）体系的 pH 值，加料速度和反应温度对所生成的沉淀颗粒的大小有较大的影响需要严格控制。

（2）条件控制不好容易使离子分别沉淀，达不到成分均一的效果。

（3）在洗涤样品的过程中，一定要把生产的可溶性钠盐彻底洗干净，否则所得到的样品分散性不好，同时在烧成过程中对颗粒形貌造成影响。

实验六　匀相沉淀法合成氧化铁粉体

一、实验目的

（1）熟悉匀相法合成粉体的基本原理和基本过程。

（2）了解匀相反应需控制的主要参数。

（3）熟悉水浴锅，高温炉等仪器设备的使用。

二、实验原理

匀相法制备粉体的特点是不外加沉淀剂，而是使溶液内生成沉淀剂。在金属盐溶液中加入沉淀剂溶液时，即使沉淀剂的含量很低，不断搅拌，沉淀剂的浓度在局部溶液中也会变得很高。匀相沉淀法是使沉淀剂在溶液内缓慢地生成，消除了沉淀剂的局部不均匀性。例如，将尿素水溶液加热到 70℃ 以上，就发生如下水解反应：

$$(NH_2)_2CO + 3H_2O \longrightarrow 2NH_4OH + CO_2$$

该反应在内部生成了沉淀剂 NH_4OH，因此立即将生成的沉淀剂消耗掉，所以其浓度经常保持在很低的状态。因此，沉淀的纯度很高，而且由于体积小，容易进行过滤、清洗操作。除尿素水解后能与 Fe、Al、Sn、Ga、Th、Zr 等生成氢氧化物或碱式盐沉淀外，利用这种方法还能制备磷酸盐、草酸盐、硫酸盐、碳酸盐的均匀沉淀。

本实验是在氯化铁中加入尿素配制成混合溶液，通过对搅拌速率，温度等条件的控制合成成分均一的氢氧化铁沉淀产物，再将所获得的沉淀产物洗涤，干燥后在高温炉中煅烧而获得氧化铁粉体。

三、实验仪器及试剂

本实验所需的设备有水浴锅，搅拌器，pH 值计，蠕动泵，真空抽滤装置，干燥箱，高温炉，显微镜等。

本实验所需的药品主要有氯化铁，尿素等。

四、实验步骤

(1) 按照 10g Fe_2O_3 的产量，计算所需的氯化铁用量，以化学计量比 3 倍量称取尿素。

(2) 将所称取的盐和尿素混合溶解配制成 1mol/L 的溶液。

(3) 将水浴锅加热到一定温度，将反应烧杯固定好调节好 pH 值，用搅拌器进行搅拌。

(4) 反应 3h 后停止搅拌。

(5) 反应结束后，陈化 1h 后过滤，洗涤，烘干。

(6) 将干燥好的样品放入坩埚中于 1200℃ 下煅烧 1h，自然冷却至室温。

(7) 测量煅烧后样品的松装密度和振实密度，并在显微镜下观察其形貌。

五、数据处理及分析

记录所测量的样品的松装密度和振实密度以及显微镜的观测结果。

六、注意事项

(1) 体系的 pH 值和反应温度对所生成的沉淀颗粒的大小有较大的影响需要严格控制。

(2) 反应后的产物由于粒径较小，容易透过滤纸，所以过滤时有一定的困难可选择加入适当的絮凝剂进行絮凝后再过滤。

实验七　熔盐法制备片状氧化铁粉体

一、实验目的

(1) 熟悉熔盐法合成粉体的基本原理和基本过程。

(2) 了解熔盐法合成粉体需控制的主要参数。

(3) 熟悉高温炉，显微镜等仪器设备的使用。

二、实验原理

一般人们称熔融的无机化合物为熔融盐，或简称熔盐。形成熔盐的无机盐固态大部分为离子晶体，在高温下熔化后形成离子熔体，因此最常见的熔融盐由碱金属或碱土金属与卤化物、硫酸盐、硅酸盐、碳酸盐、硝酸盐以及磷酸盐组成。熔盐作为一种高温熔剂，是一种优良的化学反应介质。它的特性主要表现在以下几个方面：

(1) 离子熔体。熔融盐的最大特征是离子熔体，形成熔融盐的液体由离子和阴离子组成，碱金属卤化物形成简单的离子熔体，而二价或三价阳离子复杂阴离子如硝酸根、碳酸根和硫酸根则容易形成复杂的络合离子。由于是离子熔体，因此熔融盐具有良好的导电性能，其电导率比电解质溶液高一个数量级。

（2）具有广泛的使用温度范围。通常的熔融盐使用温度在 300~1000℃ 之间，且具有相对的热稳定性。

（3）低的蒸汽压。熔融盐具有较低的蒸汽压，特别是混合熔融盐，蒸汽更低。

（4）较大的热容量和热传导值。

（5）对物质有较高的溶解能力。

（6）较低的黏度和较大的质量传递速率。

（7）具有化学稳定性。

熔盐法制备片状氧化铁红大多以铁屑（或废铁皮）为原料，用氯气氯化成氯化铁，或直接用绿矾为原料，然后与碱金属的氯化物混合，高温熔融状态用氧气氧化，制成纯度较高的六方片状结构的云母氧化铁。添加碱金属的氯化物，可与氯化铁形成复杂化合物（如 $NaFeCl$），抑制了熔融氯化铁的挥发。其用量为铁量（氧化铁计）的 10 倍左右，反应温度 650~850℃。

本实验是在氯化铁中加入氯化钠和氯化钾混合盐，进行研磨混合后干燥，并在高温炉中煅烧而获得片状氧化铁粉体。

三、实验仪器及试剂

本实验所需的设备有水浴锅，搅拌器，pH 计，蠕动泵，真空抽滤装置，干燥箱，高温炉，显微镜等。

本实验所需的药品主要有氯化铁，氯化钠，氯化钾等。

四、实验步骤

（1）按照 10g Fe_2O_3 的产量，计算所需的氯化铁用量，以化学计量比 6 倍量以上称取氯化钠和氯化钾，其中氯化钠和氯化钾的比例为 1:1。

（2）将所称取的盐混合后进行研磨均匀。

（3）研磨后的混合盐放入坩埚中干燥。

（4）将干燥 24h 后的样品放入高温炉中于 900℃ 进行熔盐处理，保温 3h。

（5）冷却后将所得到的体系进行洗涤。

（6）将洗涤后的氧化铁进行干燥。

（7）在显微镜下观察最终得到样品的形貌。

五、数据处理及分析

记录显微镜的观测结果。

六、注意事项

（1）各种盐的混合要求均匀，同时盐的用量和烧成温度，保温时间对产品的颗粒性质有较大的影响，在实验过程中应严格控制。

（2）对烧后的样品必须进行清洗。

实验八　铁掺杂改性氧化铝片状粉体的制备

一、实验目的

（1）熟悉熔盐法合成粉体的基本原理和基本过程。
（2）了解掺杂的一种方法。
（3）熟悉高温炉，显微镜等仪器设备的使用。

二、实验原理

熔盐法在制备各向异性粉体方面有很大的优势，一般认为，熔盐法合成粉体可以分为两个过程，即粉体颗粒的形成过程和生长过程。颗粒形成过程依赖于参与反应的氧化物在盐中的溶解速率的差异，因此粉体的形态最初由形成过程所控制，而后为生长过程所控制。在熔盐中，粉体颗粒是通过液相中的传质过程形成和长大的，因液相具有较高的流动性和扩散速率，因此界面反应过程是熔盐法中的主要控制机制，这也是该法常用来合成特殊形貌粉体的主要原因。在熔盐中，$Al(OH)_3$ 溶解形成 $[Al(OH)_6]^{3-}$ 八面体。根据条件的不同，这些八面体相联结构成二联（Al_2O_{11}），三联（Al_3O_{14}）或六联（Al_6O_{36}）等大维度生长基元，这些生长基元在晶面上叠合时遵循鲍林规则，因此最易的是以共顶相连，晶粒呈六角板状。

在配料过程中掺入 Fe 元素，由于 Fe_2O_3 和 Al_2O_3 具有相同的晶体结构，因此，Fe 能够固溶到 Al_2O_3 的晶格位置，同时 Fe 元素的颜色会影响到 Al_2O_3 的颜色，可以得到红色的 Al_2O_3 产品。

本实验是在硫酸铝钾中加入硫酸钠配制成混合盐溶液，再将溶液用氢氧化钠或者碳酸钠进行沉淀处理，将处理后的样品进行干燥，将干燥后的样品放于高温炉中进行处理得到近红色片状氧化铝粉体。

三、实验仪器及试剂

本实验所需的设备有水浴锅，搅拌器，pH 值计，蠕动泵，真空抽滤装置，干燥箱，高温炉，显微镜等设备。

本实验所需的药品主要有硫酸铝钾，碳酸钠，硫酸钠，氯化铁，氢氧化钠等。

四、实验步骤

（1）按照 $10g\ Al_{1.95}Fe_{0.05}O_3$ 的产量，计算所需的硫酸铝钾，氯化铁用量，以质量比氧化铝∶熔盐＝1∶10 的量配比称取硫酸钠。
（2）将所称取的盐混合后溶解。
（3）按照化学计量比称取碳酸钠配置成溶液。
（4）将上述溶液进行混合反应。
（5）将反应后的溶液进行干燥。
（6）将干燥后的混合盐在 1200℃下热处理。

（7）将热处理后的样品进行充分水洗后进行干燥得到所需样品。

（8）在显微镜下观察最终得到样品的形貌。

五、数据处理及分析

记录显微镜的观测结果。

六、注意事项

（1）各种盐的混合要求均匀，同时盐的用量和烧成温度，保温时间对产品的颗粒性质有较大的影响，在实验过程中应严格控制。

（2）对烧后的样品必须进行清洗。

实验九   氧化铁包覆改性云母粉的制备

一、实验目的

（1）熟悉包覆改性粉体的基本原理和基本过程。

（2）熟悉高温炉，显微镜等仪器设备的使用。

二、实验原理

通过在天然白云母表面包覆金属氧化物、非金属氧化物、稀土氧化物等可制得一系列云母珠光颜料。通常包覆物与云母片表面不发生化学反应，最通用的方法是将云母片悬浮于液体中，控制反应条件，在液体中生成包覆物的沉淀，并使生成的沉淀均匀地沉积于云母片的表面形成包膜。包膜技术的关键在于如何使膜层均匀、致密、包膜率高、色相均一且稳定。根据产品的色相、耐候性等特性要求，包覆物多为钛、铁、锌、锡等过渡元素氧化物及硅铝化合物。

本实验用沉淀反应方法对云母进行表面着色一般采用湿法工艺，即在分散的一定固含量浆料中，加入需要的无机表面改性剂，在适当的 pH 值和温度下使无机表面改性剂以氢氧化物的形式在颗粒表面进行均匀沉淀反应，形成一层或多层包膜，然后经过洗涤、过滤、干燥、焙烧等工序使包膜层牢固地固定在颗粒表面。这种用作表面沉淀反应改性的无机表面改性剂一般是金属氧化物、氢氧化物及其盐类等。

本实验是 Fe_2O_3 包覆云母片着色成一系列的红色珠光颜料，$FeCl_3$ 水解形成 $Fe(OH)_3$ 粒子，$Fe(OH)_3$ 粒子沉积在云母片表面，经烘干和焙烧形成 Fe_2O_3 包膜。这样，Fe_2O_3 就包覆在云母片表面。

$$FeCl_3 + 3NH_3 \cdot H_2O \longrightarrow Fe(OH)_3 \downarrow + 3NH_4Cl$$
$$2Fe(OH)_3 \longrightarrow Fe_2O_3 + 3H_2O \uparrow$$

水解包膜过程是云母 Fe_2O_3 均匀包覆的前提和基础，因此，制备氧化铁着色珠光颜料的关键是水解包膜过程的控制。水解包膜过程的控制因素主要有：体系的含固率、铁盐的浓度、反应温度、酸度、加料的速度、搅拌速率等。

三、实验仪器及试剂

本实验所需的设备有水浴锅，搅拌器，pH 值计，蠕动泵，真空抽滤装置，干燥箱，高温炉，显微镜等设备。

本实验所需的药品主要有碳酸钠，氯化铁，氢氧化钠，氨水，云母等。

四、实验步骤

（1）称取 10g 云母，按照 30%的包覆率计算氯化铁的用量。

（2）将云母配制成 5%的悬浊液，氯化铁配置成 1%的溶液，氨水（或氢氧化钠）配制成 3%浓度的溶液。

（3）将云母悬浊液放至水浴锅中加热至 75℃以上，机械搅拌。

（4）分别向云母悬浊液中滴加氯化铁和氨水使生成的氢氧化铁包覆到云母表面。

（5）反应结束后陈化 1h。

（6）将所得到的云母进行过滤，洗涤，干燥。

（7）在 900℃下处理包覆好的云母粉体。

（8）在显微镜下观察最终得到样品的形貌。

五、数据处理及分析

记录显微镜的观测结果。

六、注意事项

反应过程中 pH 值，云母浓度，盐的浓度，沉淀剂的浓度，反应温度，加料速度；搅拌速度等都会影响到包覆的效果，因此需要严格控制反应条件。

实验十　碳酸钙表面有机改性

一、实验目的

（1）熟悉无机粉体表面有机改性的基本原理和基本过程。

（2）熟悉无机粉体有机改性相关仪器设备的使用。

二、实验原理

既然颗粒存在着很强的团聚趋势，而且一旦发生团聚是不能在常规的加工方法中重新获得同样的尺度分布，因此直接分散法中要解决的问题是如何保持颗粒一定的尺度分布，并具有一定的分散稳定性。所以必须对粒子的表面进行处理。就是用物理、化学方法改变粒子表面的结构和状态，从而赋予粒子新的机能并使其物性（如粒度、流动性、电气特性等）得到改善，实现人们对粒子表面的控制。近年来，粒子的表面修饰已形成了一个研究领域，通过对粒子表面的修饰，可以达到：

（1）改善或改变粒子的分散性。

（2）提高粒子表面活性。

（3）使粒子表面产生新的物理、化学、力学性能及新的功能。

（4）改善粒子与其他物质之间的相容性。

碳酸钙的改性主要有两个途径：一是使其粒度微细或超微细化，增大填充剂在制品中的分散性，但是仅对碳酸钙进行超细加工，由于未改善碳酸钙的表面性质，在聚合物中使用时易造成两种材料的界面缺陷；二是运用活性剂对碳酸钙进行表面改性，使其表面由无机亲水向有机亲油过渡，以增强碳酸钙与树脂等有机基体的相容性，从而改善制品的物理机械性能和加工性能。因而在颗粒微细化的深加工工艺的基础上进行表面改性，才是最有前途的加工技术。

有机改性过程的控制因素主要有：改性剂的种类、改性剂的加入量、改性温度、改性时间、搅拌速率等。

三、实验仪器和试剂

本实验所需的设备有电热鼓风干燥箱、增力搅拌器、恒温水浴箱、电子天平等。
本实验所需的药品主要有碳酸钙、硬脂酸、无水乙醇等。

四、实验步骤

（1）称取一定量碳酸钙，放入烘箱内干燥。
（2）按照质量百分比 0.5%～2% 的加入量计算硬脂酸的用量。
（3）将干燥好的碳酸钙放入烧杯中，置于水浴锅中在 75℃ 下加入搅拌。
（4）将硬脂酸加入到碳酸钙中，干法或湿法改性，搅拌 45min。
（5）反应结束后，将改性好的粉体取出，阴干干燥，进行性能测试。
（6）将改性前与改性后的样品性能进行对比。
硬脂酸钙性碳酸钙样品制备见下图。

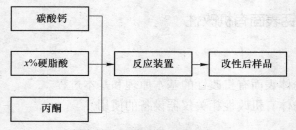

硬脂酸改性碳酸钙工艺流程图

五、数据处理及分析

（1）测定活化指数。碳酸钙的相对密度一般比较大，而且表面呈极性状态，在水中自然沉降。而硬脂酸是非水溶性的，因此经过硬脂酸处理后的碳酸钙粉表面由极性变为非极性，对水呈现较强的非浸润性。这种非浸润性的细小颗粒，在水中由于巨大的表面张力，使其如同油膜一样漂浮不下沉。根据这一现象，提出活化指数的感念，用 H 表示。在烧杯中放 100mL 水，加入 10g 碳酸钙粉，用搅拌器搅拌 1～2min，静止，等溶液澄清后刮去水溶液中表面的碳酸钙粉，并将沉入烧杯底的碳酸钙粉过滤，烘干，称重。

活化指数 H = 样品质量（g）－ 沉底碳酸钙粉质量（g）／ 样品质量（g）

（2）测定碳酸钙粉体的渗透时间。取一平口小容器装满待测粉体，振实压平，再将水滴在碳酸钙粉的表面上，记录液滴完全渗透到粉体中的时间。

本实验是将碳酸钙粉体 20g 置于烧杯中，振实压平，加入 10mL 水，记录水完全渗透到粉体中的时间。

（3）吸油值测定。按 GB 1712—1979 标准方法进行。将 20g 试样置于玻璃板上，用已知质量的盛有邻苯二甲酸二丁酯（DBP）的滴定瓶滴加 DBP，在滴加时，用调刀不断地进行翻动研磨，起初试样呈分散状，后逐渐成团，直至全部被 DBP 所润湿，并形成一整团即为终点，称取滴瓶质量，精确至 0.01g。按下式计算吸油值：

$$w = (m_1 - m_2)/m \times 100$$

式中　m_1——滴加前滴瓶和 DBP 的质量；

　　　m_2——滴加 DBP 后滴瓶和 DBP 的质量；

　　　m——试样质量。

六、注意事项

反应过程中改性剂的加入量、改性温度、改性时间、搅拌速度等都会影响到改性的效果，因此需要严格控制反应条件。

6 材料化学专业基本技能实验

实验一 水热合成法制备磁性记忆材料

一、实验目的

（1）掌握水热合成方法的原理。

（2）了解恒温烘箱的组成设备及其使用方法。

二、实验原理

水热与溶剂热合成是指在一定的温度（100～1000℃）和压强（1～100MPa）条件下利用溶液中的物质化学反应所进行的合成，水热合成反应是在水溶液中进行，溶剂热合成是在非水有机溶剂热条件下的合成。水热合成化学侧重于研究水热合成条件下物质的反应性，合成规律以及合成产物的结构与性质。水热与溶剂热合成是一种重要的无机合成方法，可以用这种方法合成水晶，单晶等无机晶体材料和沸石分子筛等介孔材料，并模拟出在水热条件下的海底世界，以其对生命分子从简单到复杂的进化过程给以理论上的说明和研究探索。由于水热与溶剂热合成的研究体系一般是处于非理想平衡状态，通过水热与溶剂热反应，可以制得固相反应无法制得的物相或物种，有很好的可操作性和可调变性，使得化学反应处于相对温和的溶剂热条件下进行。

在高温高压条件下，水或其他溶剂处于临界或超临界状态，反应活性提高。物质在溶剂中的物性和化学反应性能均有很大改变，因此溶剂热化学反应大多异于常态。一系列中、高温高压水热反应的开拓及其在此基础上开发出来的水热合成，已成为目前多数无机功能材料、特种组成与结构的无机化合物以及特种凝聚态材料，如超微粒、溶胶与凝胶、非晶态、无机膜、单晶等合成的越来越重要的途径。

三、实验仪器

恒温烘箱，烧杯，水热反应釜等。

四、实验步骤

（1）选择反应物料。

（2）确定合成物料的配方。

（3）配料与摸索，混料搅拌。

（4）装釜，封釜。

（5）确定反应温度，时间，状态（晶态与动态晶化）。

（6）取釜，冷却（空气冷，水冷）。

（7）开釜取样。

（8）过滤，干燥。

（9）光学显微镜观察晶体情况与粒度分布。

（10）粉末 X 射线（XRD）进行物相分析。

水热法合成磁记忆材料陶瓷钡铁氧体 $BaO \cdot 6FeO$ 方程式为

$$Ba(NO_3)_2 + 12Fe(NO_3)_3 + 38NaOH \longrightarrow BaO \cdot 6Fe_2O_3 + 38NaNO_3 + 19H_2O$$

根据 $BaO\text{-}Fe_2O_3\text{-}H_2O$ 系水热反应的相图可知：反应应该在 150~300℃ 时反应可以生成目标配合物。

具体步骤：

（1）称取 1mmol 的 $Ba(NO_3)_2$ 和 12mmol 的 $Fe(NO_3)_3$，配成 20mL 的水溶液。

（2）称取 2g 的 NaOH，配成 10mL 的水溶液。

（3）将溶液 2 缓慢地滴加到溶液 1 中，搅拌 10min，充分混合。

（4）将溶液 3 移入 50mL 的反应釜中，在 230℃ 下反应 12h。

（5）将反应釜冷却到室温。

（6）取出试样，用二次水洗涤至没有可溶性离子为止。

（7）在 70℃ 的烘箱中干燥 4h。

五、数据处理与分析

（1）在显微镜下观察晶粒形状。

（2）用 XRD 进行物相分析。

（3）用磁铁检验合成物质的物理性质。

六、思考题

（1）水热反应原理是什么，对比其他实验，优缺点有哪些？

（2）简述陶瓷钡铁氧体能做磁记忆材料的原理。

实验二　六次甲基四氨合成氧化铝粉体

一、实验目的

（1）掌握溶胶-凝胶方法的原理。

（2）了解恒温烘箱的组成设备及其使用方法。

二、实验原理

溶胶-凝胶（sol-gel）合成是一种近期发展起来的能代替高温固相合成反应制备陶瓷、玻璃和许多固体材料的新方法。与传统的高温固相粉末合成方法相比，这种技术有以下几个优点：

（1）通过各种反应物溶液的混合，很容易获得需要的均相多组分体系。

（2）对材料制备所需温度可大幅度降低，从而能在较温和条件下合成出陶瓷、玻璃、纳米复合材料等功能材料。

（3）由于溶胶的前驱体可以提纯而且溶胶-凝胶过程能在低温下可控制的进行，因而可制备高纯或超纯物质。且可避免在高温下对反应容器的污染等问题。

（4）溶胶或凝胶的流变性质有利于通过某种技术如喷射、旋涂、浸拉、浸渍等制备各种膜、纤维或沉积材料。

由于上述特点，一些必须在特殊条件下制备的特种聚集态膜等就可以用此法获得了。下面以 $YBa_2Cu_3O_7$ 超导氧化物膜的制备为例来进行说明。超导氧化物可从多种合成路线制备，如传统的高温固相反应，共沉淀技术，电子束沉积，溅射和激光蒸发等。如用高温合成则为了使产品均匀须将半成品经多次反复的研磨和烧结，而用其他方法时则又须在特种合成条件下进行。

与上述方法相比溶胶-凝胶法不仅方法简单而且相对花费低。此外利用该方法的流变特性可将产品制成性能良好的膜等。应用溶腔-凝胶法制备 $YBa_2Cu_3O_{7-\delta}$ 超导氧化物膜可以采用两条不同的原料路线：一条是以化学计量比相关的硝酸盐 $Y(NO_3)_3 \cdot 5H_2O$，$Ba(NO_3)_2$ 和 $Cu(NO_3)_2 \cdot H_2O$ 作起始原料溶于乙二醇中生成均匀的混合溶液，然后在一定的温度下（如 130~180℃）回流，并蒸发出溶剂，生成的凝胶在高温（950℃）氧气氛下进行灼烧即可获纯相正交型 $YBa_2Cu_3O_{7-\delta}$；另一条是以计量比的金属有机化合物为起始原料：$Y(OC_3H_7)_3$，$Cu(O_2CCH_3)_2 \cdot H_2O$ 和 $Ba(OH)_2$，将其溶于乙二醇中加热同时猛烈搅拌，蒸发后将得到的凝胶涂在一定的载体如蓝宝石（sappire）的［110］面上、$SrTiO_3$ 单晶的门［100］面上或 ZrO_2 单晶的［001］面上（用细刷子）。然后，1）在 O_2 气氛中，用程序升温法（2℃/min）升温至400℃，然后继续（5℃/min）升温至950℃，再用程序降温法（3℃/min）冷却至室温。将上述步骤重复 2~3 次。最后将膜在800℃氧气氛下退火 12h 并在氧气氛下以 3℃/min 速度冷却至室温。2）将涂好的膜在空气中950℃下灼烧 10min，再涂再灼烧重复数次，最后在 550~950℃下氧气氛中退火 5~12h。上述方法均可制得 10~100μm 厚度的均匀 $YBa_2Cu_3O_{7-\delta}$ 超导薄膜，且具有良好的超导性能。

三、实验仪器

恒温水浴箱、烧杯、烘箱、机械搅拌装置等。

四、实验步骤

（1）分别配置 1mol/L 的 $Al(NO_3)_3$ 和 1mol/L 的六次甲基四胺溶液各 15mL。

（2）在 50℃ 的水浴中将上述溶液混合，机械搅拌 1h 得到溶胶。

（3）将上述溶胶放置在 60℃ 的干燥箱中干燥 1 天，得到凝胶。

（4）将得到的凝胶放置在坩埚中，于 900℃ 加热 4h，得到白色的 Al_2O_3 粉体。

（5）粒度分析。

（6）XRD 物相分析。

（7）用显微镜观察形貌并将相片附在实验报告中。

五、思考题

（1）溶胶凝胶法合成纳米粉体，有哪些优缺点？

（2）如何防止纳米粉体的团聚现象？

实验三　柠檬酸合成氧化铝粉体

一、实验目的

（1）熟悉溶胶-凝胶法合成粉体的基本原理和基本过程。

（2）了解溶胶-凝胶法合成粉体需控制的主要参数。

（3）熟悉水浴锅，高温炉等仪器设备的使用。

二、实验原理

溶胶-凝胶技术是指金属有机或无机化合物经过溶液、溶胶、凝胶而固化，再经热处理而成氧化物或其他化合物固体的方法。目前采用溶胶–凝胶法制备超细材料的具体技术或工艺过程相当多，但按其产生溶胶凝胶过程的机制划分，不外乎三种类型：传统胶体型、无机聚合物型和络合物型。

本实验所采用硝酸铝，柠檬酸等化学试剂，利用氨水对体系 pH 值，进行控制合成络合型溶胶体系，再将所获得的溶胶干燥处理得到凝胶，并将干燥后的凝胶在高温炉中煅烧而获得氧化铝粉体。

三、实验仪器及试剂

本实验所需的设备有水浴锅，搅拌器，真空抽滤装置，干燥箱，高温炉，显微镜等。本实验所需的药品主要有硝酸铝，柠檬酸，氨水，乙醇等。

四、实验步骤

（1）按照 2.5g Al_2O_3 的产量，计算所需的硝酸铝，溶解与水中。

（2）以 $Al(NO_3)_3$：柠檬酸＝1：2 的摩尔比计算柠檬酸的用量，并将柠檬酸溶于 20mL 乙醇中。

（3）将上述两种溶液混合得到透明体系在磁力搅拌器上搅拌加热。

（4）用氨水控制体系 pH 值为 2~5。

（5）得到透明溶胶后静置 30min 后放入干燥箱进行干燥得到凝胶。

（6）将干燥好的凝胶转移至坩埚中于 900℃ 下煅烧 1h，自然冷却至室温得到氧化铝粉。

（7）将得到的氧化铝粉体研磨后包装，在显微镜下观察其形貌。

五、数据处理与分析

记录显微镜的观测结果。

六、注意事项

（1）体系的 pH 值，加料速度和反应温度对所生成的沉淀颗粒的大小有较大的影响需要严格控制。

（2）条件控制不好容易使离子分别沉淀，达不到成分均一的效果。

实验四　高温反应合成钛酸钡粉体

一、实验目的

（1）了解高温获得的方法及测量技术，掌握高温炉的使用方法。

（2）了解介电陶瓷粉体制备的工艺。

（3）学习压片机及模具的使用。

二、实验原理

无机材料合成，尤其是无机固体材料的合成，绝大多数都是在高温条件下进行的。所以高温合成技术是无机材料合成中必须掌握的一项技术。

下面仅就实验室中常用的几种获得高温的方法，做一简单的介绍。

（1）电阻炉。电阻炉是实验室和工业中最常用的加热炉，它的优点是设备简单，使用方便，温度可精确地控制在很窄的范围内。应用不同的电阻发热材料可以达到不同的高温限度。应该注意的是一般使用温度应低于电阻材料最高工作温度，这样就可延长电阻材料的使用寿命。

几类重要的电阻发热材料：

1）石墨发热体。用石墨作为电阻发热材料，在真空下可以达到相当高的温度，但须注意使用的条件，如在氧化或还原的气氛下，则很难去除石墨上吸附的气体，而使真空度不易提高，并且石墨常能与周围的气体结合形成挥发性的物质，使需要加热的物质污染，而石墨本身也在使用中逐渐损耗。

2）金属发热体。在高真空和还原气氛下，金属发热材料如钽、钨、钼等，已被证明是适用于产生高温的。通常都采用在高真空和还原气氛的条件下进行加热。如果采用惰性气氛，则必须使惰性气氛预先经过高度纯化。有些惰性气氛在高温下也能与物料反应，如氮气在高温能与很多物质反应而形成氮化物。在合成纯化合物时，这些影响纯度的因素都应注意。

用具有剖缝的钨管作为加热体，由钼、银反射器加以辅助，在惰性气氛下，它的工作温度可达 3200°C，适用于高温相平衡的研究。

3）氧化物发热体。在氧化气氛中，氧化物电阻发热体是最为理想的加热材料。高温发热体通常存在一个不易解决的困难，就是发热体和通电导线如何连接的问题。在连接点上常由于接触不良产生电弧而致使导线被烧断，或是由于发热体的温度超过导线的熔点而使之熔断。接触体解决了这一问题，并可得到均匀的电导率。常用的接触体的组成往往为氧化物型，如高纯度的 $95\%ThO_2$ 和 $5\%La_2O_3$（或 Y_2O_3），其工作温度可达 1950°C，此外接触体的组成也可以是 $85\%ZrO_2$ 和 $15\%La_2O_3$（或 Y_2O_3）。接触体的用法是：把 $60\%Pt$ 和 $40\%Rh$ 组成的导线镶入还未完全烧结的接触体中，在继续加热的过程中，接触体收缩，从而和导线形成良好的接触。接触体的电导率比电阻体高，而且截面积也大，因而接触体中每单位质量的发热量就比电阻体低。适当的选择接触体的长度和导线镶入的深度，可以在电阻体和导线间得到一个合适的温度梯度。这个梯度可以使电阻体的温度大大超过导线的熔点而不导致导线的烧断。

　　将加热体垂直使用，可以巧妙而又简单地解决接触体和电阻体的连接问题。由于电流密度小，并且在高温时产生大量的自由电子，因此接触体和电阻体界面的接触不需要很好，不必用特殊的夹子把接触体和电阻体夹在一起，垂直放置时，由部件本身的质量就足以使它们密切接触而不致产生有害的电弧。

　　在实际使用时，可以根据不同的需要来选择发热体（如棒、丝、管等）的数目设计电阻炉。但是应该注意氧化物发热体的电阻温度系数是负的。如果将各电阻发热体并联使用时，当某一发热体较其他发热体的电阻稍低，则这个发热体的温度就会稍高，而它的相对电阻将进一步降低，从而产生更多的热量。因此，它的温度就越来越高，在短时间内就会烧毁，所以每一个发热体应尽量分开控制。

　　（2）高温箱形电阻炉。这种电阻炉的外壳由钢板焊接而成，炉膛由高铝砖砌成长方形，在炉膛与炉体外壳之间砌筑轻质黏土砖和充填保温材料。硅碳棒发热元件安装于炉膛顶部。为了操作安全，在炉门上装有行程开关，当炉门打开时，电炉自动断电，因此只有在炉门关闭时才能加热。

　　（3）碳化硅电炉。这类炉子的发热体是硅碳棒或硅碳管。这种管可加热到1350℃，也可以短时间加热到1500℃。碳化硅发热元件两端须有良好的接触体。此外，由于它是一种非金属的导体，它的电阻在热时比在冷时小些，因此应用调压变压器与电流表将炉子慢慢加热，当温度升高到需要值时应立即降低电压，以免电流超过容许值。最好是在电路中串接一个自动保险装置。

　　（4）碳管炉。这种炉用碳制的管作为发热元件。因为它们的电阻很小，所以也称为"短路电路"。这种炉最贵的部分是它的变压器。炉子加热所需的电压约为10V，所需电流可以从几百到一千安培。在高温时，碳管的使用寿命不很长，构造方便的炉可以迅速地换装碳管。用这种炉可以很容易地达到2000℃的高温。碳管里面应总保持还原气氛，否则应用衬管套在碳管里面。

　　（5）感应炉。感应炉的主要部件就是一个载有交流电的螺旋形线圈。它的作用就像一个变压器的初级线圈，放在线圈内的被加热的导体（非导体的被加热物需盛放在导体容器内），就像变压器的次级线圈，它们之间并没有电荷的传递。线圈产生的磁力线受被加热的导体所截割，就在被加热体内产生闭合的感应电流，称为涡流。由于导体电阻小，所以涡流很大；又由于交流的线圈产生的磁力线不断改变方向，因此感应的涡流也不断改变方向。新感应产生的涡流受到反向涡流的阻滞，就导致电能转变为热能，使被加热的导体很快发热并达到高温。这个加热效应要发生在被加热导体的表面层内，交流的频率越高，则磁场的穿透深度越低，而被加热物体受热部分的深度也越低。

　　（6）电弧炉。电弧炉常用于熔炼金属，如钛、锆等，也可用于制备高熔点化合物，如碳化物、硼化物以及低价的氧化物等。电流由直流发电机或整流器供应。起弧熔炼之前，先将系统抽至真空。然后通入惰性气体，以免空气渗入炉内，正压也不宜过高，以减少损失。

　　在熔化过程中，只要注意调节电极的下降速度和电流、电压等，就可使待熔的金属全部熔化而得均匀无孔的金属锭。尽可能使电极底部和金属锭的上部保持较短的距离，以减少热量的损失，但电弧需要维持一定的长度，以免电极与金属锭之间发生短路。

　　很多合成反应需要在高温条件进行。主要的合成反应如下：

　　1）高温下的固相合成反应。C，N，B，Si等二元金属陶瓷化合物，多种类型的复合氧化物，陶瓷与玻璃态物质等均是借高温下组分间的固相反应来实现的。

2）高温下的固-气合成反应。如金属化合物借 H_2、CO，甚至碱金属蒸气在高温下的还原反应，金属或非金属的高温氧化、氯化反应等等。

3）高温下的化学转移反应（chemical transport reaction）。

4）高温熔炼和合金制备。

5）高温下的相变合成。

6）高温熔盐电解。

7）等离子体激光、聚焦等作用下的超高温合成。

8）高温下的单晶生长和区域熔融提纯。

三、实验仪器

硅钼棒电炉一台、控温仪一台、马弗炉一台、天平、坩埚、坩埚钳、石棉手套。

四、实验步骤

具体步骤：按化学方程式所示的比例，$BaCO_3$ 和 TiO_2 的摩尔比为 1∶1 进行配料合成共 10g 钛酸钡粉体：称取适量碳酸钡和二氧化钛，将其研磨均匀后（在研钵中研磨 3h），放入坩埚中，振实后，放入中温炉中进行预烧，预烧制度如下：

$$室温 \xrightarrow{0.5h} 110℃ \xrightarrow{2h} 110℃ \xrightarrow{2h} 400℃ \xrightarrow{2h} 400℃ \xrightarrow{5h} 1250℃ \xrightarrow{3h} 1250℃$$

计算产率，观察颗粒形貌。

五、注意事项

（1）严格按照实验操作规程进行实验，如有不按实验规程操作者，取消实验资格。

（2）损坏仪器设备，要按价赔偿，非人为损坏除外。

（3）在实验过程中，严禁离开实验室，不准在实验室内大声喧哗。从事与实验无关的任何事情，一经发现取消实验资格。

六、思考题

（1）高温反应的优缺点？

（2）使用硅钼棒电炉应注意什么问题？

实验五　沉淀法制备氧化铁粉体

一、实验目的

（1）熟悉化学沉淀法合成粉体的基本原理和基本过程；

（2）了解沉淀反应需控制的主要参数；

（3）熟悉水浴锅，高温炉等仪器设备的使用。

二、实验原理

沉淀法是由液相进行化学制取的最常用的方法，把沉淀剂加入到金属盐溶液中进行沉淀处理，再将沉淀物加热分解则可得到所需的产品。存在于溶液中的离子 A^+ 和 B^-，当它们的离子浓度积超过其溶度积 $[A^+]\cdot[B^-]$ 时，A^+ 和 B^- 之间就开始结合，进而形成晶格，于是，由晶格生长和在重力作用发生沉降，形成沉淀物。一般而言，当颗粒粒径成为 $1\mu m$ 以上就形成沉淀物。产生沉淀物过程中的颗粒成长有时在单个核上发生，但常常是靠细小的一次颗粒的二次凝集，一次颗粒粒径变大有利于过滤。沉淀物的粒径取决于核形成与核成长的相对速度。即如果核形成速度低于核成长速度，那么生成的单颗粒数就少，单个颗粒的粒径就变大。但是沉淀生成过程是复杂的，现在尚未发现能控制核形成利核成长速度的好方法。一般来说，沉淀物的溶解度越小，沉淀物的粒径也越小；而溶液的过饱和度越小则沉淀物的粒径越大。由于控制沉淀物生成反应不容易，所以，实际操作时，是通过使沉淀物颗粒长大来对粒径加以控制。通过将含有沉淀物的溶液加热，使沉淀物长大。

　　本实验是在氯化铁溶液中加入氢氧化钠或者碳酸钠，通过对溶液 pH 值，浓度，搅拌速率，温度等条件的控制合成粒度均一的氢氧化铁沉淀，再将所获得的氢氧化铁沉淀洗涤干燥后在高温炉中煅烧而获得粒径均一的氧化铁粉体。

三、实验仪器和试剂

　　本实验所需的设备有水浴锅，搅拌器，真空抽滤装置，干燥箱，高温炉，显微镜等。本实验所需的药品主要有氯化铁，氢氧化钠等。

四、实验步骤

　　(1) 按照 5g 三氧化二铁的产量，计算所需的氯化铁用量和相应的沉淀剂用量。

　　(2) 将氯化铁溶解配制成 0.5mol/L 的溶液，相应的沉淀剂为 1mol/L。

　　(3) 将水浴锅加热到一定温度，将反应烧杯固定好，加入 100mL 底液，调节好 pH 值。

　　(4) 将所配制的溶液分别装入烧杯中，以一定的速率滴加到反应烧杯中。在加料过程中不断搅拌。

　　(5) 反应结束后，陈化 1h 后过滤，洗涤，烘干。

　　(6) 将干燥好的样品放入坩埚中于 900℃ 下煅烧 1h，自然冷却至室温。

　　(7) 测量煅烧后样品的松装密度和振实密度，并在显微镜下观察其形貌。

五、数据处理与分析

　　记录所测量的样品的松装密度和振实密度以及显微镜的观测结果。

六、注意事项

　　(1) 体系的 pH 值，加料速度和反应温度对所生成的沉淀颗粒的大小有较大的影响需要严格控制。

　　(2) 在洗涤样品的过程中，一定要把生产的可溶性钠盐彻底洗干净，否则所得到的样品分散性不好，同时在烧成过程中对颗粒形貌造成影响。

实验六　熔盐法制备片状氧化铁粉体

一、实验目的

（1）熟悉熔盐法合成粉体的基本原理和基本过程。

（2）了解熔盐法合成粉体需控制的主要参数。

（3）熟悉高温炉，显微镜等仪器设备的使用。

二、实验原理

一般人们称熔融的无机化合物为熔融盐，或简称熔盐。形成熔盐的无机盐固态大部分为离子晶体，在高温下熔化后形成离子熔体，因此最常见的熔融盐由碱金属或碱土金属与卤化物、硫酸盐、硅酸盐、碳酸盐、硝酸盐以及磷酸盐组成。熔盐作为一种高温熔剂，是一种优良的化学反应介质。它的特性主要表现在以下几个方面：

（1）离子熔体。熔融盐的最大特征是离子熔体，形成熔融盐的液体由离子和阴离子组成，碱金属卤化物形成简单的离子熔体，而二价或三价阳离子复杂阴离子如硝酸根、碳酸根和硫酸根则容易形成复杂的络合离子。由于是离子熔体，因此熔融盐具有良好的导电性能，其电导率比电解质溶液高一个数量级。

（2）具有广泛的使用温度范围。通常的熔融盐使用温度在 300~1000℃ 之间，且具有相对的热稳定性。

（3）低的蒸汽压。熔融盐具有较低的蒸汽压，特别是混合熔融盐，蒸汽更低。

（4）较大的热容量和热传导值。

（5）对物质有较高的溶解能力。

（6）较低的黏度和较大的质量传递速率。

（7）具有化学稳定性。

熔盐法制备片状氧化铁红大多以铁屑（或废铁皮）为原料，用氯气氯化成氯化铁，或直接用绿矾为原料，然后与碱金属的氯化物混合，高温熔融状态用氧气氧化，制成纯度较高的六方片状结构的云母氧化铁。添加碱金属的氯化物，可与氯化铁形成复杂化合物（如 $NaFeCl$），抑制了熔融氯化铁的挥发。其用量为铁量（氧化铁计）的 10 倍左右，反应温度 650~850℃。

本实验是在氯化铁中加入氯化钠和氯化钾混合盐，进行研磨混合后干燥，并在高温炉中煅烧而获得片状氧化铁粉体。

三、实验仪器和试剂

本实验所需的设备有水浴锅，搅拌器，真空抽滤装置，干燥箱，高温炉，显微镜等。本实验所需的药品主要有氯化铁，氯化钠等。

四、实验步骤

（1）按照 5g Fe_2O_3 的产量，计算所需的氯化铁用量，以化学计量比 6 倍量以上称取氯化钠。

（2）将所称取的盐混合后进行研磨均匀。

（3）研磨后的混合盐放入坩埚中干燥。

（4）将干燥24h后的样品放入高温炉中于900℃进行熔盐处理，保温3h。

（5）冷却后将所得到的体系进行洗涤。

（6）将洗涤后的氧化铁进行干燥。

（7）测量煅烧后样品的松装密度和振实密度，并在显微镜下观察其形貌。

五、数据处理与分析

记录显微镜的观测结果。

六、注意事项

（1）各种盐的混合要求均匀，同时盐的用量和烧成温度，保温时间对产品的颗粒性质有较大的影响，在实验过程中应严格控制。

（2）对烧后的样品必须进行清洗。

实验七　共沉淀法制备氧化铁-氧化铝粉体

一、实验目的

（1）熟悉化学共沉淀法合成粉体的基本原理和基本过程。

（2）了解化学共沉淀反应需控制的主要参数。

（3）熟悉水浴锅，高温炉等仪器设备的使用。

二、实验原理

在微粉制备上，使混溶于某溶液中的所有离子完全沉淀的方法称之为共沉淀法。

共沉淀法中的沉淀生成情况，能够利用溶度积通过化学平衡理论来定量地讨论。沉淀多使用氢氧化物、碳酸盐、硫酸盐、草酸盐等。对于氢氧化物，显然pH值是重要的参数，像草酸之类，当［OH^-］不直接进入沉淀的情况下，它的离解也受pH值强烈影响，所以，pH值仍然是重要的参数。

溶液中沉淀生成的条件因不同金属离子而异，这是分析化学中进行离子分离操作的根据，但在合成微粉上，这也成为共沉淀法的一个缺点。即同一条件下沉淀的金属离子的种类很少，一般来说，让组成材料的多种离子同时沉淀几乎是不可能的。溶液中金属离子随pH值的上升，按满足沉淀条件的顺序依次沉淀下去，形成单一的或几种金属离子构成的混合沉淀物。

为了避免共沉淀法本质上存在的分别沉淀倾向，可以提高作为沉淀剂的氢氧化钠或氨水溶液的浓度，再导入金属盐溶液，从而使溶液中所有的金属离子同时满足沉淀条件。

为了防止由于导入金属盐溶液产生沉淀而引起局部环境变化，还可以对溶液进行激烈的搅拌，同时让沉淀生成。这些操作虽然在某种程度上能防止沉淀，但是，在使沉淀物向产物化合物转变而进行加热反应时，就不能保证其组成的均匀性，要靠共沉淀方法来使微量成分均匀地分布在主成分中，参与沉淀的金属离子的沉淀 pH 值大致上应在 3 以内。对于共沉淀法来说，一般认为，当构成产物微粉的金属元素其原子数之比大致相等时，沉淀物组成的分布均匀性只能达到沉淀物微粒的粒径层次。但是，在利用共沉淀法添加微量成分的时候，由于所得到的沉淀物粒径无论是主成分、还是微量成分，几乎都是相同的。所以，在这种情况下，完全没有实现微观程度上的组成均匀性。即共沉淀法在本质上还是分别沉淀，其沉淀物是一种混合物。弥补共沉淀法的缺点并在原子尺度上实现成分原子的均匀混合方法之一是化合物沉淀法。

本实验是在氯化铝和氯化铁混合溶液中加入氢氧化钠或者碳酸钠，通过对溶液 pH 值，浓度，搅拌速率，温度等条件的控制合成成分均一的铁铝共沉淀化合物，再将所获得的铁铝共沉淀产物洗涤，干燥后在高温炉中煅烧而获得铁元素体相掺杂的氧化铝粉体。

三、实验仪器和试剂

（1）所需的设备：水浴锅，搅拌器，真空抽滤装置，干燥箱，高温炉，显微镜等。

（2）所需的药品：氯化铁，氯化铝，氢氧化钠，碳酸钠等。

四、实验步骤

（1）按照 5g 的 $Al_{1.95}Fe_{0.05}O_3$ 产量，计算所需的氯化铝，氯化铁用量和相应的沉淀剂用量。

（2）将所称取的盐溶解配制成 0.5mol/L 的溶液，相应的沉淀剂为 1mol/L。

（3）将水浴锅加热到一定温度，将反应烧杯固定好，加入 50mL 底液，调节好 pH 值。

（4）将所配制的溶液分别装入烧杯中，通过蠕动泵以一定的速率滴加到反应烧杯中。在加料过程中不断搅拌。

（5）反应结束后，陈化 1h 后过滤，洗涤，烘干。

（6）将干燥好的样品放入坩埚中于 900℃ 下煅烧 1h，自然冷却至室温。

（7）测量煅烧后样品的松装密度和振实密度，并在显微镜下观察其形貌。

五、数据处理与分析

记录所测量的样品的松装密度和振实密度以及显微镜的观测结果。

六、注意事项

（1）体系的 pH 值，加料速度和反应温度对所生成的沉淀颗粒的大小有较大的影响需要严格控制。

（2）条件控制不好容易使离子分别沉淀，达不到成分均一的效果。

（3）在洗涤样品的过程中，一定要把生产的可溶性钠盐彻底洗干净，否则所得到的样品分散性不好，同时在烧成过程中对颗粒形貌造成影响。

实验八　陶瓷坯料的基础配方设计

一、实验目的

（1）熟悉陶瓷坯料烧结温度的理论计算公式，并能运用该公式进行坯料基础配方设计。

（2）了解一些常用陶瓷原料的基本性质及其在坯料或釉料中所起的作用。

二、实验原理

影响陶瓷坯料烧结温度和釉料的熔融温度的因素很多。但主要还是取决于坯料和釉料中各种原料的性质以及整个坯料或釉料中 SiO_2、Al_2O_3 和熔剂含量。H. A. 塞格尔在研究三角锥耐火度时，首先将 RO 的含量固定，并随着温度的增加，采用增加 Al_2O_3 和 SiO_2 的方法测定了一系列配方的耐火度。本实验就是根据该原理，利用已有的理论计算公式计算坯料的理论烧结温度。

三、实验步骤

（1）首先将坯料或釉料的化学组成换算成无灼减的化学组成。

（2）将各氧化物的化学百分数用其分子量去除，所得商数即各氧化物的摩尔数。把碱性氧化物和 Fe_2O_3（因 Fe_2O_3 在烧成中易生成低熔点共熔物）的摩尔数加起来分别去除 Al_2O_3、SiO_2 的摩尔数，这样得到坯料、釉料的实用式：$(R_2O + RO + Fe_2O_3) \cdot mAl_2O_3 \cdot nSiO_2$

坯料烧结温度和烧结温度范围的计算公式：

$$T_{烧} = \frac{[(mAl_2O_3 - 1.9) \times 38.46 + 1250] + [(nSiO_2 - 12) \times 12.5 + 1250]}{2} \tag{1}$$

釉料熔融温度的计算公式：

$$T_{熔} = \frac{[(mAl_2O_3 - 0.35) \times 250 + 1250] + [(nSiO_2 - 3) \times 25 + 1250]}{2} \tag{2}$$

（3）烧结温度范围按 60℃（实际有些在 70℃ 以上）计算，即：烧结温度-30℃ 即为下限；+30℃ 即为上限。上述式中：$T_{烧}$ 即坯的烧结温度；$T_{熔}$ 即釉的熔融温度下限，式（2）计算的温度，较下限偏高，相当于成熟温度。

（4）修正理论计算值。考虑到塞格尔三角耐火锥是在 RO 含量一定时，采用增加 Al_2O_3 和 SiO_2 的方法测得耐火度的。从 SK5-10、SK11-14、SK15-17 的三组锥号，分别增加 0.1、0.2、0.3mol 的 Al_2O_3 和增加 1、2、3 分子的 SiO_2 来适应每高一个锥号的需要。说明一个公式不能完全适应从低温到高温的实际情况，因此，在上述计算式中增加修正值，确保基本准确。因此，修正方法如下：

1）坯料：计算数值中如果 $T_{烧}$ 值大于 1300℃ 时，在原值上加 10℃；而如果小于 1250℃ 时，在原值上减 10℃。

2）釉料：计算数值中如果 $T_{熔}$ 值在 1250~1300℃ 时，则在原值上减 10℃；而如果在 1250℃ 以下，则在原值上减 20℃。

3）通过实验验证所得基础配方是否满足性能要求，如不满足则采用单因子实验设计的方法对上述计算所得基础配方进行调整。

四、数据处理与分析

（1）实验原料。本实验所采用原料主要有高岭土、烧滑石粉、钾长石、钠长石、氧化铝、石英等。其化学组成见下表。

各原料的化学组成表（质量分数）　　　　（%）

组成	SiO_2	Al_2O_3	Fe_2O_3	CaO	MgO	K_2O	Na_2O	灼减
高岭土	49.04	38.05	0.20	0.05	0.01	0.19	—	11.16
滑石	63.50	0.12	—	—	31.72	—	—	4.8
钾长石	65.34	18.53	0.12	0.34	0.08	14.19	1.43	0.03
氧化铝		100	—	—	—	—	—	—
石英	99.45	0.24	0.31	—	—	—	—	—

（2）每位同学根据所在组进行基础配方设计（烧结温度为1160℃、1180℃、1200℃、1220℃、1240℃），并从各组中挑选两组最佳的不同基础配方，写出不同配比的实验式和化学组成。

（3）计算过程中，数据要求精确到小数点后两位（温度除外）。

五、思考题

（1）在陶瓷坯料或釉料中，各氧化物所起的作用是什么？
（2）如何降低陶瓷坯料或釉料的烧结温度或熔融温度？
（3）碱性氧化物对坯料或釉料的烧成温度范围有何影响？

实验九　陶瓷坯料的配料与成型

一、实验目的

（1）熟悉坯料组成的各种表示方法，并掌握它们之间的相互转换。
（2）能够根据坯料化学组成计算坯料的配料量，并按此进行配料。
（3）掌握干压成型工艺。
（4）了解实验室中相关工艺设备的使用方法。

二、实验原理

（一）配料计算

通常，坯料组成的表示方法包括四种，即：实验式表示法、化学组成表示法、示性矿物表示法、配料量表示法。

（1）实验式表示法。以各种氧化物的摩尔比来表示。如：

$$\left.\begin{array}{l} a\,R_2O \\ b\,RO \end{array}\right\} \cdot c\,R_2O_3 \cdot d\,RO_2$$

碱性　　中性或两性　　酸性

1）B_2O_3 和 P_2O_5 归于酸性氧化物。

2）坯料中，通常取中性或两性氧化物摩尔数总数为1。

3）釉料中，通常取碱性氧化物摩尔数总数为1。

（2）化学组成表示法。以坯料中的各组成氧化物的质量百分比来表示配方组成的方法。

坯料中各组成氧化物表（质量分数）　　　　　　　（%）

元素	SiO_2	Al_2O_3	Fe_2O_3	CaO	MgO	K_2O	Na_2O	L. I.	总计
组成									

L. I.（烧失量）：指坯料在烧成过程中所排除的结晶水、碳酸盐分解出的 CO_2、硫酸盐分解出的 SO_2，以及有机杂质被排除后物量的损失。一般要求小于8%。

（3）示性矿物组成表示法。以纯理论的黏土，石英，长石等矿物来表示的方法。例如：黏土矿物 63.08%；长石矿物 28.62%；石英矿物 8.3%。

（4）配料量表示法。用原料的质量百分数（或质量）来表示配方组成的方法。最常见的表示方法。直观，易记。如：石英：13%，长石：22%，宽城土：65%，滑石：1%。

通常，需要根据化学组成表示法，计算坯料的配料量。

（二）干压成型工艺

陶瓷坯料的成型工艺，根据原料的含水量通常可分为浆料成型、可塑成型和干压成型三种。其中干压成型是将经过造粒，流动性好、假颗粒级配合适的粉料（含水率6%～8%）装入模具内，在压力机上加压形成一定形状的坯体。要求粉料具有如下性质。即：粉料的含水量在6%～8%左右，粒径在 $0.1\mu m$～1mm 之间，具有一定的颗粒级配和良好的流动性。干压成型的实质是在外力作用下，颗粒在模具内相互靠近，并借内摩擦力牢固地把各颗粒联系起来，保持一定形状。这种内摩擦力作用在相互靠近的颗粒外围结合剂薄层上。

三、实验仪器

电子天平、研钵、网筛、压机等。

四、实验步骤

（1）配料计算。

1）将原料的化学组成换算成不含烧失量的化学组成。

2）列表用化学组成满足法进行配料计算。

3）将计算所得到的配料质量分数，按原料组成中本来含有烧失量在内的原料配料质量分数。

（2）干压成型。

1）根据配料表采用电子天平准确称取物料。

2）用研钵进行研磨混料 30min，直至所有物料均能通过 120 目筛网。

3）加入浓度为 8% 的 PEG（聚乙二醇）溶液进行造粒，并用保鲜膜包裹陈放 20min。

4）将经造粒后的粉料装入模具中，并在压机上以 10MPa 的压力压制，保压 15s 后撤去压力、脱模、入烘箱烘干。

5）每组配方压制 3 个样品。

五、数据处理与分析

采用电子天平和游标卡尺分别记录样品的重量（W）、直径（d）与厚度（H）。每个样品分别测量 5 次，并记录于下表中。

实验数据记录表

样品	测量一			测量二			测量三		
	W	d	H	W	d	H	W	d	H
1号									
	$\rho=$			$\rho=$			$\rho=$		
	W	d	H	W	d	H	W	d	H
2号									
	$\rho=$			$\rho=$			$\rho=$		

六、思考题

（1）采用干压成型时通常需要进行造粒，为什么？

（2）在干压成型时通常会发生分层的现象，这是由何种原因造成的？

实验十　陶瓷坯体的烧结

一、实验目的

（1）根据实验确定坯体的烧结温度及其烧成温度范围。

（2）了解样品吸水率的测定方法。

（3）熟练掌握 Origin 软件作图的基本方法。

二、实验原理

坯体的烧结温度与其内部孔隙及宏观尺寸密切相关。随着温度逐渐趋近于坯体的烧结温度，坯体内部的孔隙逐渐被排除，其吸水率和直径逐渐降低。当温度到达烧结温度时，此时坯体的吸水率和直径到达最小值。当温度超过烧结温度时，由于样品过烧，反而使得坯体内部的孔隙有所增加，从而造成坯体的吸水率和直径上升。因此可以通过作图的方式，根据吸水率和直径到达最小值时的温度确定为坯体的烧结温度。

三、实验仪器

马弗炉、电子天平、游标卡尺、电炉等。

四、实验步骤

（1）以实验一计算得到的烧结温度为中心，每隔 50℃ 的间距分别确定 3 个烧成温度点。例如：根据实验计算得到坯体的理论烧结温度为 1250℃，则 3 个烧成温度点分别设定为 1200℃、1250℃和 1300℃。

（2）将实验二所制得的样品在马弗炉中于上述 3 个温度点进行烧制。升温速率控制在 5~8℃/min，最高温度保温 1h，自然冷却至室温。

（3）取出样品，测量其直径（d_2），计算样品的线性收缩率。

（4）测量试样的质量（W_1）。将试样放置在盛水的烧杯中在电炉上进行煮沸，每隔 20min 测量一次质量，直至质量不再发生变化，此时的质量为（W_2）。计算样品的吸水率。

（5）采用 Origin 软件绘制温度-吸水率-收缩率的双 Y 曲线图，确定样品的烧结温度。

五、数据处理与分析

每个样品分别测量 5 次，并记于下表中。

实验数据记录表

烧成温度	样品	测量一	测量二	测量三	测量四	测量五
温度点 1	1 号	d_1 d_2 $S=$ W_1 W_2 $A=$	d_1 d_2 $S=$ W_1 W_2 $A=$	d_1 d_2 $S=$ W_1 W_2 $A=$	d_1 d_2 $S=$ W_1 W_2 $A=$	d_1 d_2 $S=$ W_1 W_2 $A=$
	2 号	d_1 d_2 $S=$ W_1 W_2 $A=$	d_1 d_2 $S=$ W_1 W_2 $A=$	d_1 d_2 $S=$ W_1 W_2 $A=$	d_1 d_2 $S=$ W_1 W_2 $A=$	d_1 d_2 $S=$ W_1 W_2 $A=$

六、思考题

（1）烧成与烧结有何区别？

（2）何谓烧成制度？

（3）影响坯体烧结的因素主要有哪些？

实验十一　基于单因子实验设计的配方优化

一、实验目的

（1）掌握坯料组成的单因子实验设计原理及过程。

（2）结合实验过程，能够运用单因子实验设计方法对实验一坯体的基础配方进行调整，从而使其满足性能要求。

二、实验原理

影响坯体烧结温度的因素众多，由实验一可知，其中熔剂、Al_2O_3 和 SiO_2 的含量对其烧结温度具有重要影响。本实验为简化实验过程而不考虑多因子实验设计过程。因此可通过两种方法对其配方进行调整。方法一：固定熔剂性物质含量，以 Al_2O_3：SiO_2 摩尔比为考察因素进行实验设计；方法二：固定 Al_2O_3：SiO_2 含量，通过调整熔剂性物质的含量对坯体配方进行调整。

三、实验仪器

电子天平、研钵、网筛、压机等。

四、实验步骤

（1）根据实验三所得测试数据，选择相应的单因子实验设计方法对配方进行调整。单因素水平选取 5 个。

（2）根据上述调整后的配方进行配料，研磨后干压成型、烘干。

（3）在要求的烧结温度下进行高温烧成，高温保温 1h。

（4）测量样品的吸水率、烧成收缩及密度等实验数据，判断样品的烧成温度。

（5）确定满足实验要求的陶瓷坯体配方。

五、思考题

（1）何谓因子、水平、指标？本实验的因子、水平和指标是什么？

（2）Al_2O_3：SiO_2 摩尔比或熔剂含量是如何影响坯体的烧结温度？

实验十二　陶瓷坯体的成型方法

一、实验目的

（1）了解陶瓷坯体的常见成型工艺。

（2）重点要求掌握坯体的可塑成型和干压成型工艺。

（3）明确各工艺的成型特点，懂得如何根据要求选择合适的成型工艺。

二、实验原理

根据原料的含水量可将坯体的成型方法分为浆料成型（30%~40%）、可塑成型（18%~25%）和干压成型（1.5%~8%）三种。在具体的成型过程中，应当根据制品的性能要求、形状、尺寸、产量和经济效益等综合确定合适的成型方法。

三、实验仪器

电子天平、研钵、网筛、滚压机、压机等。

四、实验步骤

（1）注浆成型。

1）将实验四确定的坯体配方进行配料，并按料：球：水 = 1.5：2：1 的比例进行球磨，加入适量黏结剂调节浆料流动性。

　　2）石膏模具制备：称取适量石膏粉，按膏水比为 100∶80 比例进行混合调制。将待翻模的样品（表面涂覆肥皂水后烘干）浸入石膏浆料中，待凝固后脱模，并将石膏模在50℃左右进行烘干，待用。

　　3）将陶瓷浆料注入石膏模中，吸浆完成后使其脱模。

　　4）将注浆成型好的样品烘干后置于电炉中烧成。

　　（2）可塑成型。

　　1）将实验四确定的坯体配方进行配料，并按料∶水＝4∶1 左右的比例进行糅和，加入适量黏结剂调节其可塑性；并用保鲜膜封存，置于阴暗潮湿处待用。

　　2）将可塑性泥料置于石膏模具中，采用滚压成型机成型。

　　3）将脱模后的坯体烘干后置于电炉中烧成。

　　（3）干压成型。

　　1）根据配料表采用电子天平准确称取物料。

　　2）用研钵进行研磨混料 30min，直至所有物料均能通过 120 目筛网。

　　3）加入浓度为 8% 的 PEG（聚乙二醇）溶液进行造粒，并用保鲜膜包裹陈放 20min。

　　4）将经造粒后的粉料装入模具中，并在压机上以 10MPa 的压力压制，保压 15s 后撤去压力、脱模、入烘箱烘干。

五、思考题

　　（1）如何选择坯体的成型方法？

　　（2）各种成型方法的特点是什么？

实验十三　有机泡沫前驱体法制备泡沫陶瓷

一、实验目的

　　（1）了解有机泡沫前驱体法制备泡沫陶瓷的工艺过程。

　　（2）熟悉有机泡沫的预处理方法。

　　（3）掌握陶瓷料浆的制备及表征方法。

　　（4）熟悉根据 DTA/TG 分析制定合理的泡沫陶瓷烧成制度。

二、实验原理

　　有机泡沫前驱体法是制备高孔隙率泡沫陶瓷的一种常用方法。该方法通过将有机泡沫直接浸渍到含有黏结剂的陶瓷料浆中，经烘干后，通过高温将有机泡沫烧掉，从而达到对有机泡沫复形的目的。该工艺过程中通常采用具有良好弹性的聚氨酯泡沫为前驱体。在浸浆前，通常需要对有机泡沫进行预处理，从而消除有机泡沫间的孔间隔膜，提高泡沫陶瓷的通孔率。而对于陶瓷浆料，通常要求其一方面具有较高的固含量，另一方面要求其具有良好的流变性能。

　　本实验主要是制备氧化铝质泡沫陶瓷。该类型泡沫陶瓷是人类最早开发出来的一种泡沫陶瓷，具有硬度大、耐磨损、耐腐蚀、耐高温、不易老化、成本低廉等优良性能。主要用于高温过滤等方面。

三、实验仪器

电子天平、行星式球磨机、电炉、马弗炉等。

四、实验步骤

（1）根据实验要求进行配方设计。

（2）根据设计好的实验配方计算其理论烧结温度。

（3）通过实验确定配方的实际烧结温度。

（4）陶瓷料浆的制备。根据实验配方准确称量原料，并加入适量 CMC 作为黏结剂。按照料：球：水＝1：2：1 将原料、球磨子和水混合入球磨罐。将球磨罐放置于行星式球磨机上球磨 30min。浆料过 120 目筛即可。将球磨好的浆料用水调节其流变性能。采用恩氏黏度计测量浆料黏度。

（5）有机泡沫预处理。配制 4mol/L 的 NaOH 溶液，并将有机泡沫于该溶液中浸渍约 15min 左右。此时有机泡沫的孔间隔膜应已消除，并且有机泡沫仍具有良好的弹性。将预处理后的有机泡沫用清水洗净，置于烘箱中烘干，并置于 5% 的 CMC 溶液中 15min，最后烘干，待用。

（6）将预处理好的有机泡沫浸渍在调制好的浆料中，并反复挤压有机泡沫，将多出的浆料挤出。烘干后，还可将其再次浸渍于浆料中（注：该浆料较前次较稀）。烘干，待用。

（7）根据给定的有机泡沫 DTA/TG 曲线制定合理的泡沫陶瓷烧成制度。

（8）根据制定好的烧成制度，将浸浆后的有机泡沫置于马弗炉中烧制，最高温度保温 3h。自然冷却后，取出。

（9）采用排水法测量有机泡沫的密度。

五、数据处理与分析

记录不同固含量时浆料的黏度数据，绘制浆料流变曲线。

六、思考题

（1）为什么浸渍浆料前需要对有机泡沫进行预处理？

（2）为什么需要根据有机泡沫的 DTA/TG 曲线制定泡沫陶瓷的烧成曲线？

（3）影响泡沫陶瓷强度及抗热震性的因素主要有哪些？

参 考 文 献

[1] 陈远道，陈贞干，左成钢．无机非金属材料综合实验［M］．湘潭：湘潭大学出版社，2013.

[2] 焦桓，杨祖培．无机材料化学实验［M］．西安：陕西师范大学出版总社有限公司，2014.

[3] 伍洪标．无机非金属材料实验［M］．2版．北京：化学工业出版社，2010.

[4] 宋晓岚．无机材料专业实验［M］．北京：冶金工业出版社，2013.

[5] 王瑞生．无机非金属材料实验教程［M］．北京：冶金工业出版社，2004.

[6] 颜碧兰，江丽珍，肖忠明．水泥性能及其检验［M］．北京：化学工业出版社，2010.

[7] 杨海波，朱建锋．陶瓷工艺综合实验［M］．北京：中国轻工业出版社，2013.

[8] 李善忠．材料化学实验［M］．北京：化学工业出版社，2011.

[9] 汪丽梅，窦立岩．材料化学实验教程［M］．北京：冶金工业出版社，2010.

[10] 廖晓玲，徐文峰．材料化学基础实验指导［M］．北京：冶金工业出版社，2015.